"创新设计思维"数字媒体与艺术设计类新形态丛书

U0734512

Premiere Pro+AIGC
视频剪辑与制作
（微课版）

杨奕轩　王高伟　主　编

张耀尹　程昌发　副主编

人民邮电出版社

北京

图书在版编目（CIP）数据

Premiere Pro+AIGC 视频剪辑与制作：微课版 / 杨奕轩，王高伟主编. -- 北京：人民邮电出版社，2025.
（"创新设计思维"数字媒体与艺术设计类新形态丛书）.
ISBN 978-7-115-66744-1

Ⅰ．TP317.53

中国国家版本馆 CIP 数据核字第 20255CL201 号

内 容 提 要

本书以实际应用为写作目的，遵循由浅入深、从理论到实践的原则，结合 AIGC 工具的应用，详细介绍使用 Premiere Pro 2024 进行视频编辑的方法与技巧。全书共 12 章，主要内容包括视频剪辑基础课，Premiere Pro 2024 入门操作，剪辑与文本，关键帧、蒙版和抠像，视频效果，视频过渡效果，色彩调整与校正，音频的编辑，宣传广告的剪辑，节目片头的剪辑，电子相册的剪辑，视频短片的剪辑。

本书可作为本科和高职院校影视摄影与制作、数字媒体艺术、数字媒体技术等相关专业的教材，也可作为想要从事影视制作、栏目包装、电视广告、后期编辑等行业的人员的参考书。

◆ 主　　编　杨奕轩　王高伟
　　副 主 编　张耀尹　程昌发
　　责任编辑　许金霞
　　责任印制　马振武

◆ 人民邮电出版社出版发行　　　　北京市丰台区成寿寺路 11 号
　　邮编　100164　电子邮件　315@ptpress.com.cn
　　网址　https://www.ptpress.com.cn
　　三河市祥达印刷包装有限公司印刷

◆ 开本：787×1092　1/16　　　　　　彩插：2
　　印张：14.75　　　　　　　　　　　2025 年 5 月第 1 版
　　字数：396 千字　　　　　　　　　2025 年 8 月河北第 2 次印刷

定价：59.80 元

读者服务热线：(010)81055256　印装质量热线：(010)81055316
反盗版热线：(010)81055315

▽ "叶子黄了" 片头

▽ 夜晚的告别

▽ 色彩之间

▽ 品牌烙印

▽ 精彩时刻

▽ 定格瞬间

▽ 交错归序的文字

▽ 海上风景

Pr

▽虚实之间

▽帷幕之后

▽图解秘境

◁逐迹放大

▽电闪雷鸣

▽咖啡艺术

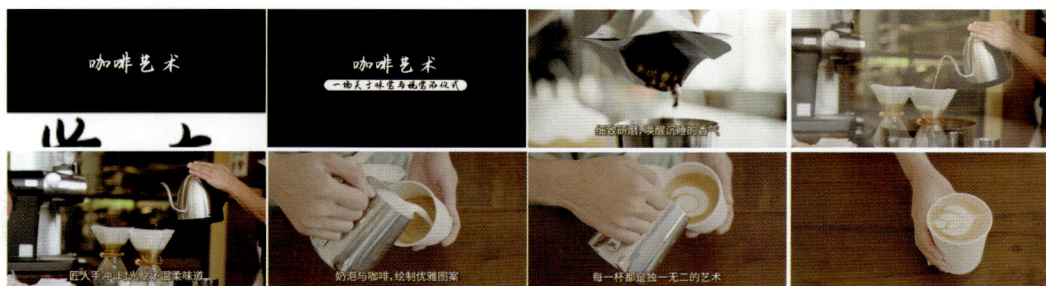

▽亮度均衡术

▽焕彩画布

▽还原真彩

▽暑尽秋来

▽生鲜优选

▽欢乐披萨

▽城市之光

▽ 寻访自然

▽ 点滴生活

▽ 萌宠日常

▽ 破碎频率

PREFACE

Premiere Pro 2024作为Adobe公司倾力打造的旗舰级视频后期编辑软件，在影视剪辑、广告设计、动画制作等众多领域内享有广泛的应用与赞誉。随着互联网的蓬勃兴起，视频已日益成为一种不可或缺且极具影响力的表达媒介。掌握利用Premiere Pro进行视频编辑，并巧妙融合AIGC（人工智能生成内容）工具以强化创作成效，已成为广播影视编导、网络传媒从业人士，以及自媒体从业者的核心技能之一，对于提升作品质量和竞争力至关重要。基于此，我们编写了本书。

全书共12章，第1章对视频编辑的理论知识进行介绍，第2~8章以理论结合实操的形式对Premiere Pro 2024软件的功能进行解析，第9~12章分别对宣传广告、节目片头、电子相册，以及视频短片的剪辑进行介绍。通过对本书的学习，读者可以了解视频编辑的基础理论，熟悉Premiere Pro 2024的使用方法与技巧，提高读者使用Premiere Pro 2024进行视频编辑的能力。

内容特点

本书按照"软件功能解析—课堂实操—实战演练"的思路编排内容，且在每章最后安排"拓展练习"，以帮助读者综合应用所学的知识。书中还穿插了"知识链接"板块，帮助读者拓展思维，使其知其然，并知其所以然。

软件功能解析：在对软件的基本操作有了一定的了解后，又进一步对软件具体功能进行详细解析，使读者系统掌握软件各功能的应用方法。

课堂实操：精心挑选课堂案例，结合AIGC工具的应用对课堂案例进行详细解析，读者能够快速掌握AIGC工具的应用和软件的基本操作，熟悉案例设计的基本思路。

实战演练：结合本章相关知识点设置综合性案例，帮助读者更好地巩固所学的知识，并达到学以致用的目的。

拓展练习：本书各章均设置了拓展练习，梳理了拓展练习的技术要点，并将操作步骤分解，以帮助读者完成练习，进一步提升实操能力。

融合AIGC工具应用：使用DeepSeek、文心一言、即梦AI等工具进行智能分析、文案写作、创意生成，以及提供操作方案参考等，重塑视频制作流程，不仅大幅提高创作效率，更激发无限创意，助力读者轻松打造专业级、个性化的高质量视频作品。

案例特色

明确设计目标，总结知识要点

课堂边学边练，强化实操能力

解析设计思路，详述操作方法

应用AIGC工具，提高设计能力

扫码观看视频，指导实操训练

梳理技术要点，分解制作步骤

学时安排

本书的参考学时为48学时，讲授环节为24学时，实训环节为24学时。各章的参考学时参见以下学时分配表。

章	课 程 内 容	学时分配 / 学时	
		讲 授	实 训
第1章	必知：视频剪辑基础课	2	2
第2章	基础：Premiere Pro 2024入门操作	2	2
第3章	字幕：剪辑与文本	2	2
第4章	动画：关键帧、蒙版和抠像	2	2
第5章	特效：视频效果	2	2
第6章	转场：视频过渡效果	2	2
第7章	调色：色彩调整与校正	2	2
第8章	音效：音频的编辑	2	2
第9章	宣传广告的剪辑	2	2
第10章	节目片头的剪辑	2	2
第11章	电子相册的剪辑	2	2
第12章	视频短片的剪辑	2	2
课时总计		24	24

资源获取

本书配套丰富的学习与教学资源，包括所有案例的基础素材、效果文件、PPT课件、教学大纲、教学教案等资料，读者可登录人邮教育社区（www.ryjiaoyu.com），在本书页面中免费下载使用。

基础素材　　效果文件　　PPT 课件　　教学大纲　　教学教案

本书所有案例均配有微课视频，扫描书中二维码即可观看。

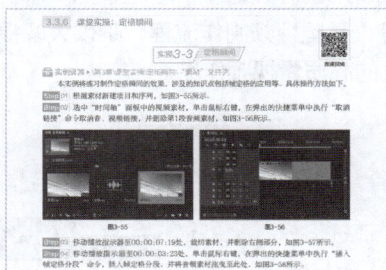

编者团队

本书由杨奕轩、王高伟担任主编，张耀尹、程昌发担任副主编。同时，本书还邀请了多名行业设计师为本书提供了很多精彩的商业案例，在此表示衷心的感谢。

编　者

2025年4月

CONTENTS

目录

第1章
必知：视频剪辑
基础课

Pr

本章将对视频剪辑的基础知识进行介绍，包括剪辑的概念、作用、目的与视频剪辑的流程、镜头、原则、术语等。了解并掌握这些知识，可以加深创作者对视频剪辑的理解，以便后续学习。

内容导读

- 掌握剪辑的概念、作用与目的
- 掌握视频剪辑的流程
- 掌握不同的镜头特点
- 掌握剪辑的原则
- 掌握视频剪辑术语
- 了解视频剪辑常用软件
- 了解AIGC在视频剪辑中的作用

学习目标

- 培养视频创作者的基本素养，使其掌握视频剪辑的基础知识，对视频剪辑的流程、术语等有所了解。
- 通过介绍视频剪辑的相关知识，增加视频创作者的知识储备，为其后续学习打下坚实的基础。

素养目标

读书日宣传视频

案例展示

1.1 视频剪辑概述

视频剪辑是视频后期制作中的关键环节，涉及对原始素材的选取、切割、排列组合及效果添加等操作，以创作出最终流畅、自然的作品。本节将对剪辑相关知识进行介绍。

1.1.1 什么是剪辑

剪辑是视频作品成型的重要步骤，是指利用专门的软件，对视频内容进行非线性编辑的过程，其目的是创作出连贯的、主题明确且具有艺术感染力的视频作品。

在剪辑过程中，后期制作人员会根据视频的主题、目标观众等进行制作，将合适的镜头以特定的顺序组合，构建出完善的场景和符合主题需要的脉络节奏。这一操作不仅考验后期制作人员的专业技术能力，也考验他们的艺术素养。

1.1.2 剪辑的作用与目的

剪辑在视频制作中的作用与目的，具体体现在以下4个方面。

- 结构化叙事：将散乱的镜头、场景和片段，通过有序的排列，组织成一个连贯的故事，以确保故事按照一定的逻辑和情感流程展开。
- 控制节奏：通过调整镜头的持续时间和顺序，控制影片的节奏，使观众在观看过程中产生紧张、舒缓、兴奋等不同的情绪。
- 突出主题：剪辑时，视频创作者需要深入理解视频的主题和导演的创作意图，在剪辑过程中突出主题，有效地传递视频所要表达的信息。
- 优化视听体验：聚焦于最具影响力的视听元素，从而创作出想要的艺术效果。

1.2 视频剪辑的基础知识

了解视频剪辑的基础知识，有助于视频创作者后续的学习操作。下面将对视频剪辑的流程、镜头剪辑的原则，以及常用的电视制式等进行介绍。

1.2.1 视频剪辑的流程

一般，视频剪辑包含素材收集、粗剪、精剪、音频编辑、字幕与特效制作等流程。下面将对此进行介绍。

1. 素材收集

素材是进行剪辑工作的基础。在开始剪辑前，视频创作者需要收集一切相关素材，包括视频拍摄的原始镜头、音频文件、图片、音乐和任何其他可能用到的媒体资料，然后将其导入视频编辑软件中，分门别类地存放，以便后期进行剪辑工作。

2. 粗剪

粗剪又称初剪，是指后期制作人员对素材进行整理，将其按照脚本顺序拼接为一个没有视觉特效、旁白和音乐的粗略影片。粗剪完成后，影片将具备基本的结构，但各素材都还需要进行再处理，以达到自然衔接的效果。

3. 精剪

精剪是对粗剪的进一步深化和完善。在这一阶段，后期制作人员需要仔细推敲每一个镜头，调整镜头的顺序、时长和节奏，确保节奏合适、情感表达准确，同时添加过渡效果，使不同场景间的切换流畅、自然，以达到最佳的视觉效果。完成以上操作后，后期制作人员还需要调整视频色彩，确保整个视频色彩一致，以增强视觉效果。

4. 音频编辑

音频是视频作品不可或缺的元素，常见的音频包括背景音乐、音效、配音等。在编辑音频时，视频创作者需要根据视频的风格和内容选择相匹配的音乐，同时注意确保音频与视频的节奏相符，以免出现声画不同步的情况。

5. 字幕与特效制作

字幕与特效可以提高视频的信息传递效率，增强视频的视觉效果和艺术效果，使视频更具观赏性。

1.2.2 认识镜头

镜头在视频中的应用非常广泛，它不仅能带来视觉的转换，还是视频创作者用于讲述故事、表达情感、引导观众注意力的有效工具。常见的镜头包括超特写、大特写、特写、中特写、中景、中远景、远景、大远景、超大远景、双人镜头、过肩镜头等多种类型。下面将对此进行介绍。

1. 超特写

超特写镜头是最纯粹的细节镜头，通常只拍摄主体的某一极小部分，极大地放大细节，如图1-1、图1-2所示。这类镜头可以展示极端细节和情感，增强视觉冲击力，多用于纪录片、音乐视频、实验性艺术影片中等，也可以用于虚幻的故事叙述中。

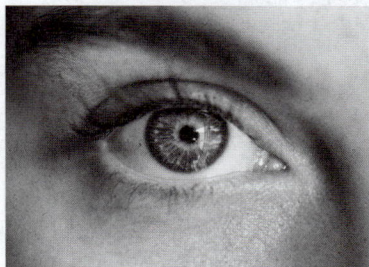

图1-1   图1-2

2. 大特写

大特写镜头介于特写镜头和超特写镜头之间，通常拍摄主体的一个特定部分，如人物的面部、物体的较大部分等，如图1-3、图1-4所示。这类镜头可以展示细节和情感，拍摄人物及传递人物的感受，但没有超特写镜头那样极端。

图1-3   图1-4

3. 特写

特写镜头也称为头部镜头，通常拍摄主体的头部或特定物体的某一部分，能够清晰地展示人物的面部表情和物体的细节，如图1-5、图1-6所示。这类镜头的取景主要集中在头顶以下、下颚下方或双肩上部之间的面部。

图1-5 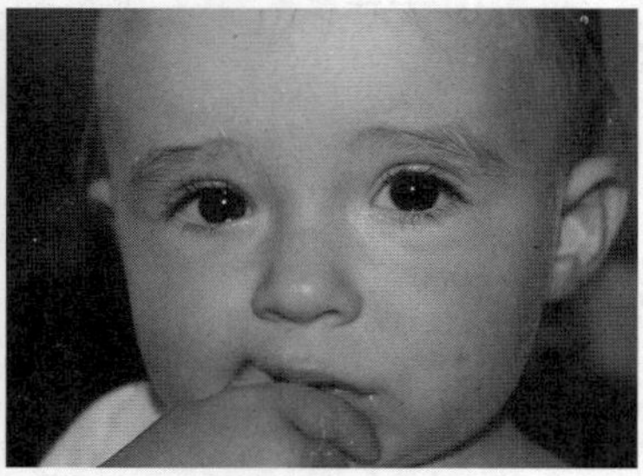   图1-6

4. 中特写

中特写镜头通常拍摄人物胸部以上的部分或物体的较大部分，如图1-7、图1-8所示。这类镜头可以通过展示人物的表情和部分身体语言，更好地展现人物形象。

图1-7    图1-8

5. 中景

中景镜头又称为腰部镜头，通常拍摄人物的上半身或腰部以上的部分，如图1-9所示。在这类镜头中，人体躯干是最突出的部分，但是人物的服饰、表情等也都清晰可见，可以展示人物的动作和环境之间的关系。

6. 中远景

中远景镜头是周围环境比人物占比更多的镜头，通常拍摄人物膝部以上的部分，如图1-10所示。这类镜头可以传达更多关于人物的信息，有时还可能暗示出时间线索。

图1-9   图1-10

7. 远景

远景镜头又称为全身镜头，通常包括人物的全身及周围大部分环境，如图1-11、图1-12所示。这类镜头可以展示场景的全貌，为观众提供地点、时间、人物等信息。

图1-11    图1-12

8. 大远景

大远景镜头通常拍摄更为广阔的场景，通常包括占据大部分画幅的环境和更多的背景信息，如图1-13所示。这类镜头可以为观众提供地点、时间和少量的人物信息。在拍摄过程中，当人物往摄像机方向移动时，该类镜头可用作定场镜头。

9. 超大远景

超大远景镜头是最广阔的远景镜头，画幅中展示了大片的环境，如图1-14所示。这类镜头视野很大，多用于拍摄外景，展示极其宏大的场景。

图1-13    图1-14

10. 双人镜头

双人镜头是指画面中同时出现两个角色的镜头，如图1-15所示。这类镜头主要用于展示两个人物之间的关系和互动，并根据需要展示细节和内容，取景方式可以是中景、中远景、远景等多种景别。

11. 过肩镜头

过肩镜头又称为拉背镜头，是指隔着一个或多个人物的肩膀，拍摄另一个或多个人物的镜头。这种镜头视角独特，多用于表现人物之间的对话或互动，如图1-16所示。在过肩镜头中，肩膀以上或上半身部位占据大部分画面，想要突出的画面主体则被挤到镜头框架的边缘，不仅可以强调角色间的权利关系和情感张力，而且可以增强观众的代入感，为观众带来独特的视觉体验。

图1-15   图1-16

1.2.3 剪辑的原则

著名电影剪辑师沃尔特·默奇（Walter Murch）在他的著作《眨眼之间》中提出了剪辑的六大原则：情感、故事、节奏、视线、二维特性和三维连贯性。下面将对此进行介绍。

1. 情感

情感是剪辑中最重要的原则，在剪辑的优先级中约占51%。剪辑应首先服务于视频的情感需求，确保每一个剪辑点都能向观众传达正确的情感。

2. 故事

故事在剪辑的优先级中约占23%。剪辑点应选择有助于推进故事、揭示剧情和角色动机的地方。

3. 节奏

情感、故事和节奏是紧密相连的。节奏在剪辑的优先级中约占10%，它可以影响观众的注意力和情绪。剪辑应做到节奏自然、流畅，符合视频的整体节奏和观众的观影体验。

4. 视线

视线在剪辑的优先级中约占7%。剪辑需要照顾观众的视线方向，确保观众的注意力可以自然地从一个镜头转到下一个镜头，从而使观众理解场景和动作。

5. 二维特性

二维特性在剪辑的优先级中约占5%。剪辑应尊重屏幕的二维平面特性，保持空间关系的一致性。

6. 三维连贯性

三维连贯性在剪辑的优先级中约占4%。剪辑应尊重场景的三维空间，即主体人物与其他人物在空间中的相对关系，保持人物动作和空间关系的一致性，以帮助观众理解人物或物体在空间中的运动。

1.2.4 常用的电视制式

电视制式是指用于实现电视图像或声音信号所采用的一种技术标准，不同国家往往会选用不同的电视制式。常用的电视制式包括PAL、NTSC和SECAM这3种，其中PAL制式广泛应用于中国大部分地区，NTSC制式多为日本、韩国、东南亚地区及欧美国家使用，SECAM制式则适用于俄罗斯等国家。

1. PAL制式

PAL制式即正交平衡调幅逐行倒相制，是一种同时制，帧频为25帧/秒，扫描线为625行，奇场在前，偶场在后。标准的数字化PAL电视标准分辨率为720像素×576像素，色彩位深为24比特，画面比例为4：3。

PAL制式克服了NTSC制式对相位失真的敏感性，对同时传送的两个色差信号中的一个采用逐行倒相制，另一个采用正交调制，能有效应对因相位失真而发生的色彩变化。

2. NTSC制式

NTSC制式即正交平衡调幅制，帧速率为29.97fps，扫描线为525行，标准分辨率为853像素×480像素。NTSC制式电视接收机电路简单，但易发生偏色。

3. SECAM制式

SECAM制式即行轮换调频制，属于同时顺序制，帧频为25帧/秒，扫描线625行，隔行扫描，画面比例为4∶3，分辨率为720像素×576像素。SECAM制式不怕干扰，彩色效果好，但兼容性差，是通过行错开传输时间的方法避免同时传输时所出现的串色，以及由其造成的彩色失真。

1.3 视频剪辑术语

视频剪辑术语可以促进专业人士之间的沟通交流，帮助视频创作者更好地理解和掌握视频剪辑。下面将对此进行介绍。

1.3.1 帧和关键帧

帧是视频动画中最小的时长单位。人们在电视中看到的视频画面其实都是由一系列的单个图片构成的，相邻图片之间的差别很小，这些图片按一定的顺序播放就形成了运动的画面，其中的每一张图片就是一帧，如图1-17所示。

图1-17

关键帧是指具有关键状态的帧。两种状态不同的关键帧之间就形成了动画，关键帧与关键帧之间的动画由软件生成。在视频剪辑中，剪辑人员可以通过添加关键帧制作图片动态的变化效果。两个关键帧之间的帧又称为过渡帧。

1.3.2 字幕

字幕是指播放视频时，屏幕上显示的文字，包括影片名、对白、旁白或声音事件的文字描述等，如图1-18所示。字幕可以增强视频内容的可访问性，使视频内容跨越语言和听力障碍，被更广泛的观众群体所接受。

制作字幕的基本步骤如下。

Step 01 转录：将视频中的对话转录成文本，即字幕文本。

在海风的吹拂下，享受沙滩阳光

图1-18

Step 02 时间码对齐：将转录的字幕文本与视频的内容对应，确保字幕在适当的时间显示和消失。

Step 03 编辑和校对：编辑和校对字幕文本，确保语法和拼写正确，同时调整字幕的显示速度，使其既易于阅读，又能与对话同步。

Step 04 编码和嵌入：将字幕文件编码并嵌入视频文件中，或者作为一个独立的文件供播放器加载。

1.3.3 转场

转场是指段落与段落、场景与场景之间的过渡或转换，是视频剪辑中至关重要的组成部分。它服务于整体叙事结构，通过视觉效果将不同时间和空间的场景衔接起来，从而保证视频的连贯性和节奏感。常见的转场有以下几种类型。

• 硬切换：最基本的转场类型，是从一个镜头直接切换至另一个镜头，从而迅速推进故事情节的发展。

- 溶解：两个镜头短暂的重叠，前一个镜头逐渐淡出，后一个镜头逐渐显现，多用于表示时间的过渡或情感的连续。
- 擦除：将一个场景用某种形状（如圆形、线条）推开而显示另一个场景，快节奏地更换场景，多用于增添趣味性或分割不同的故事段落。
- 动态遮罩：利用对象（人物、车辆等）在画面中的移动来遮挡前一个镜头，显示新的场景，转场自然且流畅，视觉上也更加连贯。
- 缩放：通过镜头的放大或缩小来过渡至下一个场景，可以是实拍效果，也可以是后期制作的效果。
- 匹配切换：通过匹配两个场景的相似视觉元素，如对象、形状、颜色或动作，实现场景的无缝切换。

1.3.4 平行剪辑

平行剪辑又称为交叉剪辑，是一种通过同时展示两个或多个不同空间发生的事件来强化剧情的紧张感和丰富度的剪辑手法。这种手法可以让观众同时置身于多个故事线中，产生强烈的情感共鸣。平行剪辑的主要作用如下。

- 设置悬念：平行剪辑通过同时展示两个或多个相关事件的进展，有效地设置和增加悬念。如在悬疑片的搜捕行动中，通过交替展示躲藏者和搜捕者的视角可以营造出两者共处一地的错觉，但搜捕结束才会发现两者位于两个地方，从而在增加悬念的同时，让观众感受到搜捕时的紧张气氛。
- 增加对比：平行剪辑可以通过展示两个截然不同的场景或故事线，形成鲜明的对比效果。如在视频中，通过交错展示两个角色的不同生活轨迹与生存环境，形成对比，从而强调主题或揭示不同角色的性格和行为动机。
- 预示未来发展：平行剪辑可以通过设立两线并行的效果，预示未来的发展，如通过两个角色的行进，预示两人即将见面的效果。
- 强调时间限制：平行剪辑非常适用于强调时间的紧迫性，如通过交替展现角色努力做一件事和时间不断流逝的场景，增强行动的紧迫感。
- 揭示因果关系：平行剪辑可以用于揭示事件之间的因果关系，通过交替展示两个初看时并无直接联系的事件A和事件B，帮助观众逐渐理解它们是如何相互作用和相互影响的。这种技术不仅增强了叙事的连贯性，也加深了观众对整个故事结构的理解。

1.3.5 蒙太奇

蒙太奇源自法语，是一种剪辑理论，在电影艺术中是指通过将不同的镜头片段有意识、有逻辑地排列组合在一起，从而产生各个镜头单独存在时所不具备的含义。在功能上，蒙太奇可以高度地概括和集中表现内容，使其主次分明；同时可以跨越时空的限制，使视频内容获得较大的表达空间。

蒙太奇作为电影艺术中的一个核心概念，其本质在于通过不同镜头的组合来增强电影的表现力。两个并列的镜头不是简单地相加，而是相互作用，产生全新的特质和深层含义。蒙太奇思维符合思维的辩证法，即通过揭示事物和现象之间的内在联系，利用感性的表象来深入理解事物的本质。

在电影艺术中，蒙太奇根据不同的目的和效果可以分为多种类型，常见的类型包括平行蒙太奇、交叉蒙太奇、连续蒙太奇、心理蒙太奇等。下面将对此进行介绍。

1. 平行蒙太奇

平行蒙太奇多用于揭示主题的多层面性，或强化某种情感或概念的普遍性。它通过并列展示两条或以上在时间、空间或情节上相互独立但在主题或情感上相互关联的场景，增加叙事的深度和情感的复杂性，产生强烈的感染力。

在视频制作领域，平行蒙太奇多用于展示不同角色的并行故事。这些故事看似独立，但最终会在某点交汇或相互影响，共同推进故事达到高潮。如《党同伐异》中通过平行蒙太奇，分别叙述了4个不同世纪、不同区域发生的事件，再用一个母亲的镜头加以连接，从而表明一个共同的主题。

2. 交叉蒙太奇

交叉蒙太奇又称平行剪辑或交叉剪辑，是指将同时处于异地的两条或以上的情节线交替剪接，其中一条线索的发展影响其他线索，各线索相互依存，最后归于一体。该类型蒙太奇可以引发悬念，制造紧张、激烈的气氛，并有效地调动观众的情绪。

3. 连续蒙太奇

连续蒙太奇是叙事蒙太奇的一种。有别于平行蒙太奇或交叉蒙太奇的多线叙事方式，连续蒙太奇是指沿着一条单一的情节线索展开，遵循事件的逻辑顺序，有节奏地连续叙事。这种蒙太奇技术能够清晰地展现故事情节的连续性发展，帮助观众加深理解或展现时间的推移。

在视频制作领域，连续蒙太奇多与平行蒙太奇、交叉蒙太奇等混用，以免带给观众一种拖沓冗长的感觉。

4. 心理蒙太奇

心理蒙太奇属于表现蒙太奇的一种。它通过画面镜头的组接或声画的有机结合，创造出一种内在的、情感的或思想上的联系，从而使观众产生强烈的共鸣或深入的思考。

心理蒙太奇通常不遵循传统的线性叙事结构，而是采用跳跃、重复和对比等手法，来模拟梦境、幻觉等非线性思维过程。它运用具有深层意义的象征性图像和声音，以暗示和象征手段传达复杂的主题和概念。这种蒙太奇技术广泛应用于视频制作中。电影《动物世界》和《盗梦空间》等均采用了心理蒙太奇技术，有效地展示了主角的内心世界。

1.3.6 多机位剪辑

多机位剪辑是指在视频制作过程中，使用摄像机在同一时段以不同的景别和角度拍摄同一个物体或场景，再从中选择最佳的镜头进行组接和编辑，以创作出连贯的、视觉效果优异的作品。其特点如下。

• 视角多样：多机位剪辑取材于多个角度的镜头，后期制作人员可以选择最能表达场景意图和情感的镜头进行应用，从而提高叙事的丰富度和吸引力。

• 编辑灵活：多机位剪辑的素材丰富，灵活性高，后期制作人员可以灵活地选择镜头，并根据叙事需要调整镜头的顺序、持续时间和角度，以达到最佳叙事效果。

• 节省时间和节约资源：多机位剪辑在拍摄中虽然会用到很多设备和人员，但丰富的镜头素材可以满足后期的剪辑需要，减少重拍补录镜头的操作，从而节省时间和节约资源。

1.4 视频剪辑常用软件

随着技术的发展及行业的进步，目前市场上有许多视频剪辑专业软件，这些软件可以满足从业余爱好者到专业人员的不同需求。下面将对视频剪辑常用软件进行介绍。

1.4.1 Premiere

　　Premiere是一款专业的视频剪辑软件，主要用于视频的裁剪、组合和拼接。除了剪辑，用户还可以使用Premiere制作基础的视频特效、为视频添加字幕、为视频调色、处理音频等。与其他视频剪辑软件相比，Premiere的协同操作能力更强，可以与Adobe旗下的After Effects、Photoshop、Audition等软件协同工作，制作出更加专业的视频。Premiere的工作界面如图1-19所示。

图1-19

1.4.2 Audition

　　Audition是一款专业的音频编辑和混音软件，适用于音乐、广播和音频制作等多个领域。Audition提供了全面的工具集，用于进行录音、编辑、混音及音效设计，支持多轨编辑，用户可以在一个项目中处理多个音频轨道。Audition还包括声音修复工具，可以去除噪声、修复音频。同时，Audition支持实时音频效果处理，兼容第三方VST音频插件和Audition插件，为音频处理增加了更多的可能性。

　　同为Adobe公司的软件，Audition与Premiere、After Effects等软件具有良好的集成性，在协同工作方面更加高效、流畅。Audition的工作界面如图1-20所示。

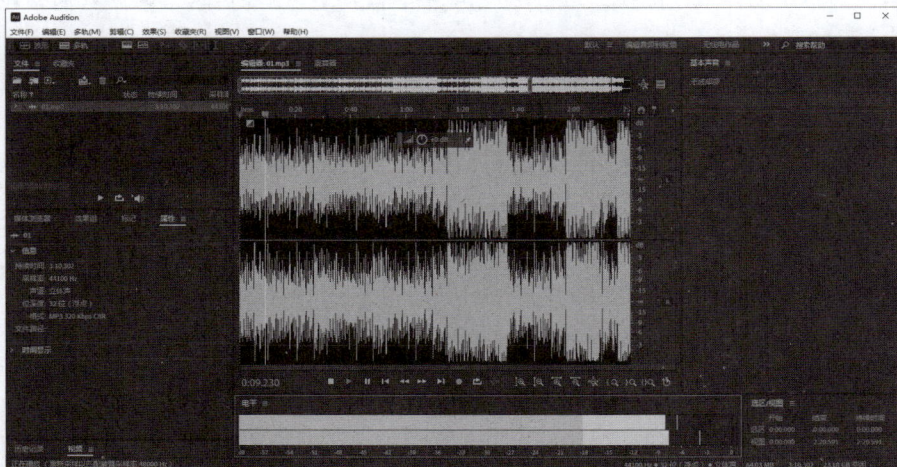

图1-20

1.4.3 剪映

剪映是一款流行的视频剪辑软件，多面向移动设备用户。剪映提供了一系列操作便捷且实用的视频编辑工具，用户可以快速剪辑、拼接视频片段，并添加特效、音乐等。除此之外，剪映还提供了一系列模板和预设风格，便于视频创作者制作出专业水准的视频。与Premiere软件相比，剪映的使用场景更加自由，视频创作者可以随时随地地使用手机或计算机进行剪辑。剪映移动端及电脑端工作面板分别如图1-21、图1-22所示。

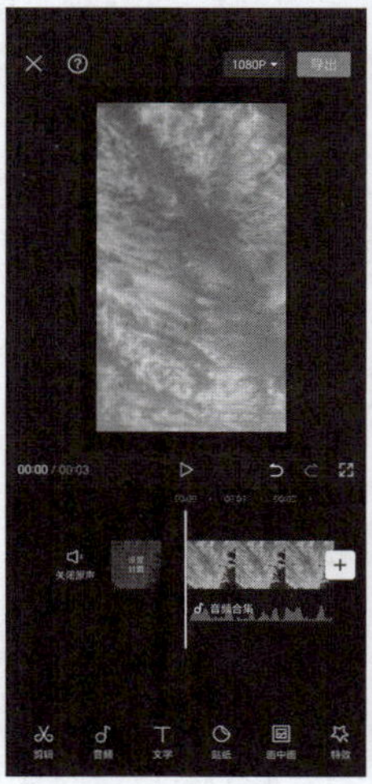

图1-21    图1-22

1.5 AIGC在视频剪辑中的应用

AIGC（Artificial Intelligence Generated Content）的中文名称为生成式人工智能，它标志着人工智能从1.0时代进入2.0时代。在视频剪辑领域，AIGC技术不仅可以提升效率，还可以助力创造力和个性化的发展。

1.5.1 自动化剪辑

AIGC能够自动分析视频素材，识别关键帧、场景变换、角色动作、情感表达等关键元素，并根据预设的内容进行自动剪辑，获得一个粗剪版本，从而极大地提高剪辑效率。如剪映中的图文成片功能，用户可以在提供主题后一键生成文案，并根据文案自动匹配视频、图片等素材，最终生成视频，如图1-23所示。

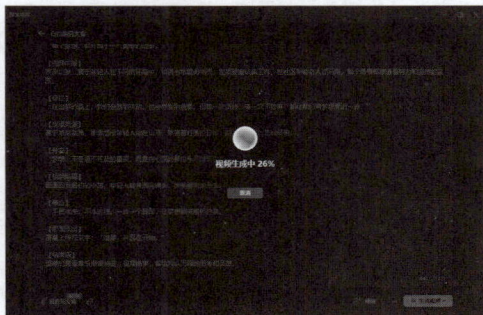

图1-23

1.5.2 创意辅助

AIGC可以通过分析大量成功案例，学习其剪辑风格和叙事技巧，为视频创作者提供创意建议，帮助他们获取更多的灵感。下面以视频方案制作为例进行介绍。

Q 请为"4·23世界读书日"宣传视频提供2～3个方案。

A 方案一：回忆与未来
视频主题："书籍：过去的记忆，未来的启示"
视频内容
- 开场：黑白影像，展示历史上的读书场景，如古代学者在灯下研读经典、孩子们在树下聆听老师讲故事。
- 过渡：画面逐渐转为彩色，现代人在地铁、咖啡店、图书馆、家中的角落等各种场合阅读。
- 高潮：展示各年龄层的人们通过阅读获得灵感和知识，如青年人在读书后启动自己的创业项目、老年人通过读书与孙辈分享智慧。
- 结尾：一家三代在家中的书房共读，将镜头拉远，屏幕上浮现文字："书籍连接过去与未来，让知识流传，让智慧永恒。"

音乐选择： 从古典音乐平滑过渡到现代轻音乐，反映从过去到现代的变迁。

方案二：一本书的旅行
视频主题："一本书的旅行：在阅读中相遇"
视频内容
- 开场：一本书在不同的读者手中传递，从一个小孩传递到一位老人、从一个工人传递到一位艺术家。
- 发展：每位读者阅读后，在书的最后一页留下自己的感想和日期，然后将书传递给下一位读者。
- 高潮：在地图上展示书籍旅行的轨迹，最终返回原主人手中，他打开书看到了每位读者的各种感想，脸上露出感动的笑容。
- 结尾：原主人将这本书放在公共图书馆的特殊展位上，屏幕上浮现文字："每本书都有自己的故事，每次阅读都是一次新的旅行。"

音乐选择： 采用轻松愉快的背景音乐，体现书籍带来的乐趣和"旅行"的惊喜。

方案三：书中世界
视频主题："开启书页，探索无限世界"
视频内容
- 开场：孩子们围坐在地毯上，老师从书架上拿下一本书，书页逐渐被放大并转化为实景。
- 发展：通过动画技术，展示孩子们通过阅读书籍进入不同的世界：古代城堡、未来城市、神秘森林等。
- 高潮：孩子们在书的世界解决问题、学习新知识，最终带着收获回到现实。
- 结尾：孩子们兴奋地讨论他们的"旅行"，老师微笑地看着他们，屏幕上浮现文字："每一本书都是一扇门，通向知识的宇宙。"

音乐选择： 采用奇幻风格的音乐，强调冒险和发现的主题。

这3个方案分别从不同的角度展示了读书的价值和魅力，旨在激发观众对阅读的兴趣和热情，强调世界读书日的意义。

实操 **1-1** / 读书日宣传视频

微课视频

📦 **实例资源** ▶ \第1章\课堂实操\读书日宣传视频\"素材"文件夹

本实例将练习制作读书宣传日视频，涉及的知识点包括AIGC的应用、转场的应用、字幕的添加等。具体方法介绍如下。

Step 01 根据AIGC生成视频方案，参考如下。

Q 请根据一张写满字的纸、躺在草坪上看书的男性、在咖啡馆看书的女性、在图书馆怀抱书籍的女性、在家看书的女性、堆叠在一起的图书等图片，生成一个图文版的读书日宣传片制作方案，不要具体描述人物，不要旁白，时长20s左右。

A 好的，基于您提供的图片列表，以下是一个20s左右的图文版读书日宣传片制作方案。该方案不含具体人物描述和旁白。

读书日宣传片制作方案（图文版）

标题："书中自有天地宽"

时长：20s

制作方案：

1. 开场画面（2s）

图片：写满字的纸。

文案：无

2. 草坪上的阅读（3s）

图片：一位男性躺在草坪上看书。

文案：在自然中探索智慧。

3. 咖啡馆的阅读（3s）

图片：一位女性在咖啡馆看书。

文案：在闲暇时光中滋养心灵。

4. 图书馆（3s）

图片：一位女性在图书馆怀抱书籍。

文案：在知识的海洋中遨游。

5. 家庭阅读（3s）

图片：一位女性在家中看书。

文案：在家中书写的温馨时光。

6. 堆叠的图书（2s）

图片：堆叠在一起的图书。

文案：每一本书都是一段旅程。

7. 结尾画面（4s）

图片：
世界地图背景上点缀书籍图标。
标志性的"世界读书日"图标。
文案：
"4月23日，世界读书日"。
"让阅读成为习惯"。

在Premiere中新建文档和序列，如图1-24所示。

Step 02 将准备好的素材文件添加至"项目"面板中，如图1-25所示。

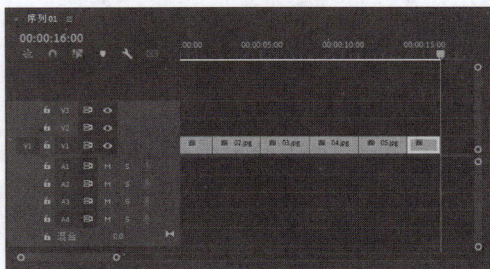

图1-24　　　　　　　　　　　　　　　　图1-25

Step 03 将图片按照序号依次拖曳至"时间轴"面板的V1轨道中，使用选择工具调整持续时间，使其与AIGC提供的方案一致，如图1-26所示。

Step 04 选中V1轨道中的第1段素材，在"效果控件"面板中设置"位置"参数，并添加关键帧，如图1-27所示。

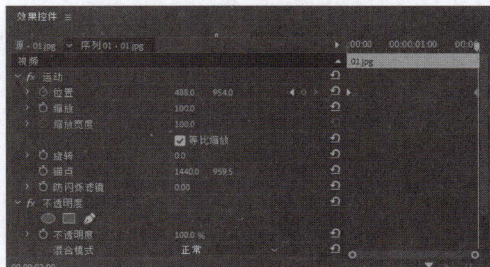

图1-26　　　　　　　　　　　　　　　　图1-27

Step 05 移动播放指示器至00:00:02:00处，更改"位置"参数，将自动添加关键帧，如图1-28所示。

Step 06 移动播放指示器至00:00:00:00处，使用文字工具在"节目"监视器面板中单击并输入文本，在"效果控件"面板中设置文本样式和大小，效果如图1-29所示。

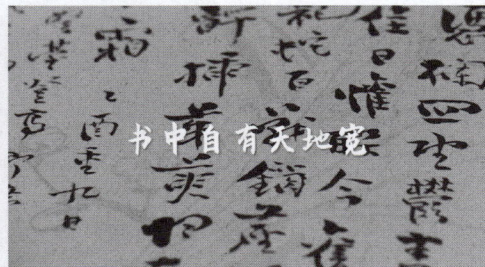

图1-28　　　　　　　　　　　　　　　　图1-29

Step 07 调整文本的持续时间，使其与V1轨道中的第1段素材一致，如图1-30所示。

Step 08 选中V2轨道中的文本素材，按住Alt键向右拖曳复制，调整持续时间后，在"节目"监视器面板中调整文本内容、位置和大小，效果如图1-31所示。

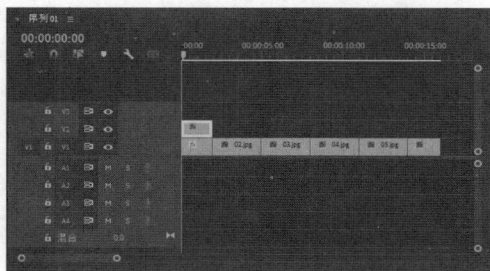

图1-30

图1-31

Step 09 重复对文本的复制与调整操作，如图1-32所示。

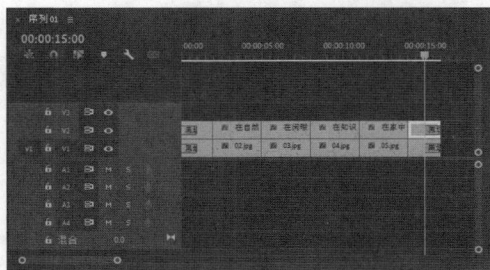

图1-32

Step 10 在"效果"面板中搜索"黑场过渡"视频过渡效果，拖曳至V1和V2轨道中第1段素材的入点处和最后1段素材的出点处，如图1-33所示。

Step 11 在"效果"面板中搜索"内滑"视频过渡效果，拖曳至V1轨道中其他素材之间，并在"效果控件"面板中调整运动方向，如图1-34所示。

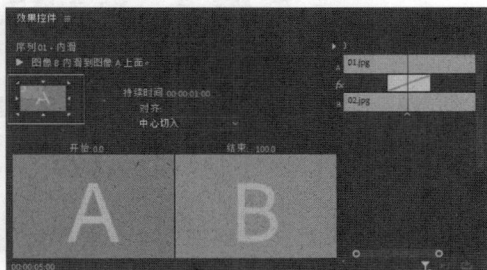

图1-33

图1-34

Step 12 在"效果"面板中搜索"交叉溶解"视频过渡效果，拖曳至V2轨道中其他素材之间，如图1-35所示。

Step 13 将音频素材添加至A1轨道中，在00:00:01:05处和00:00:16:06处裁切素材，然后删除裁切后的第1段和第3段素材，并调整第2段素材的位置，如图1-36所示。

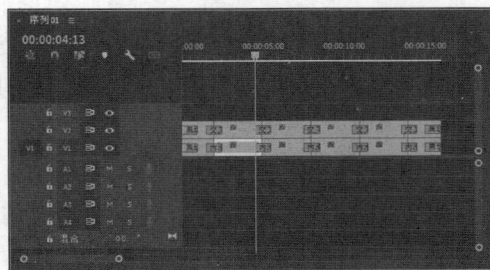

图1-35

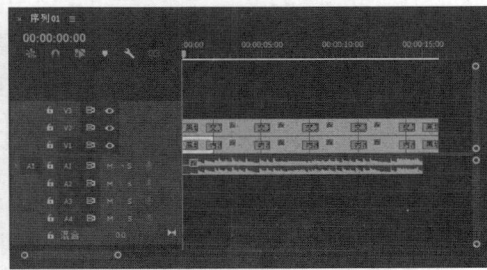

图1-36

Step 14 选中素材，单击鼠标右键，在弹出的快捷菜单中执行"速度/持续时间"命令，打开"剪辑速度/持续时间"对话框，设置持续时间为16s，如图1-37所示。完成后单击"确定"按钮。

Step 15 在"效果"面板中搜索"指数淡化"音频过渡效果，将其拖曳至A1轨道中素材的出点处，如图1-38所示。

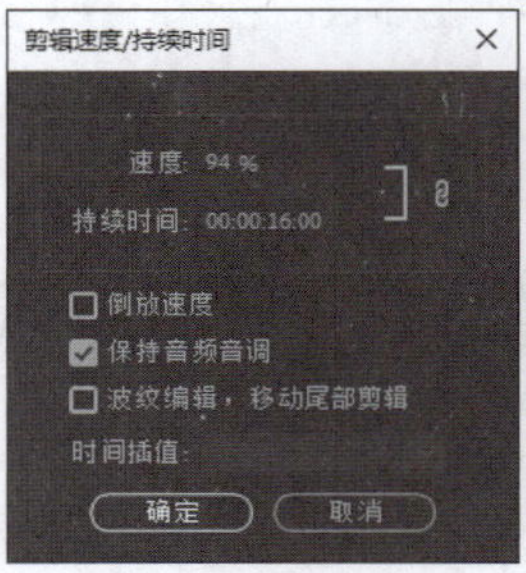

图1-37 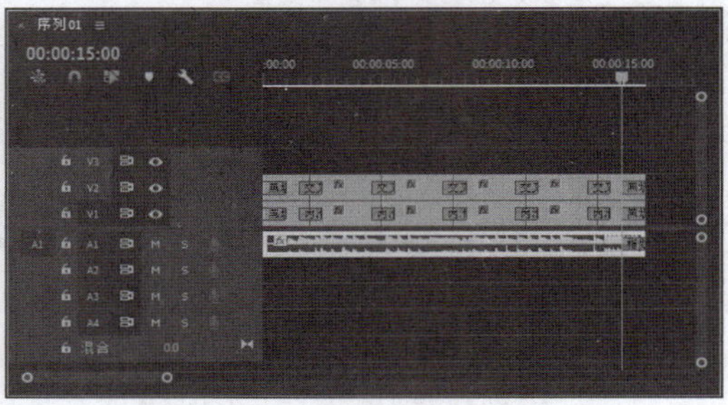　　　　　　　　　　　　　　图1-38

Step 16 按Enter键预览渲染效果，如图1-39所示。

图1-39

至此，完成了"读书日宣传"视频的制作。

1.5.4 其他应用

1. 生成虚拟角色

AIGC技术通过深度学习算法，可以有效地识别和理解不同类型的角色特质，并据此生成具有相应特点的虚拟角色。这些虚拟角色在视频制作中不仅可以增强视频的趣味性和观赏性，还可以极大地提高内容的吸引力。

例如，中央电视台（CCTV）推出的虚拟主播如纪小萌、小晴、小C等，就是利用AIGC技术创造的。这些虚拟主播不仅外观形象和声音逼真，还能够做出自然的面部表情并进行语言表达，使得新闻播报和其他电视节目更加生动有趣。这些虚拟角色的开发和应用，既为视频内容创造提供了更多的灵活性和创新可能性，也为观众带来了全新的观看体验。

2. 自动生成字幕

通过语音识别技术，AIGC可以将视频中的声音转换为字幕和文本描述；通过语音合成技术，AIGC也可以模拟不同的声音和语言。该操作不仅可以节省大量时间，还可为视频创作者提供了更多创作的可能性。

第 2 章

基础：Premiere Pro 2024 入门操作

Pr

内容导读

本章将对Premiere Pro 2024入门操作进行介绍，包括Premiere Pro 2024工作界面、视频剪辑常用面板、首选项的设置、素材的创建和管理、项目输出等。了解并掌握这些知识，可以帮助用户更好地了解Premiere Pro 2024软件，提高视频剪辑技能。

学习目标

- 了解Premiere常用面板的作用
- 掌握首选项的设置
- 掌握素材的新建与导入
- 掌握素材的管理
- 掌握项目输出的方式与设置

素养目标

- 培养视频创作者对Premiere Pro 2024软件的应用，使其具备基础的操作、剪辑能力，制作出有趣的视频作品。
- 通过Premiere Pro 2024的应用，帮助视频创作者增进对项目、序列、素材应用的了解，使视频剪辑更加便捷。

案例展示

叶子黄了

夜晚的告别

色彩之间

2.1 Premiere Pro 2024工作界面

Premiere Pro 2024是一款专业的视频剪辑软件，集剪辑、添加字幕、调色、音频编辑、特效制作等功能于一体，在视频制作领域的应用非常广泛。它的工作界面包含多个不同的工作区，如效果、学习、编辑等，不同工作区的侧重点略有不同。"效果"工作区如图2-1所示。

图2-1

Premiere Pro 2024工作界面并不固定，执行"窗口>工作区"命令，在其子菜单中执行命令即可选择不同的工作区，如图2-2所示。用户也可以单击工作界面中的"工作区" 按钮，在弹出的快捷菜单中执行命令进行切换，如图2-3所示。

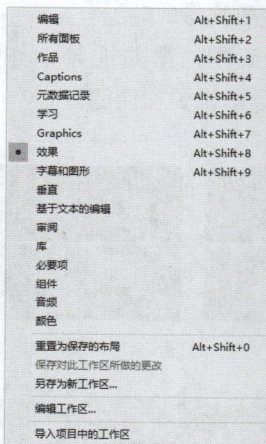

图2-2　　　　　　　　图2-3

选定工作区后，用户可以根据操作需要或个人使用习惯自由调节面板。将鼠标指针置于多个面板组交界处，待鼠标指针变为 状时，按住鼠标左键拖曳可调节面板组大小，如图2-4所示。

若将鼠标指针置于相邻面板组之间的隔条处，待鼠标指针变为 状时，按住鼠标左键拖曳可调节相邻面板组的大小。

图2-4

若想使面板浮动显示，可以单击面板名称右侧的 按钮，在弹出的快捷菜单中执行"浮动面板"命令，如图2-5所示。用户也可以移动鼠标指针至面板名称处，按住Ctrl键拖曳面板使其浮动显示，如图2-6所示。

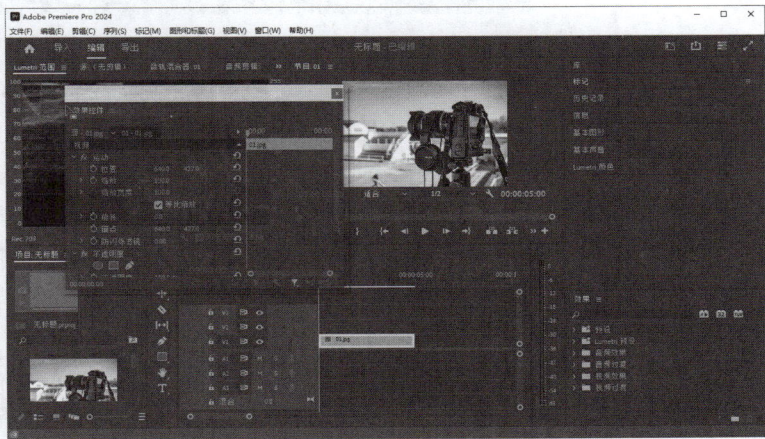

图2-5

图2-6

2.2 视频剪辑常用面板

Premiere Pro 2024工作界面中的面板在视频剪辑中有着不同的作用，可以辅助用户完成视频剪辑操作。下面将对视频剪辑常用面板进行介绍。

2.2.1 "监视器"面板

"监视器"面板分为"源"监视器面板和"节目"监视器面板两种，其中"源"监视器面板主要用于查看和剪辑原始素材，如图2-7所示。而"节目"监视器面板主要用于查看编辑媒体素材合成后的效果，如图2-8所示。

图2-7 　　　　　　　　　　　　　　　　　　　　图2-8

2.2.2 "时间轴"面板

"时间轴"面板是Premiere中进行编辑操作的主要工作场所，如图2-9所示。用户可以在该面板中剪辑素材、调整素材轨道、调整素材持续时间等。

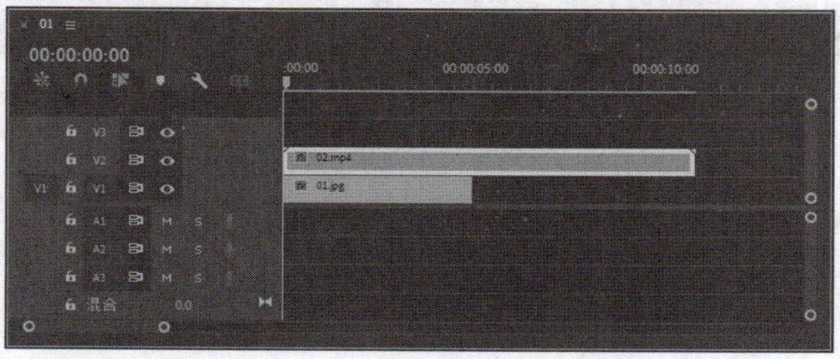

图2-9

其中部分控件的作用如下。

• 播放指示器位置 `00:00:00:00`：用于指示播放指示器的位置。单击该处的时间码可以进入编辑状态，输入数值后按Enter键或在空白处单击将移动播放指示器的位置。

• 播放指示器 ：用于指示当前帧，该帧内容将显示在"节目"监视器面板中。在剪辑过程中，播放指示器可以帮助用户精确地找到需要剪切、拼接的位置，辅助用户进行剪辑操作。

• 时间标尺 ：指示序列时间的数字沿标尺从左到右显示。随着用户查看序列的细节级别的变化，这些数字也会发生变化。

• 缩放滚动条 ：用于控制时间标尺的比例，包括水平和垂直两种。该滚动条对应于时间轴上时间标尺的可见区域，用户可以通过拖曳控制柄更改滚动条的宽度及时间标尺的比例。

2.2.3 "工具"面板

"工具"面板中包括Premiere Pro 2024提供的剪辑工具，用户可以单击图标进行选择，也可以长按右下角有三角符号的工具，展开该工具组，从中选择其他工具，如图2-10所示。

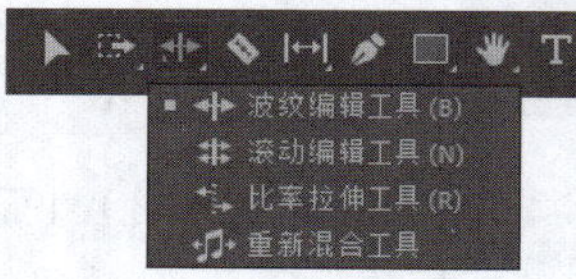

图2-10

2.2.4 "效果"面板

"效果"面板中包括Premiere Pro 2024提供的预设及效果，如图2-11所示。每类效果中都包括多种效果，以供用户选择应用。注意，部分效果添加后将直接在"节目"监视器面板中呈现，大多数效果则需要在"效果控件"面板中设置后才会呈现。

2.2.5 "效果控件"面板

"效果控件"面板是设置所选素材效果的场所，其中既可以设置素材的固定属性，如运动、不透明度等，又可以设置添加的效果，如图2-12所示。

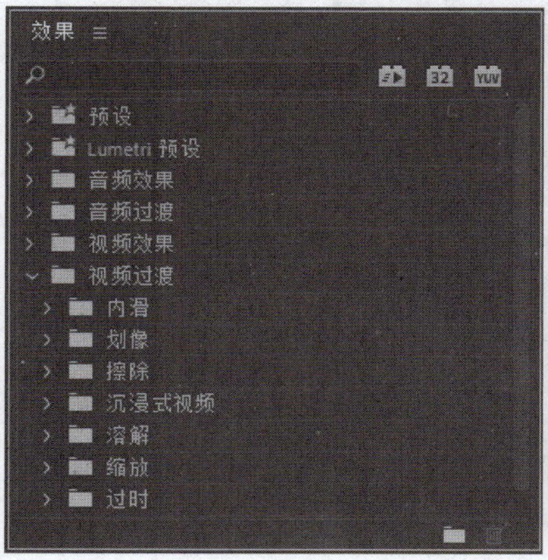

图2-11

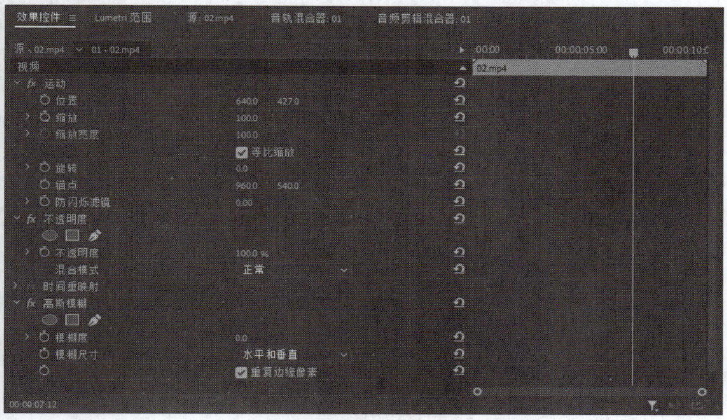

图2-12

其中部分按钮的作用介绍如下。

- 切换效果开关 fx ：用于设置是否启用效果。
- 切换动画 ：单击任一属性左侧的切换动画按钮，将为该属性添加关键帧，以制作动画效果。若该属性已添加关键帧，单击切换动画按钮将删除所有关键帧。
- 重置参数 ：单击该按钮，可将设置的属性参数恢复至初始状态。
- 过滤属性 ：用于设置"效果控件"面板中显示的属性，包括"显示所有属性""仅显示使用关键帧的属性""仅显示编辑后的属性"3个选项。

2.2.6 其他常用面板

"基本图形""基本声音""Lumetri颜色"等面板在视频剪辑中也较为常用，它们的作用如下。

- 基本图形：用于添加并编辑图形、文字等内容。在"浏览"选项卡中可以选择预设的图形、文字效果，如图2-13所示。在"编辑"选项卡中可以新建图形、文字内容，如图2-14所示。
- 基本声音：用于设置音频。通过该面板可以制作人声回避效果、统一音量级别、修复声音、制作混音等。

图2-13

图2-14

- Lumetri颜色：用于对视频进行调色，包括基本校正、创意、曲线、色轮和匹配、HSL辅助和晕影等选项组。用户通过这些选项组，可以全面系统地调整画面颜色。
- Lumetri范围：用于观察画面中的颜色属性，以便进行调整。

2.3 首选项的设置

首选项可以定义Premiere的外观和行为，包括启动时是否显示主页、自动保存、界面颜色等。执行"编辑>首选项>常规"命令，将打开"首选项"对话框中的"常规"选项卡，如图2-15所示。

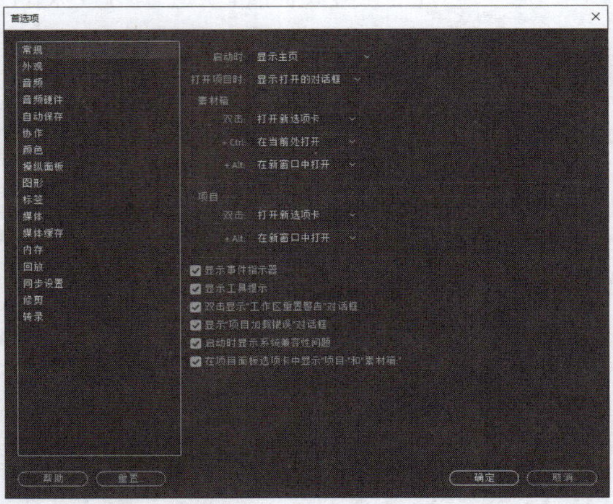

"首选项"对话框中部分选项卡的作用如下。

● 常规：用于设置软件常规选项，包括启动时显示内容、素材箱、项目等。

● 外观：用于设置软件工作界面外观，包括亮度、交互控件加亮颜色和焦点指示器加亮颜色。

● 自动保存：用于设置自动保存，包括是否自动保存、自动保存时间间隔等。

图2-15

● 图形：用于设置文本相关参数，包括文本样式、默认段落方向、缺少字体替换等。

● 标签：用于设置标签颜色及默认值。

● 媒体：用于设置媒体素材参数，包括时间码、帧数等。

🔗 **知识链接**

在旧版Premiere"首选项"对话框的"时间轴"选项卡中，可以设置音、视频过渡默认持续时间、静止图像默认持续时间等，保存后，该设置将同样作用于新版本中。

调整首选项中的参数后，若想恢复默认设置，可以在启动程序时按住Alt键至出现启动画面。

2.4 素材的创建和管理

素材是视频剪辑中必不可少的元素。在Premiere中，用户可以导入或新建素材并进行相应的工作。下面将对此进行介绍。

2.4.1 新建项目和序列

项目是在Premiere Pro 2024中编辑视频的工作空间，使用Premiere Pro 2024进行剪辑的第一步就是新建或打开项目。序列定义了实际进行剪辑的音、视频的基本属性。每个项目中可以包括多个序列，这些序列对应视频的不同部分或不同版本，以便实现协作和版本控制。

打开Premiere Pro 2024软件，单击主页中的"新建项目" 新建项目 按钮，或执行"文件>新建>项目"命令，打开"导入"模式，如图2-16所示。在其中设置项目名、项目位置等参数后，单击"创建"按钮，将新建项目。若在"导入"模式中选择素材后，单击"创建"按钮，将根据素材自动新建项目和序列。

新建项目后，执行"文件>新建>序列"命令，打开"新建序列"对话框，在其中设置序列参数，如图2-17所示。完成后单击"确定"按钮，将根据设置创建序列。用户也可以在没有序

图2-16

图2-17

列的情况下,将素材直接拖曳至"时间轴"面板中,根据素材自动创建新序列。

"新建序列"对话框中部分选项卡的作用如下。

- 序列预设:用于创建对应参数的序列。
- 设置:用于自定义序列参数,包括视频参数、颜色参数、音频参数、视频预览参数等。
- 轨道:用于设置音、视频轨道参数,包括视频轨道数量、音频轨道混合、各轨道类型等。

2.4.2 创建素材

Premiere Pro 2024支持创建调整图层、彩条、黑场视频等素材,以供用户剪辑时使用。单击"项目"面板中的"新建项" 按钮,弹出快捷菜单,如图2-18所示。也可以在"项目"面板空白处单击鼠标右键,在弹出的快捷菜单中执行"新建项目"命令,如图2-19所示。执行命令后,将根据创建素材的不同打开对应的对话框,设置并新建素材。

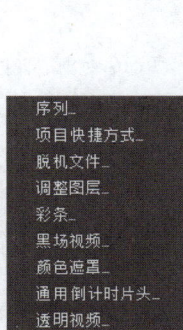

图2-18   图2-19

下面将对"新建项"快捷菜单中的部分常用素材进行介绍。

1. 调整图层

调整图层是一种透明的特殊图层。在该图层上添加效果,将影响"时间轴"面板中该素材持续时间内位于其下方轨道中的素材的效果。

单击"项目"面板中的"新建项"按钮,执行"调整图层"命令,打开"调整图层"对话框,如图2-20所示。在其中设置参数后,单击"确定"按钮,新建调整图层,此时可在"项目"面板中看到新建的调整图层,如图2-21所示。将其拖曳至"时间轴"面板中应用即可添加效果。

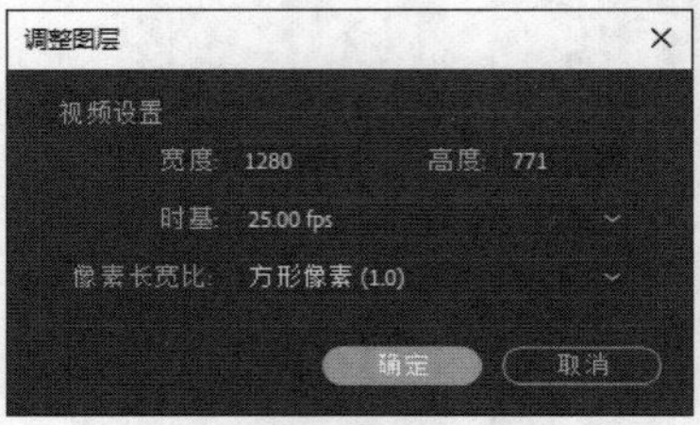

图2-20

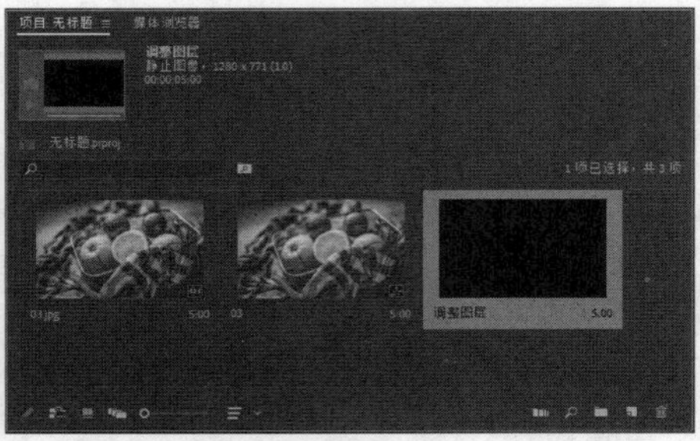

图2-21

2. 彩条

彩条是包含色条和1kHz音调的1s剪辑，可以正确反映出各种彩色的亮度、色调和饱和度，以作为音、视频设备的校准参考。

单击"项目"面板中的"新建项"按钮，执行"彩条"命令，打开"新建色条和色调"对话框，如图2-22所示。在其中设置参数后，单击"确定"按钮，如图2-23所示。

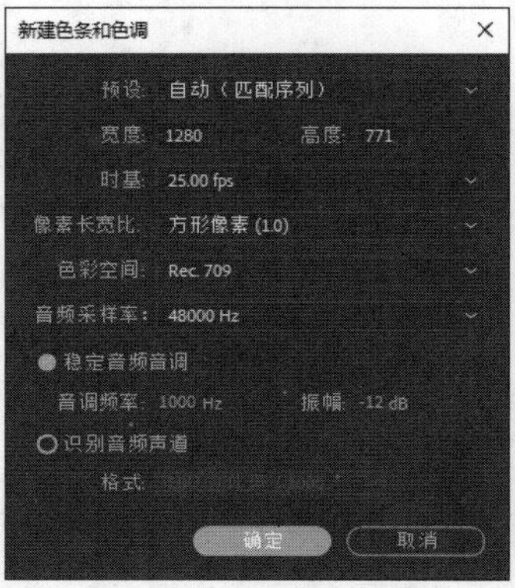

图2-22

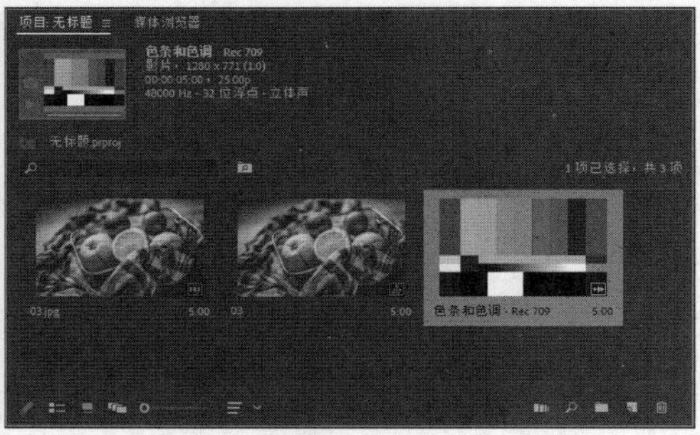

图2-23

3. 黑场视频

黑场视频是一个黑色素材，可以帮助用户制作黑色背景或转场。执行"新建项"快捷菜单中的"黑场视频"命令，打开"新建黑场视频"对话框，如图2-24所示。在其中设置参数后，单击"确定"按钮，如图2-25所示。

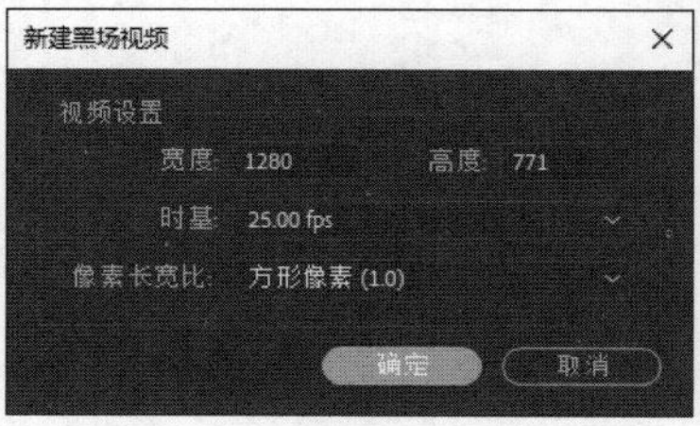

图2-24

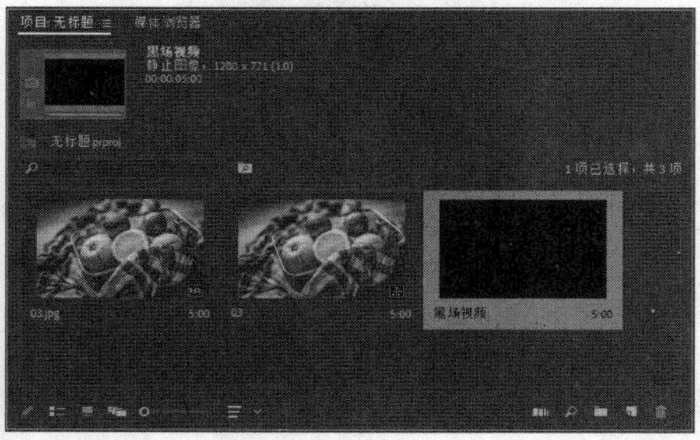

图2-25

4. 颜色遮罩

颜色遮罩相当于纯色素材。执行"新建项"快捷菜单中的"颜色遮罩"命令，打开"新建颜色遮罩"对话框，保持默认设置，单击"确定"按钮。打开"拾色器"对话框，在其中设置颜色，如图2-26所示。完成后单击"确定"按钮。打开"选择名称"对话框，如图2-27所示。在其中设置遮罩名称，单击"确定"按钮。

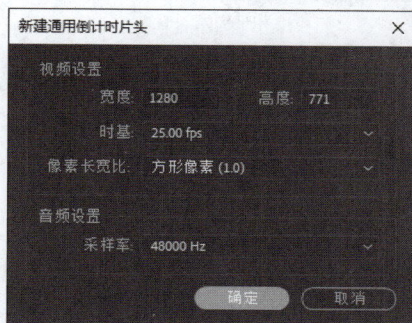

图2-26

图2-27

双击"项目"面板中的颜色遮罩素材，将打开"拾色器"对话框，用户可以在其中重新设置该素材的颜色。

5. 通用倒计时片头

倒计时片头可以帮助用户确认音频和视频是否正常且同步工作。执行"新建项"快捷菜单中的"通用倒计时片头"命令，打开"新建通用倒计时片头"对话框，如图2-28所示。在其中设置参数后，单击"确定"按钮，将打开"通用倒计时设置"对话框，如图2-29所示。在其中设置"擦除颜色""背景色"等参数后，单击"确定"按钮。

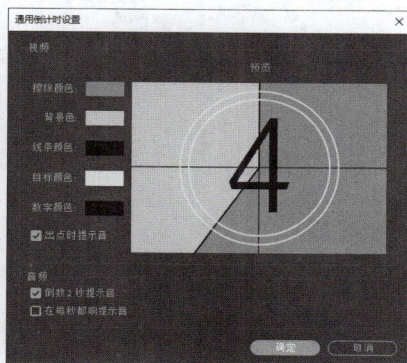

图2-28

图2-29

"通用倒计时设置"对话框中部分选项的作用如下。

- 擦除颜色：用于设置擦除区域的颜色。
- 背景色：用于设置背景区域的颜色。
- 线条颜色：用于设置指示线的颜色，即水平和垂直线条的颜色。
- 目标颜色：用于设置准星的颜色，即数字周围的双圆形颜色。
- 数字颜色：用于设置倒数数字的颜色。
- 出点时提示音：勾选该复选框，在片头的最后一帧中显示提示圈。
- 倒数2s提示音：勾选该复选框，在倒数2s标记处播放"嘟嘟"声。

6. 透明视频

透明视频是类似"黑场视频""彩条""颜色遮罩"的合成剪辑。该视频可以生成自己的图像并保留透明度的效果，常用于制作时间码效果或闪电效果。

2.4.3 导入素材

除了新建素材，Premiere Pro 2024还支持导入丰富的外部素材。常用的导入素材的方法包括以下3种。

1. "导入"命令

执行"文件>导入"命令或按Ctrl+I组合键，打开"导入"对话框，如图2-30所示。从中选择素材后，单击"打开"按钮即可将其导入。用户也可以在"项目"面板空白处双击，打开"导入"对话框导入素材。

2. "媒体浏览器"面板

在"媒体浏览器"面板中找到素材并单击鼠标右键，如图2-31所示。在弹出的快捷菜单中执行"导入"命令将其导入，或直接将其从"媒体浏览器"面板中拖曳至"时间轴"面板中。

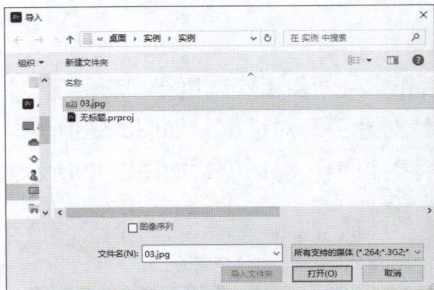

图2-30   图2-31

3. 直接拖入

直接将文件夹中的素材拖入"项目"面板或"时间轴"面板中，同样可以导入素材。

2.4.4 管理素材

进行视频剪辑时往往会使用到大量的素材，为了便于管理与使用，用户可以通过重命名、分组等方式整理素材。下面将对此进行介绍。

1. 重命名素材

重命名素材有助于提高素材的可识别性，同时可以使"项目"面板中的素材更加规整。选中"项目"面板中的素材，执行"剪辑>重命名"命令，素材名称将呈可编辑状态，此时输入新的名称即可，如图2-32、图2-33所示。选中素材后，按Enter键或再次单击该素材，同样可以重命名素材。

图2-32   图2-33

需要注意的是，在"项目"面板中更改素材名称，并不会影响"时间轴"面板中已置入的素材名称。若想更改"时间轴"面板中的素材名称，可以在将其选中后，执行"剪辑>重命名"命令，或单击鼠标右键，在弹出的快捷菜单中执行"重命名"命令，打开"重命名剪辑"对话框进行设置，如图2-34所示。完成后单击"确定"按钮。

2. 素材箱

素材箱类似于文档中的文件夹，可以将素材归类存储。单击"项目"面板中的"新建素材箱"■按钮，新建素材箱，如图2-35所示。重命名素材箱后，将素材拖曳至素材箱中存放。

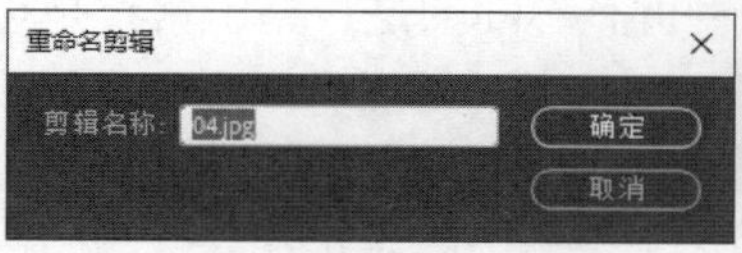

图2-34

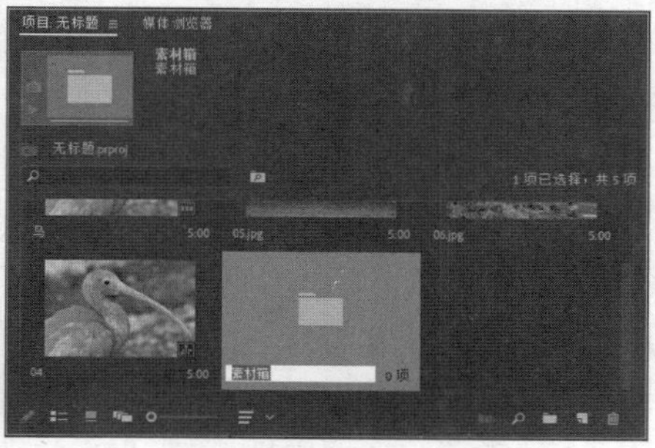

图2-35

3. 替换素材

替换素材可以在保留已添加效果的同时，将原有的素材替换掉，从而节省重复工作的时间。用鼠标右键单击"项目"面板中的素材对象，在弹出的快捷菜单中执行"替换素材"命令，打开"替换'鸟'素材"对话框，如图2-36所示。从中选择新的素材文件后，单击"选择"按钮，如图2-37所示。

图2-36

图2-37

4. 链接媒体

Premiere Pro 2024中用到的素材都以链接的形式存放在"项目"面板中，当移动素材位置或删除素材时，就可能会导致项目文件中的素材缺失，而执行"链接媒体"命令可以重新链接丢失的素材，使其正常显示。

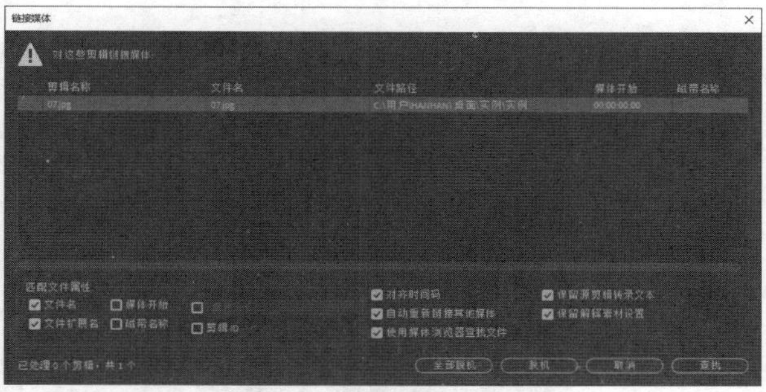

在"项目"面板中选中脱机素材，单击鼠标右键，在弹出的快捷菜单中执行"链接媒体"命令，打开"链接媒体"对话框，如图2-38所示，在其中单击"查找"按钮，打开"查找文件"对话框，选中要链接的素材对象，重新进行链接。

图2-38

5. 编组素材

编组素材是指将素材编成一个组，以便同时操作。在"时间轴"面板中选中素材，单击鼠标右键，在弹出的快捷菜单中执行"编组"命令，编组后的文件可以同时被选中、移动、添加效果等。

若想取消编组，可以在选中编组素材后单击鼠标右键，在弹出的快捷菜单中执行"取消编组"命令。取消素材编组，不会影响已添加的效果。

> **知识链接**
>
> 为编组素材添加视频效果后，按住Alt键的同时在"时间轴"面板中选中单个素材，即可在"效果控件"面板中进行设置。

6. 嵌套素材

"编组"命令和"嵌套"命令都可以同时操作多个素材。不同的是，编组素材是可逆的，编组只是将素材组合为一个整体来进行操作；而嵌套素材是不可逆的，嵌套将多个素材或单个素材合成一个序列来进行操作。

在"时间轴"面板中选中要嵌套的素材文件，单击鼠标右键，在弹出的快捷菜单中执行"嵌套"命令，打开"嵌套序列名称"对话框，设置名称，完成后单击"确定"按钮，如图2-39所示。嵌套序列在"时间轴"面板中呈绿色显示，双击嵌套序列可以进入其内部进行设置，如图2-40所示。

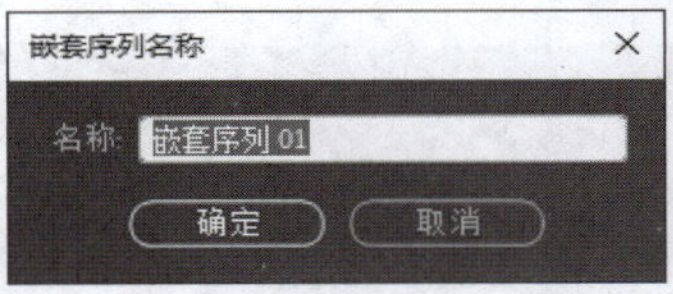

图2-39 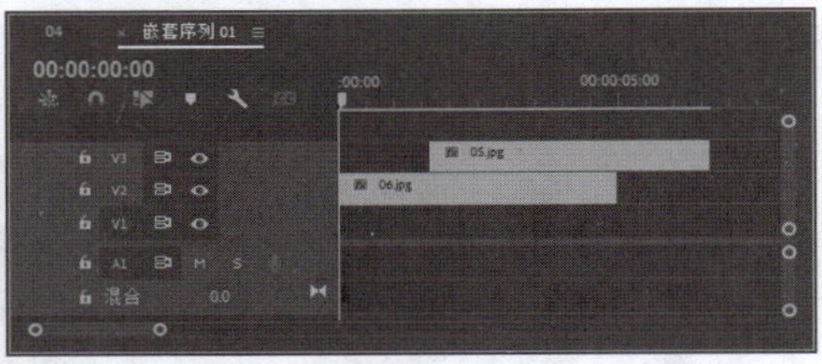   图2-40

7. 失效和启用素材

使素材文件暂时失效可以加速Premiere中的操作和预览。在"时间轴"面板中选中素材，单击鼠标右键，在弹出的快捷菜单中取消执行"启用"命令，使素材失效。此时失效素材的画面变为黑色，如图2-41所示。若想再次启用失效素材，可以使用相同的操作执行"启用"命令，重新显示素材画面，如图2-42所示。

图2-41    图2-42

失效素材在"时间轴"面板中将呈现深紫色，以便操作人员识别。

8. 打包素材

打包素材是指将当前项目中使用的素材打包存储，以便文件移动后再次操作。使用Premiere软件制作完成视频后，执行"文件>项目管理"命令，打开"项目管理器"对话框，在其中设置参数后单击"确定"按钮，如图2-43所示。

该对话框中部分选项的作用如下。

● 序列：用于选择要打包素材的序列。若要使选择的序列包含嵌套序列，则需同时选中嵌套序列。

● 收集文件并复制到新位置：用于将所选序列的素材收集和复制到单个存储位置。

● 整合并转码：用于整合在所选序列中使用的素材，并转码到单个编/解码器以供存档。

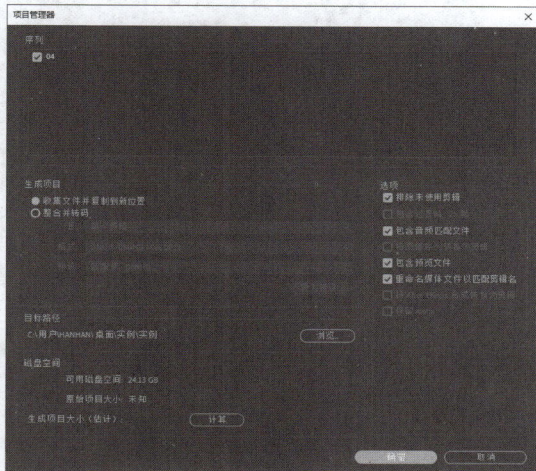

图2-43

● 排除未使用剪辑：勾选该复选框，将不包含或复制未在原始项目中使用的媒体。

● 将图像序列转换为剪辑：勾选该复选框，可以将指定项目管理器中静止图像文件的序列转换为单个视频剪辑。勾选该复选框通常可提高播放性能。

● 重命名媒体文件以匹配剪辑名：勾选该复选框，可以使用所捕捉剪辑的名称来重命名复制的素材文件。

● 将After Effects合成转换为剪辑：勾选该复选框，可以将项目中的任何 After Effects 合成转换为拼合视频剪辑。

● 目标路径：用于设置保存文件的位置。

● 磁盘空间：用于显示当前项目文件大小和复制文件或整合文件估计大小之间的对比。单击"计算"可更新估算值。

2.4.5 课堂实操：叶子黄了

实操 *2-1* ／ "叶子黄了"

微课视频

实例资源 ▶ \第2章\课堂实操\叶子黄了\"素材"文件夹

本实例将练习制作"叶子黄了"片头，涉及的知识点包括项目的新建、素材的导入和应用等。具体操作方法介绍如下。

Step 01 打开Premiere Pro 2024软件，单击主页中的"新建项目"按钮，切换至"导入"模式，设置参数，如图2-44所示。

Step 02 单击"创建"按钮创建项目，如图2-45所示。

Step 03 在"时间轴"面板中选中视频素材，单击鼠标右键，在弹出的快捷菜单中执行"取消链接"命令取消音、视频链接，选中音频，按Shift+Delete组合键删除波纹，如图2-46所示。

Step 04 选择剃刀工具，在00：00：15：12处裁切音频素材，删除其右侧部分，如图2-47所示。

图2-44 图2-45

图2-46 图2-47

Step 05 选中音频，单击鼠标右键，在弹出的快捷菜单中执行"速度/持续时间"命令，打开"剪辑速度/持续时间"对话框，在其中设置持续时间，如图2-48所示。

Step 06 完成后单击"确定"按钮，调整音频素材持续时间，如图2-49所示。

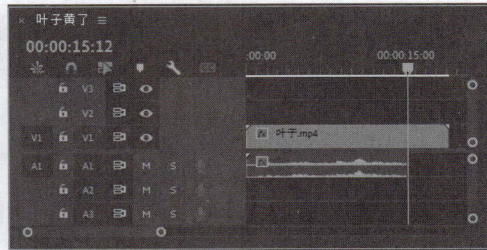

图2-48 图2-49

Step 07 在"效果"面板中搜索"恒定功率"音频过渡效果，将其拖曳至A1轨道中素材的出点处，如图2-50所示。

Step 08 在"项目"面板中单击"新建项"■按钮，执行"调整图层"命令，打开"调整图层"对话框，保持默认设置后单击"确定"按钮新建调整图层，并将其拖曳至V2轨道中，调整持续时间至与V1轨道中的素材一致，如图2-51所示。

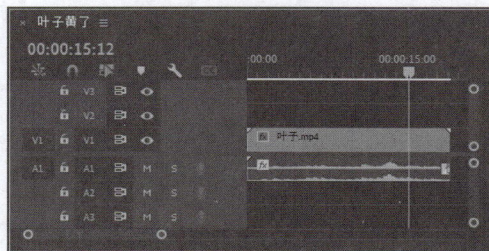

图2-50 图2-51

Step 09 在"效果"面板中搜索"高斯模糊"视频效果，将其拖曳至V2轨道中的素材上，在"效果控件"面板中将"模糊度"设置为1000.0，效果如图2-52所示。

Step 10 移动播放指示器至00:00:00:00处，单击"模糊度"参数左侧的"切换动画"⏱按钮添加关键帧。移动播放指示器至00:00:05:00处，将"模糊度"参数更改为0.0，软件将自动添加关键帧，如图2-53所示。

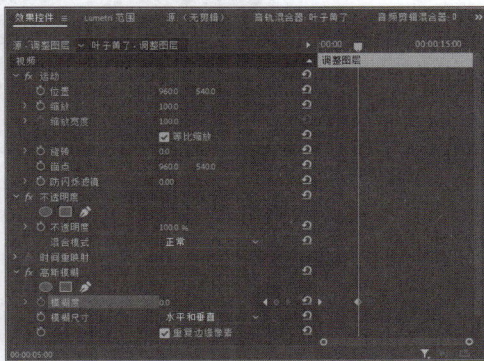

图2-52   图2-53

Step 11 选择"工具"面板中的"文字工具"⊤，在"节目"监视器面板中单击并输入文字，在"效果控件"面板中调整字体样式，效果如图2-54所示。

Step 12 在"时间轴"面板中调整文字素材的持续时间至与V1轨道中的素材一致，如图2-55所示。

图2-54   图2-55

Step 13 移动播放指示器至00:00:05:00处，单击"效果控件"面板中"不透明度"参数左侧的"切换动画"⏱按钮，添加关键帧。移动播放指示器至00:00:01:00处，将"不透明度"参数更改为0.0%，将自动添加关键帧，如图2-56所示。

Step 14 此时"节目"监视器面板中的效果如图2-57所示。

图2-56   图2-57

Step 15 按Enter键渲染预览，效果如图2-58所示。

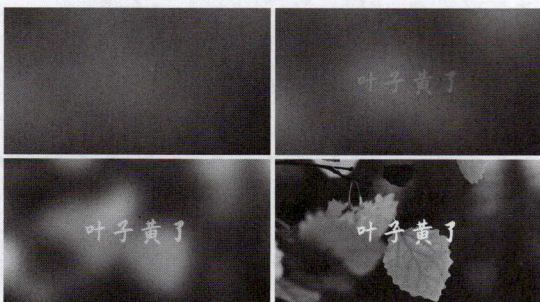

图2-58

至此，完成了"叶子黄了"片头的制作。

2.5 项目输出

Premiere Pro 2024支持将剪辑好的视频输出为不同格式的文件，以便后续查看和传输。下面将对此进行介绍。

2.5.1 输出准备

将视频制作完成后，用户可以在Premiere Pro 2024中渲染预览的效果，检查其中的不足之处。选中要进行渲染的时间段，执行"序列>渲染入点到出点的效果"命令或按Enter键。渲染后红色的时间轴部分变为绿色，如图2-59、图2-60所示。

图2-59

图2-60

2.5.2 输出设置

渲染预览视频后，若无问题，执行"文件>导出>媒体"命令或按Ctrl+M组合键，切换至"导出"模式，如图2-61所示。在其中设置输出参数后，单击"导出"按钮。

其中各选项卡的作用如下。

1. 目标

用于设置视频目标。用户可以自定义多个目标，并在"设置"选项卡和"预览"选项卡中进行设置，同时导出多种不同的格式。

单击"目标"选项卡右上角的▆▆▆按钮，在弹出的快捷菜单中执行"添加自定义目标"命令，将在"目标"选项卡中添加自定义目标，单击自定义目标右侧的▆▆▆按钮，在弹出的快捷菜单中执行"重命名"命令将进行重命名，如图2-62所示。

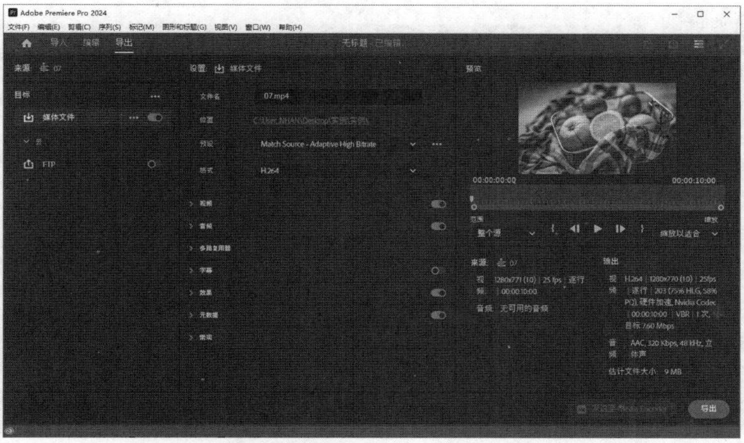

图2-61

图2-62

　　选中并启用目标，在"设置"选项卡和"预览"选项卡中设置参数后，单击"导出"按钮，将同时导出启用后的所有目标。

2. 设置

　　用于设置导出目标的具体参数，包括文件名、位置、预设、格式、视频、音频等，如图2-63所示。

　　其中部分常用选项的作用如下。

（1）位置

　　用于设置导出内容存储路径。单击蓝色文字将打开"另存为"对话框，在其中设置存储路径及名称后，单击"保存"按钮，如图2-64所示。

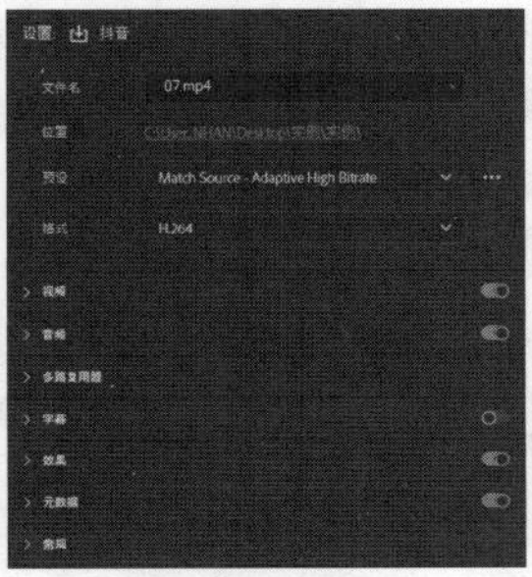

（2）预设

　　用于选择预设的导出设置，如图2-65所示。选择最下方的"更多预设"选项，将打开"预设管理器"对话框，其中包括更多的预设，如图2-66所示。

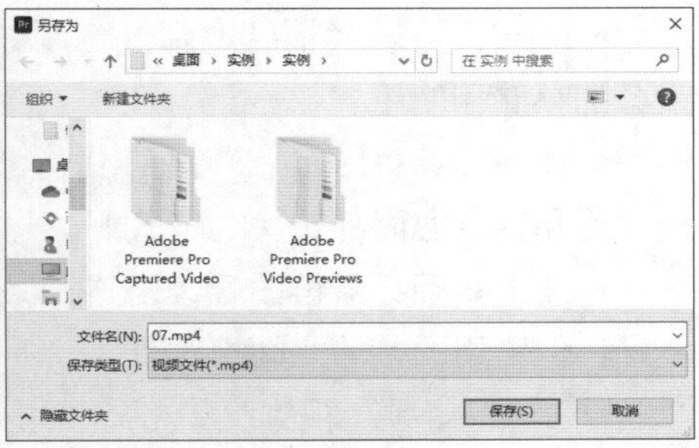

图2-63

图2-64

图2-65

图2-66

若用户对预设的效果不满意，还可以在"设置"选项卡中自定义，完成后单击"预设"选项右侧的 ◼◼◼ 按钮，在弹出的快捷菜单中执行"保存预设"命令，打开"保存预设"对话框，在其中设置名称后单击"确定"按钮，新建预设。

（3）格式

用于设置导出文件的格式，如图2-67所示。

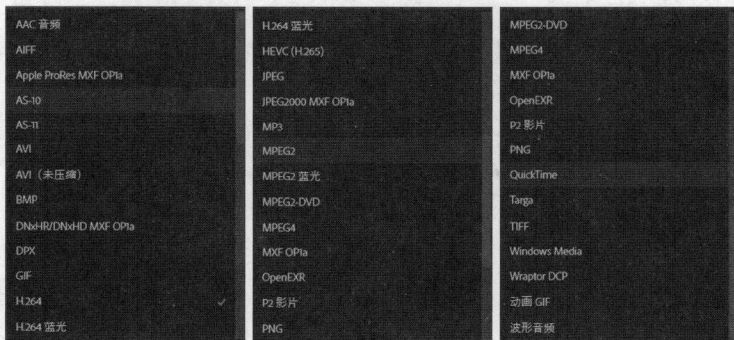

图2-67

其中常用导出格式的作用如下。

• AAC音频：中文名称为"高级音频编码"。该格式采用了全新的算法进行编码，更加高效，压缩比相对来说也更高，但AAC格式为有损压缩，音质相对其他格式略有不足。

• MP3：可以大幅度地降低音频数据量，减少占用空间，但保持较好的音质，适用于移动设备的存储和使用。

• Windows Media：WMA格式。该格式通过减少数据量但保持音质的方法提高压缩比，在压缩比和音质方面都比MP3格式好。

• 波形音频：最早的音频格式，保存文件后缀为".wav"。该格式支持多种压缩算法，且音质好，但占用的存储空间相对较大，不便于交流和传播。

• AVI：音频、视频交错格式，可以同步播放音频和视频。该格式采用了有损压缩的方式，但画质好、兼容性强，应用非常广泛。

• H.264：具有很高的数据压缩比，容错能力强，同时图像质量也很高，在网络传输中使用更为方便、经济，其保存文件后缀为".mp4"。快速导出的默认格式也是"H.264"。

- QuickTime：苹果公司开发的一种音频、视频文件格式，可用于存储常用数字媒体类型，其保存文件后缀为".mov"。
- GIF和动画GIF：图形交换格式，可以以超文本标志语言的方式显示索引彩色图像，广泛应用于互联网及其他在线服务系统。选择GIF格式，将导出静态的图像序列；选择动画GIF格式，将导出GIF动画。

（4）视频

用于设置与导出视频相关的参数。选择不同的格式时，该选项组中的内容也会有所不同。选择"H.264"格式时的视频选项组，如图2-68所示。

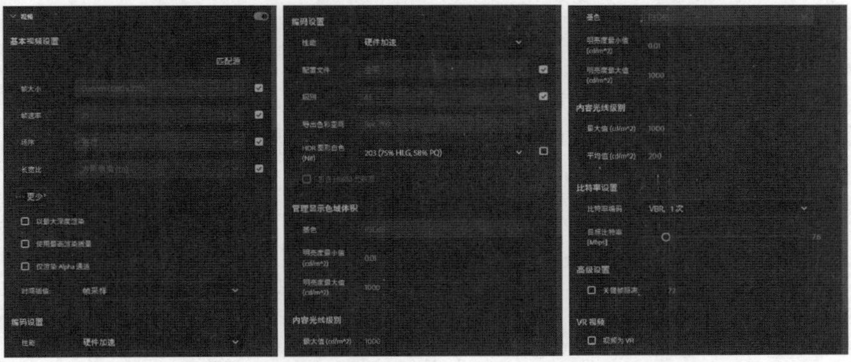

图2-68

其中常用设置选项的作用如下。
- 基本视频设置：该区域选项可以设置输出视频的一些基本参数，如宽度、高度、帧速率等。
- 比特率设置：用于设置输出文件的比特率。比特率数值越大，输出文件越清晰，但超过一定数值后，清晰度就不会有明显提升。

（5）音频

用于设置与导出音频相关的参数。选择"H.264"格式时的音频选项组，如图2-69所示。

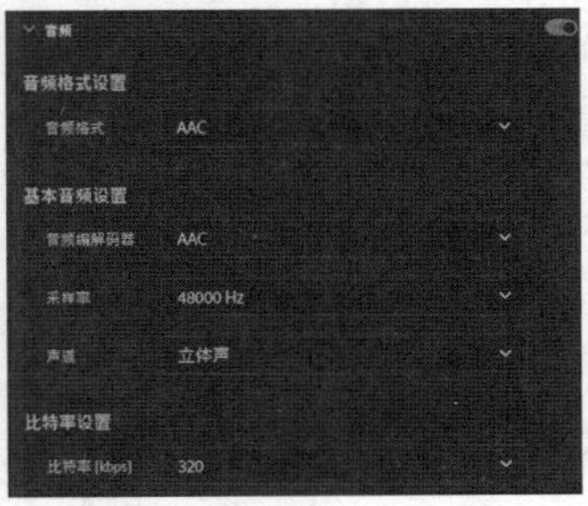

其中常用设置选项的作用如下。
- 基本音频设置：该区域参数可以设置输出音频的一些基本参数，如采样率、声道等。
- 比特率设置：该区域参数可以设置音频的输出比特率。一般来说，比特率越高，品质越高，文件大小也会越大。

图2-69

（6）其他选项

Premiere Pro 2024还提供了"效果""字幕"等选项组，以帮助用户根据需要进行设置。其作用如下。
- 多路复用器：用于控制如何将视频和音频数据合并到单个流中，即混合。
- 字幕：用于导出隐藏字幕数据，将视频的音频部分以文本形式显示在电视和其他支持显示隐藏字幕的设备上。
- 效果：用于给导出的媒体添加各种效果。用户可以在"输出"选项卡中查看应用效果后的预览。

3. 预览

用于在导出前预览、拖曳和回放视频，设置自定义的持续时间，如图2-70所示。

图2-70

其中常用设置选项的作用如下。

（1）范围

用于自定义导出视频的持续时间，包括以下4个选项。

- 整个源：用于导出序列或剪辑的整个持续时间。
- 源入点/出点：如果在序列或剪辑中设置了入点、出点，则会将这些设置用于导出。
- 工作区域：用于导出工作区域栏的持续时间（仅限序列）。
- 自定义：采用在导出模式下设置的自定义入点、出点。

（2）缩放

用于缩放源文件，包括以下3个选项。

- 缩放以适合：用于调整源文件大小，以适合输出帧，而不出现任何失真或裁剪的像素。但可能会出现黑条。
- 缩放以填充：用于调整源文件大小，使其完全填充输出帧，而不出现黑条，但可能会裁剪一些像素。
- 拉伸以填充：用于拉伸源文件以完全填充输出帧，而不出现任何黑条或裁剪的像素。由于不会保持画面长宽比，因此视频可能会失真。

> **知识链接**
>
> 单击Premiere "编辑"模式右上角的"快速导出" 按钮，在弹出的"快速导出"面板中设置名称、位置和预设后，单击"导出"按钮将快速导出文件。

2.5.3　课堂实操：夜晚的告别 AIGC

实操2-2　夜晚的告别

微课视频

📁 **实例资源** ▶ \第2章\课堂实操\夜晚的告别\"素材"文件夹

本实例将练习制作"夜晚的告别"片头效果，涉及的知识点包括渲染预览、输出设置等。具体操作方法介绍如下。

Step 01 打开素材文件"夜晚的告别.prproj"，如图2-71所示。

Step 02 按Enter键渲染预览，如图2-72所示。

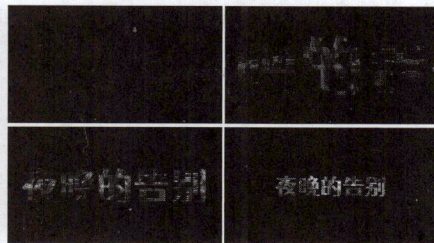

图2-71   图2-72

Step 03 通过AIGC工具如DeepSeek，对输出设置进行分析，具体如下。

Q Premiere输出视频时应如何设置？

A 在Adobe Premiere Pro中输出视频时，合理设置参数可确保画质、文件大小和兼容性的平衡。以下是简明设置指南，步骤说明如下。

一、导出基础流程

1. 进入导出界面

• 完成剪辑后，选中时间轴上的序列。

• 单击菜单栏"文件">"导出">"媒体"（快捷键Ctrl/Cmd+M）。

2. 选择输出格式

（1）通用格式

• H.264：适合网络传播（如B站、YouTube、微信）。

• HEVC（H.265）：更高压缩率，4K/高画质需求（需设备支持）。

（2）专业格式

• QuickTime + ProRes 422：高画质存档或二次编辑（文件较大）。

• DNxHR：类似ProRes，适用于Windows平台。

二、核心参数设置

1. 视频参数

• 分辨率：与序列设置一致（如1920像素×1080像素）。

• 帧率：匹配项目帧率（如24/25/30/60 fps）。

• 场序：默认选逐行（无场），广播电视选"高场优先/低场优先"。

2. 码率控制

• VBR 2次：高画质首选（复杂动态画面，如电影、广告）。

• VBR 1次：快速导出（简单内容，如访谈、PPT录屏）。

• CBR：固定码率（直播推流、固定带宽场景）。

目标码率参考如下。

• 1080p：5~15 Mbit/s（普通画质），20~50 Mbit/s（高画质）。

• 4K：20~100 Mbit/s（根据需求调整）。

3. 音频参数

• 格式：AAC（兼容性强）。

• 采样率：44100 Hz 或 48000 Hz（与项目一致）。

- 比特率：320 kbit/s（立体声），多声道可提升至512 kbit/s。

三、场景化推荐配置

1. 社交媒体（抖音、微信）

- 格式：H.264
- 分辨率：1080像素×1920像素（竖屏）或 1080像素×1080像素（方屏）
- 码率：VBR 1次，目标5~8 Mbit/s
- 音频：AAC，256 kbit/s

2. YouTube/4K平台

- 格式：H.264 或 HEVC
- 分辨率：3840像素×2160像素（4K）
- 码率：VBR 2次，目标35~60 Mbit/s（H.264），20~40 Mbit/s（HEVC）

3. 专业存档/二次编辑

- 格式：QuickTime + ProRes 422 HQ
- 色彩深度：10位（保留更多细节）
- 不压缩，直接输出原始质量。

四、高级优化技巧

1. 启用硬件加速

- 勾选"使用GPU加速"（需NVIDIA/AMD显卡支持）。
- 显著提升导出速度（H.264/HEVC格式有效）。

2. 提升画质细节

- 勾选"使用最高渲染质量"（抗锯齿优化，但导出时间增加）。
- 设置"关键帧距离"为帧率的2倍（如24fps设为48帧）。

3. 处理透明通道

需保留透明背景时，选择QuickTime + ProRes 4444 或DNxHR HQX，勾选"导出Alpha通道"。

五、常见问题解决

- 文件过大：降低码率或分辨率，或转用HEVC格式。
- 画质模糊：提高目标码率，检查序列分辨率是否过低。
- 导出失败：更新显卡驱动，关闭后台软件，或清空缓存（菜单栏"编辑"＞"首选项"＞"媒体缓存"）。

六、导出前必查

（1）预览整个视频，确认无黑场、卡顿或音画不同步。

（2）检查输出路径的存储空间（4K视频可能需数十吉字节的空间）。

（3）确认格式与目标平台兼容（如抖音支持MP4，B站支持H.264）。

通过以上设置，可高效输出符合需求的视频文件。复杂项目建议先导出一小段测试，再批量处理！

参考上述回答，进行后续的输出操作。

Step 04 执行"文件"＞"导出"＞"媒体"命令，切换至"导出"模式，设置参数，如图2-73所示。

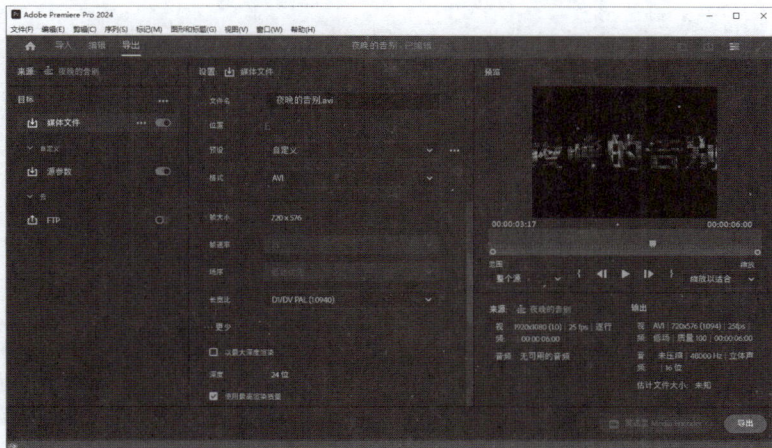

图2-73

Step 05 选择自定义目标"源参数",设置参数,如图2-74所示。

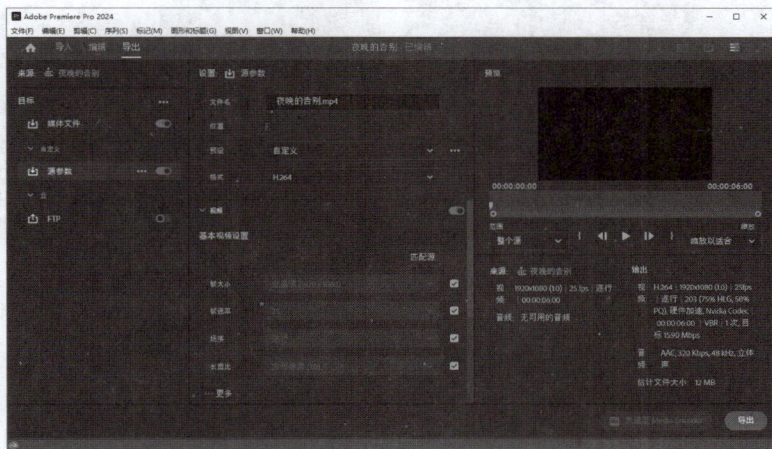

图2-74

🔗 知识链接

若没有自定义目标"源参数",单击"目标"选项卡右上角的 ••• 按钮,在弹出的快捷菜单中执行"添加自定义目标"命令,也可添加自定义目标并重命名。

Step 06 单击"导出"按钮,等待进度条完成。导出的视频文件如图2-75所示。

图2-75

至此,完成了"夜晚的告别"片头效果制作与输出。

2.6 实战演练：色彩之间

实操2-3 色彩之间

🗄 **实例资源 ▶** \第2章\实战演练\色彩之间\ "素材" 文件夹

本实例将综合应用本章所学知识制作色彩之间的填色效果，以达到举一反三、学以致用的目的。下面将对具体操作思路进行介绍。

Step 01 打开Premiere Pro 2024软件，单击主页中的 "新建项目" 按钮，切换至 "导入" 模式，设置参数，如图2-76所示。

Step 02 单击 "创建" 按钮创建项目，如图2-77所示。

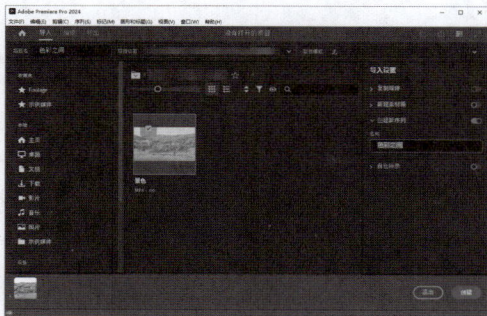

图2-76   图2-77

Step 03 在 "效果" 面板中搜索 "色彩" 效果，拖曳至V1轨道中的素材上，效果如图2-78所示。

Step 04 选中V1轨道中的素材，按住Alt键向上拖曳复制，删除 "效果控件" 面板中的 "色彩" 效果，如图2-79所示。

图2-78   图2-79

Step 05 在 "效果" 面板中搜索 "颜色键" 效果，拖曳至V2轨道中的素材上，在 "效果控件" 面板中设置参数，如图2-80所示。

Step 06 此时 "节目" 监视器面板中的效果如图2-81所示。

Step 07 单击 "颜色键" 效果 "颜色容差" 参数左侧的 "切换动画" ⏱按钮，添加关键帧。移动播放指示器至00:00:05:00处，更改 "颜色容差" 参数为0，将自动添加关键帧，如图2-82所示。

Step 08 此时 "节目" 监视器面板中的效果如图2-83所示。

Step 09 按Enter键预览渲染效果，如图2-84所示。

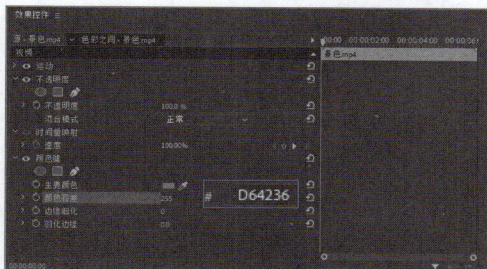

图2-80

图2-81

图2-82

图2-83

图2-84

Step 10 执行"文件">"导出">媒体""命令,切换至"导出"模式,设置参数,如图2-85所示。单击"导出"按钮,等待进度条完成。

图2-85

至此,完成了"色彩之间"效果的制作与输出。

2.7 拓展练习

下面将练习使用Lumetri颜色制作纯白雪景,效果如图2-86所示。

实操2-4 冬日秘境

实例资源 ▸ \第2章\拓展练习\“素材”文件夹

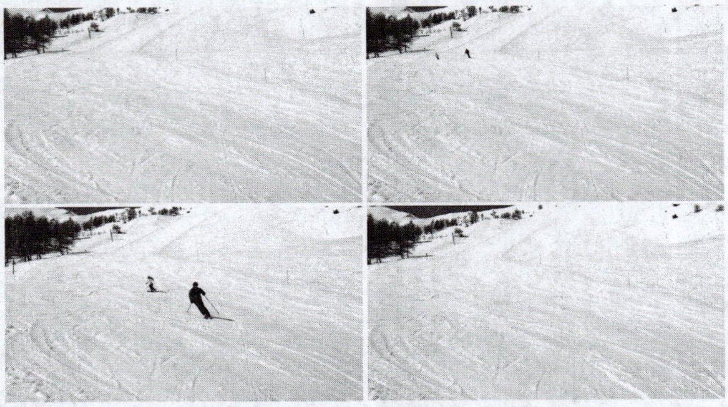

图2-86

技术要点：

（1）项目和序列的新建。

（2）“Lumetri颜色”面板的应用。

（3）“导出”模式的应用。

分步演示：

（1）根据素材新建项目和序列。

（2）新建调整图层。

（3）将调整图层添加至V1轨道中的素材上方并调整持续时间。

（4）执行“窗口>Lumetri颜色”命令，打开“Lumetri颜色”面板。

（5）在“Lumetri颜色”面板中调整“色温”和“RGB曲线”。

（6）按Enter键渲染预览。

（7）按Ctrl+M组合键切换至“导出”模式，设置目标、格式等参数，导出视频。

第 3 章
字幕：剪辑与文本

Pr

本章将对视频剪辑中的剪辑和文本进行介绍，包括在"监视器"面板和"时间轴"面板中的剪辑操作、视频剪辑常用工具、创建与编辑文本等。了解并掌握这些知识，可以帮助用户掌握剪辑视频的方法，学会创建字幕。

内容导读

学习目标

- 掌握在"监视器"面板中剪辑素材的方法
- 掌握视频剪辑常用工具的用法
- 掌握在"时间轴"面板中剪辑素材的方法
- 掌握文本的创建
- 掌握文本的编辑

素养目标

- 培养视频创作者剪辑操作的专业能力，使其具备剪辑素材和制作字幕的基本技能，从而制作出简单的视频。
- 通过剪辑工具和剪辑命令的应用，提升视频创作者的剪辑能力和字幕创建的能力，使其出色地完成剪辑操作。

案例展示

品牌烙印

精彩时刻

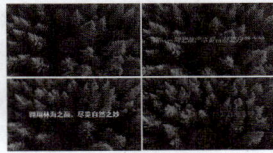

定格瞬间

交错归序的文字

3.1 在"监视器"面板中剪辑素材

"监视器"面板是视频剪辑的核心组件之一，承担着预览素材、剪辑标记、实时编辑反馈等工作。本节将对"监视器"面板的剪辑操作进行介绍。

3.1.1 监视器窗口

"源"监视器面板和"节目"监视器面板是两种作用不同的监视器。"源"监视器可播放各个素材片段，对"项目"面板中的素材进行设置；"节目"监视器可播放"时间轴"面板中的素材，对最终输出的视频效果进行预览。

1. "节目"监视器

在"节目"监视器面板中可以预览"时间轴"面板中素材播放的效果，如图3-1所示。

该面板中部分选项的作用如下。

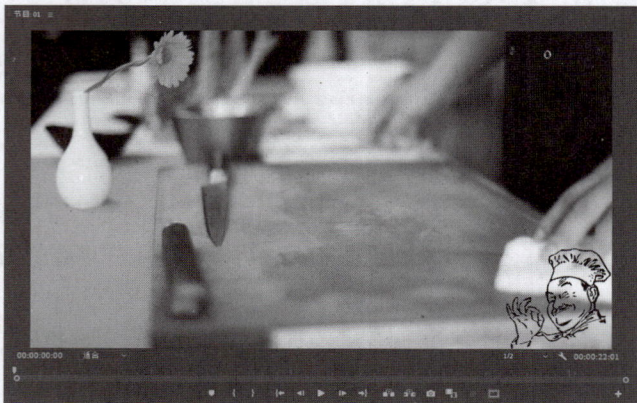

图3-1

• 选择缩放级别 适合 ∨：用于选择合适的缩放级别以放大或缩小视图，从而适用监视器的可用查看区域。

• 设置 ：单击该按钮，可在弹出的快捷菜单中执行命令以设置分辨率、参考线等。

• 添加标记 ：单击该按钮，可在当前位置添加一个标记，或按M键添加标记。标记可以提供简单的视觉参考。

• 标记入点 ：用于定义编辑素材的起始位置。

• 标记出点 ：用于定义编辑素材的结束位置。

• 转到入点 ：用于将播放指示器快速移动至入点处。

• 后退一帧（左侧） ：用于将播放指示器向左移动一帧。

• 播放/停止切换 ：用于播放或停止播放。

• 前进一帧（右侧） ：用于将播放指示器向右移动一帧。

• 转到出点 ：用于将播放指示器快速移动至出点处。

• 提升 ：单击该按钮，可删除目标轨道（蓝色高亮轨道）中出入点之间的素材片段，对前、后素材及其他轨道中的素材位置都不产生影响，如图3-2、图3-3所示。

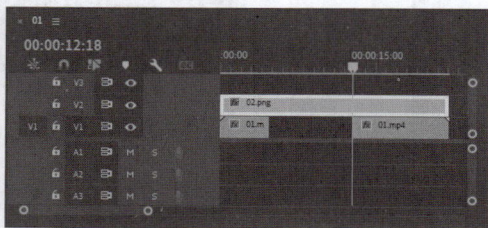

图3-2   图3-3

• 提取 ：单击该按钮，可删除时间轴中位于出、入点之间所有轨道中的片段，并将后方素材前移，如图3-4、图3-5所示。

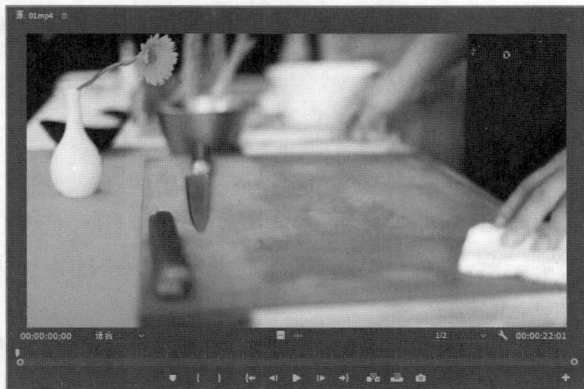

图3-4　　　　　　　　　　　　　　　　　　　图3-5

● 导出帧 ■：用于将当前帧导出为静态图像。单击该按钮，可打开"导出帧"对话框，如图3-6所示。在其中勾选"导入到项目中"复选框，可将图像导入"项目"面板中。

● 按钮编辑器 ■：单击该按钮，可以打开"按钮编辑器"自定义"节目"监视器面板中的按钮，如图3-7所示。在其中选择按钮，拖曳至"节目"监视器面板中。

图3-6　　　　　　　　　　　　　　　　　　　图3-7

2."源"监视器

"源"监视器面板样式与"节目"监视器面板类似，其中的大部分按钮作用也一致。在"项目"面板中双击要编辑的素材，在"源"监视器面板中打开，如图3-8所示。

该面板中部分选项的作用如下。

● 仅拖动视频 ■：按住该按钮拖曳至"时间轴"面板的轨道中，可将调整的素材片段的视频部分添加至"时间轴"面板中。

● 仅拖动音频 ■：按住该按钮拖曳至"时间轴"面板的轨道中，可将调整的素材片段的音频部分添加至"时间轴"面板中。

图3-8

● 插入 ■：单击该按钮，可将当前选中的素材插入播放指示器右侧、原素材中间，如图3-9所示。

● 覆盖 ■：单击该按钮，可将插入的素材覆盖播放指示器右侧原有的素材，如图3-10所示。

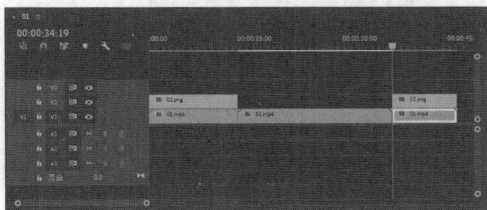

图3-9

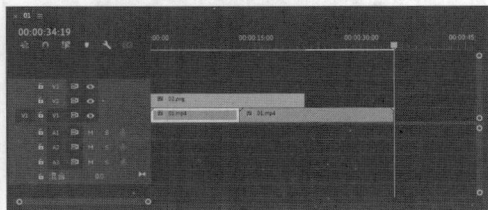

图3-10

3.1.2　入点和出点

入点和出点是视频剪辑中的两个基本概念，其中入点是指视频或音频剪辑开始的地方，用户可以按I键或"监视器"面板中的标记入点 ┃ 按钮创建入点；出点是指视频或音频剪辑结束的地方，用户可以按O键或"监视器"面板中的标记出点 ┃ 按钮创建出点。

入点和出点可以精准控制视频或音频剪辑的开始和结束，确保用户仅使用需要的部分。在预览或导出视频时，用户还可以通过设置入点和出点，仅预览或输出入点和出点之间的内容。

3.1.3　标记

标记可以在时间线或素材上标注特定的时间点，帮助用户快速定位、注释和组织视频内容。在"监视器"面板或"时间轴"面板中，移动播放指示器至需要标记的位置，单击"添加标记" ▌ 按钮或按M键，可在该处添加标记，如图3-11所示。

双击"标记"按钮，或在"标记"按钮上单击鼠标右键，在弹出的快捷菜单中执行"编辑标记"命令，打开"标记"对话框，如图3-12所示。在该对话框中可以设置标记的名称、颜色、注释等参数。

在时间标尺上单击鼠标右键，在弹出的快捷菜单中执行"清除所选的标记"命令或"清除标记"命令，可删除相应的标记。

图3-11

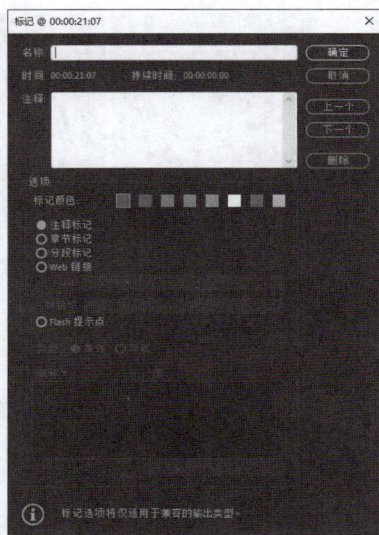

图3-12

3.1.4　插入和覆盖

"插入"和"覆盖"命令都仅作用于"源"监视器面板中，其作用和"源"监视器面板中的"插入" ▦ 按钮和"覆盖" ▣ 按钮一致，都可以将"源"监视器面板中的素材添加至"时间轴"面板中。

1. 插入

使用"插入"命令可以在播放指示器所在处裁切原有的素材，并将"源"监视器面板中的素材插入裁切处。移动播放指示器至合适的位置，执行"剪辑">"插入"命令，或单击"源"监视器面板中的"插入" ▦ 按钮，将"源"监视器面板中的素材插入播放指示器所在处，如图3-13、图3-14所示。

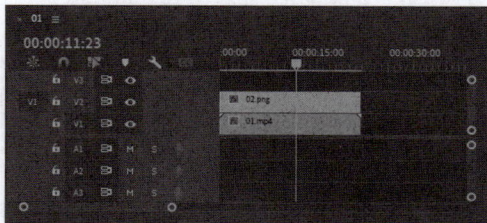

图3-13　　　　　　　　　　　　　　图3-14

2. 覆盖

使用"覆盖"命令可以用"源"监视器面板中的素材覆盖播放指示器右侧相同持续时间的素材。移动播放指示器至合适的位置，执行"剪辑">"覆盖"命令或单击"源"监视器面板中的"覆盖" 按钮，"源"监视器面板中的素材将覆盖播放指示器右侧的素材，如图3-15、图3-16所示。

| 图3-15 | 图3-16 |

3.1.5 提升和提取

"提升"和"提取"命令可用于删除"节目"监视器面板中标记的入、出点范围内的指定素材。其具体用法如下。

1. 提升

使用"提升"命令只会删除目标轨道入点和出点之间的素材片段，对其左右的素材及其他轨道中的素材不产生影响。在"节目"监视器面板中添加入点和出点，执行"序列>提升"命令或单击"提升" 按钮，删除目标轨道入点和出点之间的素材片段，如图3-17、图3-18所示。

| 图3-17 | 图3-18 |

2. 提取

使用"提取"命令将删除入点和出点之间所有轨道中的素材片段，并左移右侧素材。在"节目"监视器面板中添加入点和出点，执行"序列">"提取"命令或单击"提取" 按钮，删除入点和出点之间的素材片段并左移右侧素材，如图3-19、图3-20所示。

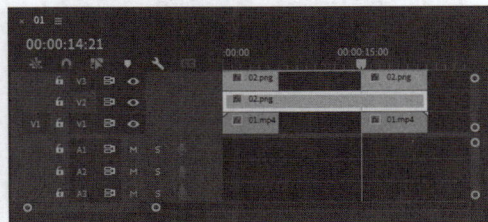

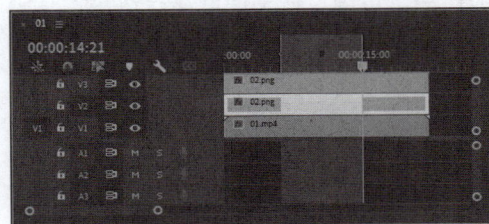

| 图3-19 | 图3-20 |

3.1.6 课堂实操：品牌烙印 AIGC

实操 **3-1** / 品牌烙印

微课视频

实例资源 ▶ \第3章\课堂实操\品牌烙印\"素材"文件夹

本实例将练习为视频添加标志，涉及的知识点包括设置入点、应用"源"监视器面板中的素材等。具体操作方法如下。

Step 01 通过AIGC工具如即梦AI，生成标志图像，如图3-21所示。保存满意的标志图像后，通过Photoshop抠取标志主体并保存。

图3-21

Step 02 打开Premiere软件，新建项目。按Ctrl+I组合键导入本章素材文件，如图3-22所示。

Step 03 双击视频素材，在"源"监视器面板中打开，移动播放指示器至00:00:02:14处，单击"标记入点" 按钮创建入点；移动播放指示器至00:00:07:35处，单击"标记出点" 按钮创建出点，如图3-23所示。

图3-22

图3-23

Step 04 将鼠标指针移动至"仅拖动视频" 按钮上，按住鼠标左键拖曳至"时间轴"面板中，将自动创建序列，如图3-24所示。

Step 05 选中素材文件，单击鼠标右键，在弹出的快捷菜单中执行"速度/持续时间"命令，打开"剪辑速度/持续时间"对话框，在其中设置参数，如图3-25所示。

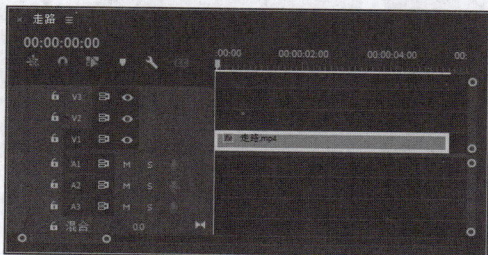

图3-24

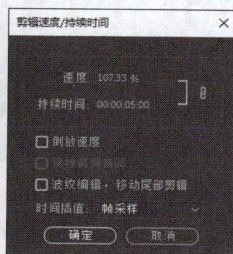

图3-25

Step 06 完成后单击"确定"按钮，调整素材持续时间，如图3-26所示。

Step 07 将标志素材拖曳至V2轨道中，在"效果控件"面板中调整大小和位置，如图3-27所示。

图3-26　　　　　　　　　　　　　　　　　　　图3-27

Step 08 按Enter键预览渲染效果，如图3-28所示。

图3-28

至此，完成了视频标志的添加。

3.2　视频剪辑常用工具

Premiere"工具"面板中提供了选择工具、剃刀工具等多种视频剪辑工具。下面将对此进行介绍。

3.2.1　选择工具和选择轨道工具

"选择工具"和"选择轨道工具"都可用于选择素材，但是使用"选择轨道工具"可以一次性选择单击所在处箭头方向同侧的所有素材。

1. 选择工具

使用"选择工具"▶可以选择单个或多个素材。使用该工具在素材上单击，可将素材选中，如图3-29所示。按住Shift键单击其他素材可以加选，按住Alt键单击可以单独选择链接素材的视频或音频部分。

2. 选择轨道工具

"选择轨道工具"包括"向前选择轨道工具"■和"向后选择轨道工具"■两种。选择"向前选择轨道工具"■，在"时间轴"面板中单击，如图3-30所示。

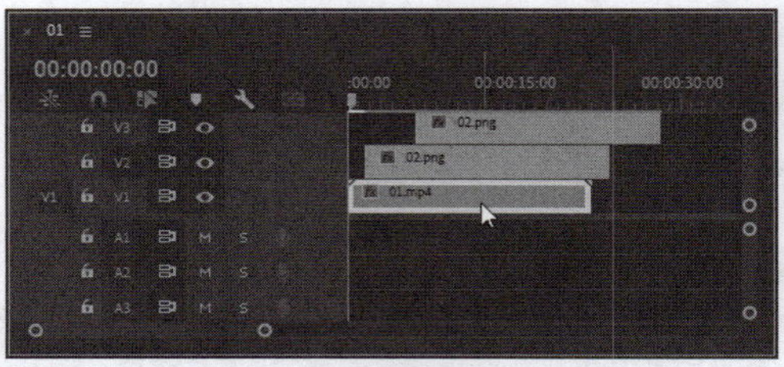

图3-29

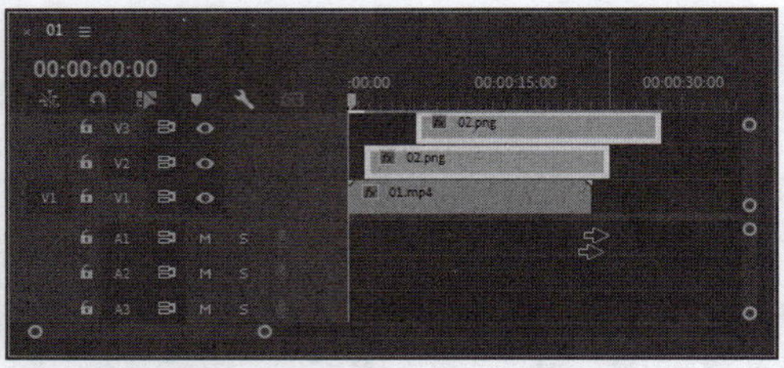

图3-30

3.2.2 剃刀工具

使用"剃刀工具" ![]可以裁切分割"时间轴"面板中的素材。单击"剃刀工具" ![]按钮或按C键切换至"剃刀工具"，在"时间轴"面板中的素材上单击，将裁切素材，如图3-31所示。在按住Shift键的同时单击，将裁切单击处同一时间所有轨道中的素材，如图3-32所示。

图3-31

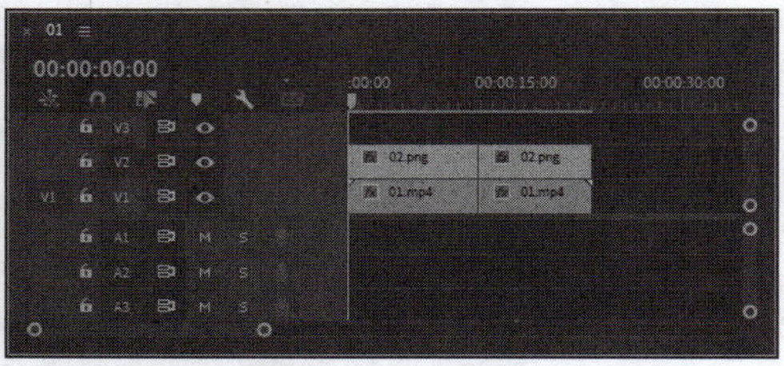

图3-32

🔗 知识链接

在"时间轴"面板中启用"对齐" ![]按钮，当"剃刀工具" ![]靠近播放指示器![]或其他素材入点、出点时，剪切点会自动移至时间标记或入点、出点所在处，并从该处剪切素材。

3.2.3 外滑工具和内滑工具

"外滑工具"和"内滑工具"是视频剪辑中的常用工具，可用于调整时间轴中素材片段的接触点。下面将对此进行介绍。

1. 内滑工具

使用"内滑工具" ![]可以将"时间轴"面板中的某个素材片段向左或向右移动，同时改变其相邻片段的出点和后一相邻片段的入点，3个素材片段的总持续时间及在"时间轴"面板中的位置保持不变。

选择"内滑工具" ![]，移动鼠标指针至要移动的素材片段上，当鼠标指针变为![]形状时，按住鼠标左键拖曳即可，如图3-33所示。用户可以在"节目"监视器面板中预览，如图3-34所示。其中移动片段的出点和入点画面不变，前一片段的出点和后一片段的入点随着中间片段的移动而变化。在剪辑视频时，用户可以通过该工具拼接素材。

🔗 知识链接

使用"内滑工具" ![]时，前一段素材片段的出点后和后一段素材片段的入点前须有预留出的余量供调节使用。

Premiere Pro+AIGC 视频剪辑与制作（微课版）

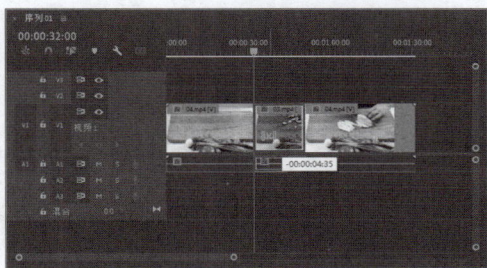

图3-33

图3-34

2. 外滑工具

使用"外滑工具" ▮◂▸▮ 可以同时更改"时间轴"面板中某个素材片段的入点和出点，并保持片段长度不变，相邻片段的出、入点及长度也不变。

选择"外滑工具" ▮◂▸▮ ，移动鼠标指针至素材片段上，当鼠标指针变为 ▮◂▸▮ 形状时，按住鼠标左键拖曳即可，如图3-35所示。用户可以在"节目"监视器面板中预览效果，如图3-36所示。其中前一片段的出点和后一片段的入点画面不变，移动片段的出点和入点随着移动而变化。在剪辑视频时，用户可以通过该工具拼接素材。

图3-35

图3-36

> 🔗 **知识链接**
>
> 使用"外滑工具" ▮◂▸▮ 时，移动片段入点前和出点后需有预留出的余量供调节使用。

3.2.4 滚动编辑工具

使用"滚动编辑工具" ‡ 可以改变一个剪辑的入点和与之相邻剪辑的出点，且保持影片总长度不变。选择"滚动编辑工具" ‡ ，移动至两个素材片段之间，当鼠标指针变为 ‡ 形状时，按住鼠标左键拖曳可调整相邻素材的长度。图3-37和图3-38所示为拖曳效果。

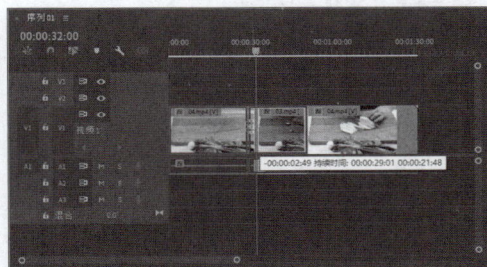

图3-37

图3-38

向右拖曳时，前一段素材出点后需有余量以供调节；向左拖曳时，后一段素材入点前需有余量以供调节。

3.2.5 比率拉伸工具

使用"比率拉伸工具"可以改变素材的速度和持续时间，但可以保持素材的出点和入点不变。选择"比率拉伸工具"，移动鼠标指针至"时间轴"面板中某段素材的开始或结尾处，当鼠标指针变为形状时，按住鼠标左键拖曳可改变素材片段的长度，如图3-39所示。

使用"比率拉伸工具"缩短素材片段的长度时，素材播放速度加快；延长素材片段的长度时，素材播放速度变慢。

除了使用"比率拉伸工具"改变素材的速度和持续时间，用户还可以通过"剪辑速度/持续时间"对话框精准地设置素材的速度和持续时间。

在"时间轴"面板中选中素材片段，单击鼠标右键，在弹出的快捷菜单中执行"速度/持续时间"命令，打开图3-40所示的"剪辑速度/持续时间"对话框，在其中设置参数后单击"确定"按钮。

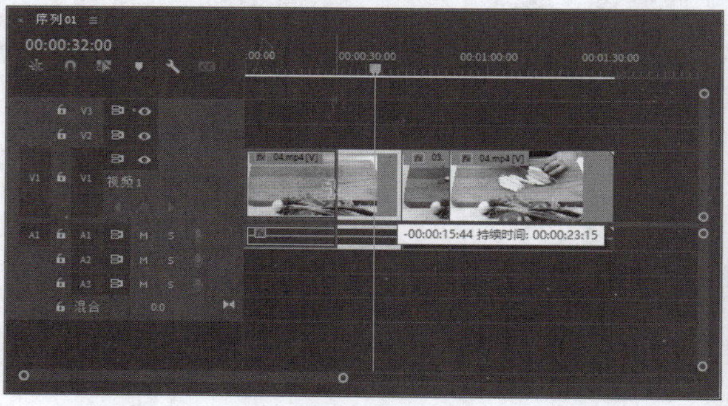

图3-39 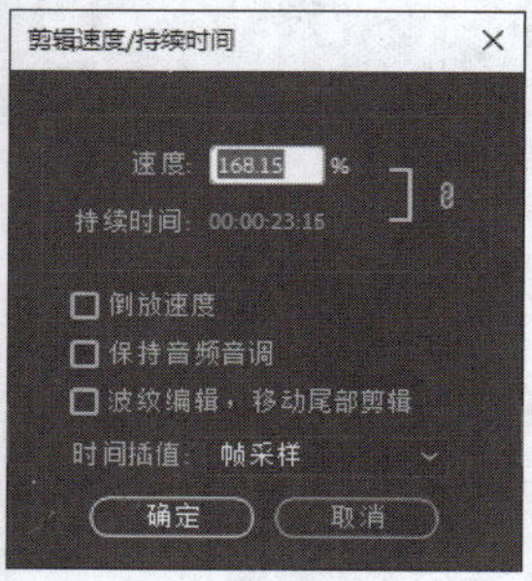   图3-40

其中各选项的作用如下。

• 速度：用于调整素材片段的播放速度。大于100%为加速播放，小于100%为减速播放，等于100%为正常速度播放。

• 持续时间：用于设置素材片段的持续时间，单击输入数值即可。

• 倒放速度：勾选该复选框，将反向播放素材。

• 保持音频音调：当改变音频素材的持续时间时，勾选该复选框可保证音频音调不变。

• 波纹编辑，移动尾部剪辑：勾选该复选框，后面的素材将自动填补缩短素材持续时间导致的缝隙。

• 时间插值：用于设置调整素材速度后如何填补空缺帧，包括帧采样、帧混合和光流法这3个选项。

3.2.6 课堂实操：精彩时刻

实操 **3-2** / 精彩时刻

实例资源 ▶ \第3章\课堂实操\精彩时刻\"素材"文件夹

本实例将练习制作精彩时刻的慢动作效果，涉及的知识点包括剃刀工具的应用、"速度/持续时间"命令的应用等。具体操作方法如下。

Step 01 根据素材新建项目和序列，如图3-41所示。

Step 02 在"节目"监视器面板中按空格键预览效果，找到冰壶碰撞的时间，即00:00:02:00处，按Shift+←组合键向左移动5帧，使用"剃刀工具"在播放指示器所在处裁切素材，如图3-42所示。

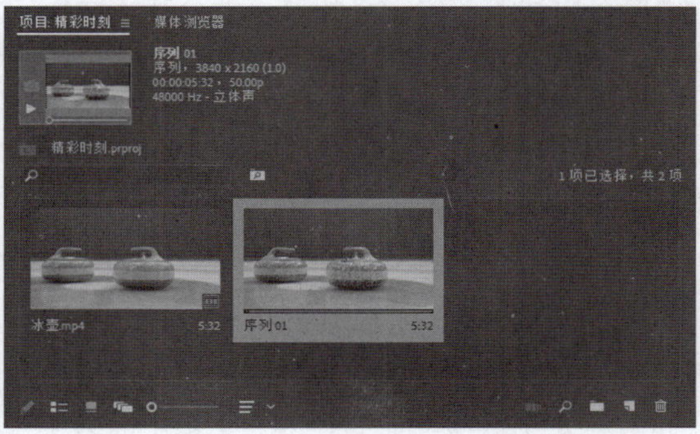

图3-41

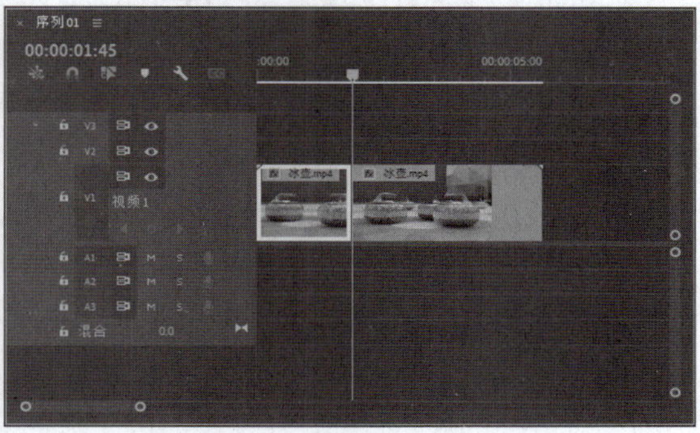

图3-42

Step 03 移动播放指示器至00:00:02:33处，裁切素材，如图3-43所示。

Step 04 选中第2段素材，单击鼠标右键，在弹出的快捷菜单中执行"速度/持续时间"命令，打开"剪辑速度/持续时间"对话框，设置参数，如图3-44所示。

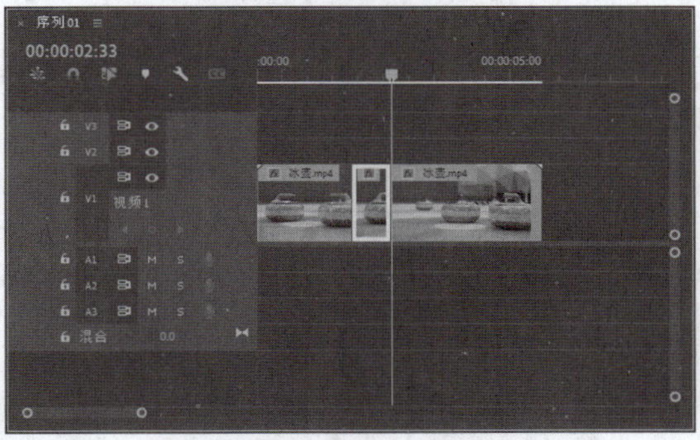

图3-43

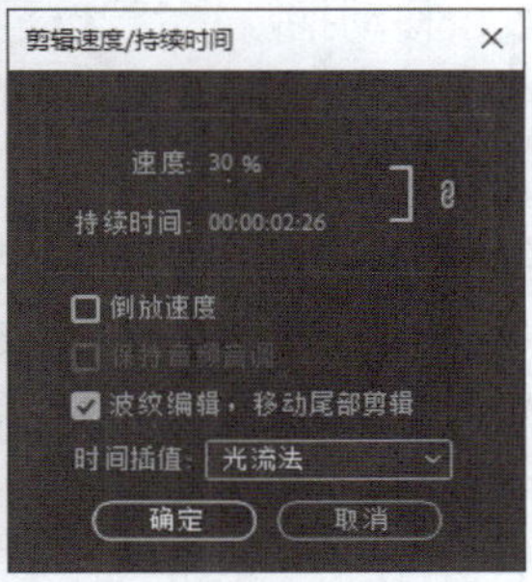

图3-44

Step 05 完成后单击"确定"按钮，效果如图3-45所示。

Step 06 按Enter键预览渲染效果，如图3-46所示。

至此，完成了"精彩时刻慢动作"效果的制作。

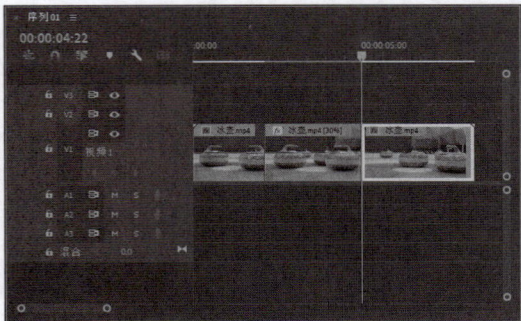

图3-45

图3-46

3.3 在"时间轴"面板中剪辑素材

"时间轴"面板是编辑素材的主要场所之一，用户可以通过剪辑工具和菜单命令在该面板中剪辑素材。下面将对此进行介绍。

3.3.1 帧定格

帧定格是指将素材片段中的某帧静止。Premiere中包括帧定格选项、添加帧定格和插入帧定格分段这3种常用的帧定格命令。

1. 帧定格选项

使用"帧定格选项"命令可以将整段视频以指定帧画面冻结。在"时间轴"面板中选中要定格的素材，单击鼠标右键，在弹出的快捷菜单中执行"帧定格选项"命令，打开"帧定格选项"对话框设置指定帧，如图3-47所示。

其中，勾选"定格位置"复选框及通过下拉菜单可以设置要定格的帧；勾选"定格滤镜"复选框可以防止关键帧效果设置在剪辑持续时间内动画化，效果设置会使用位于定格帧的值。

2. 添加帧定格

使用"添加帧定格"命令可以冻结当前帧，该帧之后均以静帧的方式显示。选中要添加帧定格的素材片段，移动播放指示器至要冻结的画面处，单击鼠标右键，在弹出的快捷菜单中执行"添加帧定格"命令将该帧及之后的内容定格。

3. 插入帧定格分段

使用"插入帧定格分段"命令可在播放指示器所在处拆分素材，同时将当前帧定格并插入，其持续时间为2s。在"时间轴"面板中选中素材，单击鼠标右键，在弹出的快捷菜单中执行"插入帧定格分段"命令，如图3-48所示。

图3-47

图3-48

3.3.2 帧混合

"帧混合"命令适用于素材帧速率不同于序列帧速率时。为了匹配序列帧速率，一般会通过"帧混合"的方法混合素材上下帧生成新帧填补空缺，从而使视频更加流畅。在"时间轴"面板中选中要添加帧混合的素材，单击鼠标右键，在弹出的快捷菜单中执行"时间插值>帧混合"命令。

除了"帧混合"，"时间插值"中还包括"帧采样"和"光流法"命令。使用"帧采样"命令可根据需要重复或删除帧，以达到所需的速度；"光流法"是利用软件分析上下帧后生成新的帧，在效果上更加流畅美观。

3.3.3 复制/粘贴素材

在"时间轴"面板中，用户可以通过快捷键或命令复制现有的素材。选中素材，按Ctrl+C组合键复制，移动播放指示器至要粘贴的位置，按Ctrl+V组合键粘贴，此时播放指示器右侧的素材被覆盖，如图3-49、图3-50所示。

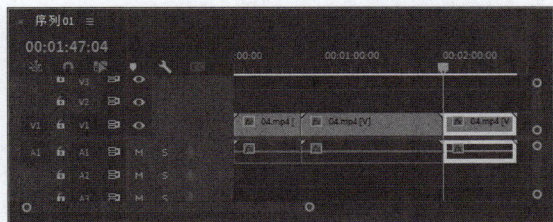

图3-49   图3-50

若在粘贴时按Ctrl+Shift+V组合键，时间轴上的原素材将被分割为两段，复制的内容将被粘贴在这两段素材之间，如图3-51所示。

用户也可以选中素材后，按住Alt键拖曳复制，如图3-52所示。

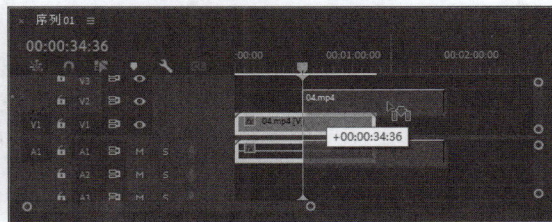

图3-51   图3-52

3.3.4 删除素材

在"时间轴"面板中，用户可以通过执行"清除"命令或"波纹删除"命令删除素材。这两种命令的不同之处在于：使用"清除"命令删除素材后，轨道中会留下该素材的空位；而使用"波纹删除"命令删除素材后，后面的素材会自动补位上前。

1. "清除"命令

选中要删除的素材文件，执行"编辑>清除"命令或按Delete键，将删除素材，如图3-53所示。

2. "波纹删除"命令

选中要删除的素材文件，执行"编辑>波纹删除"命令或按Shift+Delete组合键，将删除素材并使后一段素材自动前移，如图3-54所示。

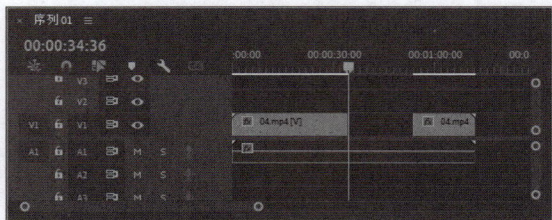

图3-53　　　　　　　　　　　　　　　　　　　　　图3-54

3.3.5　分离/链接音、视频

在"时间轴"面板中编辑素材时，部分素材带有音频信息，若想单独对音频或视频进行编辑，可以选择将其分离。选中要解除链接的音、视频素材，单击鼠标右键，在弹出的快捷菜单中执行"取消链接"命令。

分离后的音、视频素材可以重新链接。选中视频和音频素材，单击鼠标右键，在弹出的快捷菜单中执行"链接"命令。

🔗 **知识链接**

按住Alt键单击链接状态下的素材，可以单独选择音频或视频部分。

3.3.6　课堂实操：定格瞬间

实操3-3 / 定格瞬间

微课视频

📂 **实例资源** ▶ \第3章\课堂实操\定格瞬间\"素材"文件夹

本实例将练习制作定格瞬间的效果，涉及的知识点包括帧定格的应用等。具体操作方法如下。

Step 01 根据素材新建项目和序列，如图3-55所示。

Step 02 选中"时间轴"面板中的视频素材，单击鼠标右键，在弹出的快捷菜单中执行"取消链接"命令取消音、视频链接，并删除第1段音频素材，如图3-56所示。

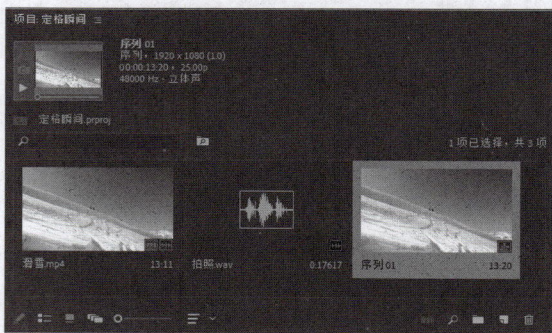

图3-55

图3-56

Step 03 移动播放指示器至00:00:07:19处，裁切素材，并删除右侧部分，如图3-57所示。

Step 04 移动播放指示器至00:00:03:23处，单击鼠标右键，在弹出的快捷菜单中执行"插入帧定格分段"命令，插入帧定格分段，并将音频素材拖曳至此处，如图3-58所示。

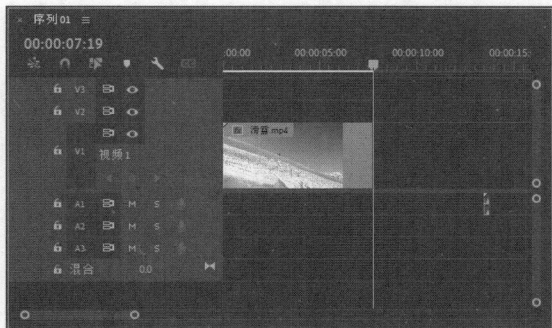

图3-57

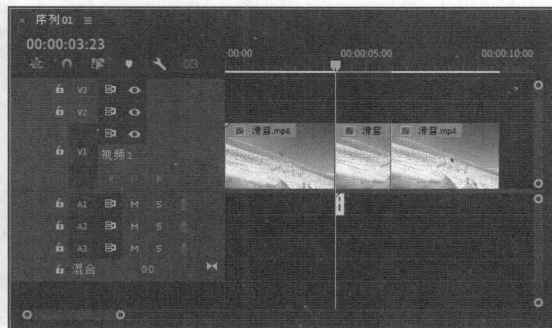

图3-58

Step 05 将鼠标指针移动至帧定格分段素材的出点处，当鼠标指针变为 **↔** 形状时按住鼠标左键拖曳，调整素材持续时间，如图3-59所示。

Step 06 在"效果"面板中搜索"白场过渡"视频过渡效果，将效果拖曳至素材之间，如图3-60所示。

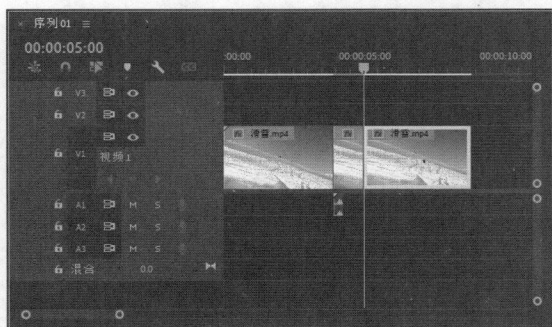

图3-59   图3-60

Step 07 在"效果"面板中搜索"黑白"视频效果，并拖曳至帧定格分段素材上，移动播放指示器至00:00:03:23处，在"效果控件"面板中为"缩放"参数添加关键帧，如图3-61所示。

Step 08 移动播放指示器至00:00:04:20处，将"缩放"参数更改为120.0，自动添加关键帧，如图3-62所示。

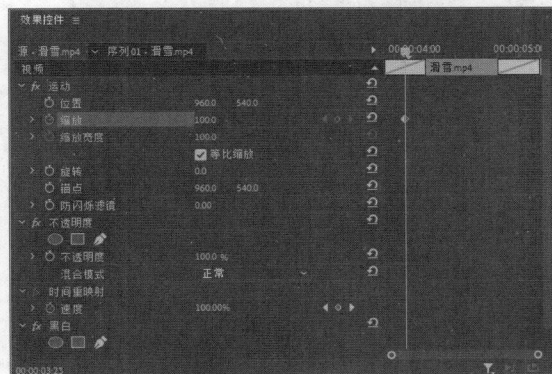

图3-61   图3-62

Step 09 按Enter键预览渲染效果，如图3-63所示。

图3-63

至此，完成了"定格瞬间"效果的制作。

3.4 创建文本

文本在视频中可以起到传达信息、增进理解、加强互动等作用。Premiere支持创建和编辑文本。下面将对此进行介绍。

3.4.1 文字工具

文字工具和垂直文字工具可直接创建文本，其中文字工具用于创建横排文本，垂直文字工具用于创建直排文本。选择"文字工具" T 或"垂直文字工具" IT，在"节目"监视器面板中单击输入文本。图3-64、图3-65所示分别为使用文字工具和垂直文字工具输入的文本。

图3-64　　　　　　　　　　　　　图3-65

创建文本后，"时间轴"面板中将自动出现持续时间为5s的文本素材，如图3-66所示。

使用选择工具选中"节目"监视器面板中的文本，可以对其进行移动、缩放或旋转，如图3-67所示。

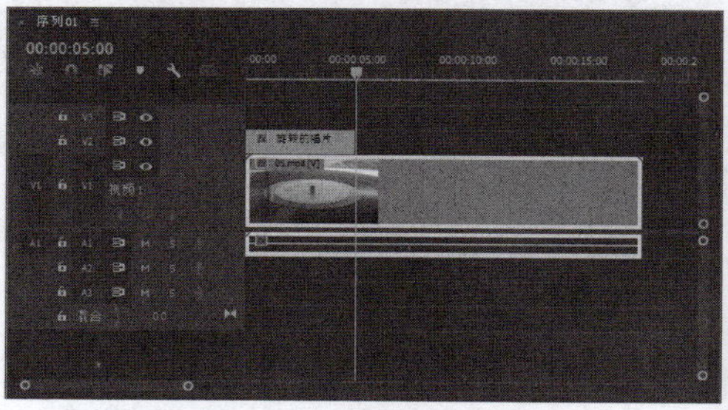

图3-66 　　　　　　　　　　　　　图3-67

选择文字工具后，在"节目"监视器面板中拖曳绘制文本框，可创建区域文本。用户可以通过调整区域文本框的大小调整文本的可见内容，而不影响文本的大小。

3.4.2 "基本图形"面板

"基本图形"面板中包括"浏览"和"编辑"2个选项卡，其中"浏览"选项卡提供了多种预设的文本图形模板（见图3-68），用户可以直接将其拖曳至"时间轴"面板中进行应用；"编辑"选项卡则提供了创建和编辑文本、图形等相关内容的选项，如图3-69所示。

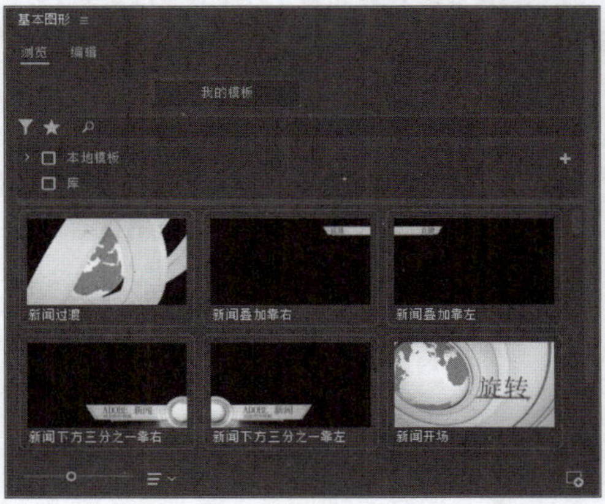

图3-68

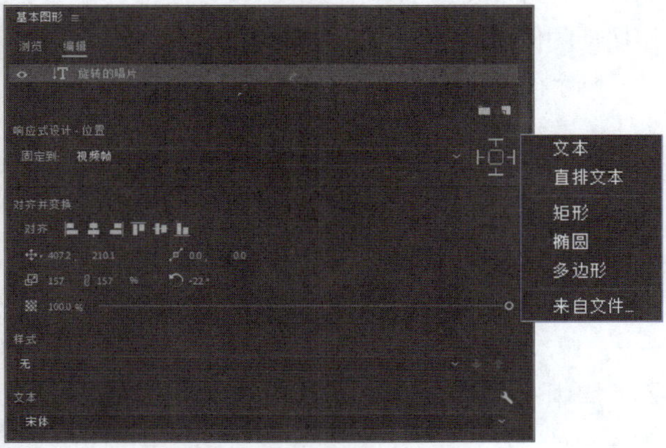

图3-69

单击"编辑"选项卡中的"新建图层" 🔲 按钮，在弹出的快捷菜单中执行"文本"命令或按Ctrl+T组合键，"节目"监视器面板中出现默认的文本，双击该文本可进入编辑模式更改其内容，如图3-70所示。

选中文本素材，使用文字工具在"节目"监视器面板中输入文本，该文本将和原文本在同一素材中，此时"基本图形"面板中新增一个文本图层，用户可以选中单个或多个文本图层进行编辑，如图3-71所示。

图3-70

图3-71

3.5 编辑文本

创建文本后，为了呈现更出色的视觉效果，可以通过"效果控件"面板或"基本图形"面板进行编辑。

3.5.1 "效果控件"面板

　　"效果控件"面板是编辑素材效果的主要面板。选中文本素材，在"效果控件"面板的"文本"选项组中可以设置文本的字体、大小、外观等参数，如图3-72所示。下面将对其中的部分选项进行介绍。

1. 源文本属性

　　源文本属性包括文本内容、字体、大小、间距、外观等文本的基础属性。其中的部分常用属性的作用如下。

　　● 字体：用于设置文本的字体。

　　● 字体样式：用于设置文本的字重，仅部分字体可设置。

　　● 字体大小：用于设置文本的大小，数值越大，文本越大。

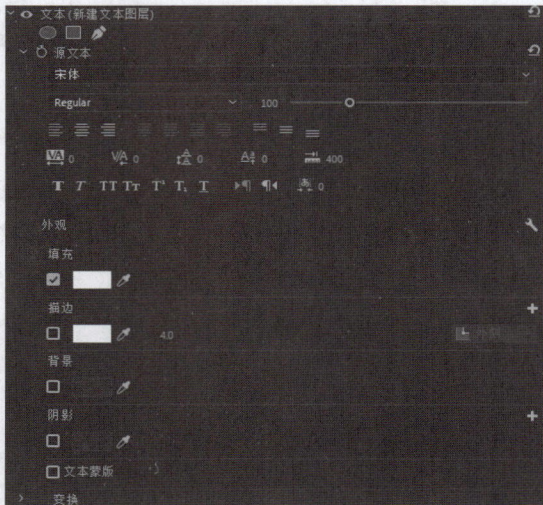

图3-72

　　● 对齐████████████████：用于设置文本对齐方式，包括左对齐文本、居中对齐文本、右对齐文本、最后一行左对齐、最后一行居中对齐、对齐、最后一行右对齐、顶对齐文本、居中对齐文本垂直及底对齐文本共10种对齐选项。其中，最后一行左对齐、最后一行居中对齐、对齐及最后一行右对齐选项仅适用于区域文本。

　　● 字距调整██：用于放宽或收紧选中文本或整个文本块中字符的间距。

　　● 字偶间距██：用于放宽或收紧单个字符的间距。

　　● 行距██：用于设置文本的行间距。

　　● 基线位移██：用于设置文本在默认高度基础上向上（正）或向下（负）偏移。

　　● 仿粗体██：用于加粗文本。

　　● 仿斜体██：用于倾斜文本。

　　● 全部大写字母██：用于将文本中的英文字母全部改为大写。

　　● 小型大写字母██：用于将文本中小写的英文字母改为大写，并保持原始高度。

　　● 上标██：用于将选中的文本更改为上标文本。

　　● 下标██：用于将选中的文本更改为下标文本。

　　● 下划线██：用于为选中的文本添加下划线。

　　● 比例间距██：用于设置选中文本四周的宽度。

　　● 填充：用于设置文本的颜色。勾选该复选框，文本将显示填充色。用户可以单击填充██色块，打开"拾色器"对话框设置颜色，或单击吸管工具██吸取颜色。

　　● 描边：用于设置文本的描边。勾选该复选框，文本将显示默认的描边效果。用户可以设置描边的颜色、粗细等。与填充不同，用户可以为文本添加多个描边，单击"描边"参数中的"向此图层添加描边"██按钮即可。

　　● 背景：用于设置文本的背景。

　　● 阴影：用于设置文本的阴影。用户可为文本添加多个阴影效果。

● 文本蒙版：用于制作文本的蒙版效果。若同一素材中的文本图层下方存在图形，勾选该复选框将显示文本与图形重叠的部分，勾选"反转"复选框将制作镂空文本效果。

2. 变换文本

选中文本素材，在"效果"面板的"矢量运动"效果中可以对整体的位置、缩放等进行调整。若文本素材中存在多个文本或图形，可在相应文本或图形参数的"变换"参数中分别进行设置，如图3-73所示。

图3-73

3.5.2 "基本图形"面板

"基本图形"面板中的选项与"效果控件"面板中的选项基本一致，用户同样可以在该面板中对短视频中的文字进行编辑美化。图3-74所示为"基本图形"面板。下面将对"基本图形"面板中的特殊设置进行介绍。

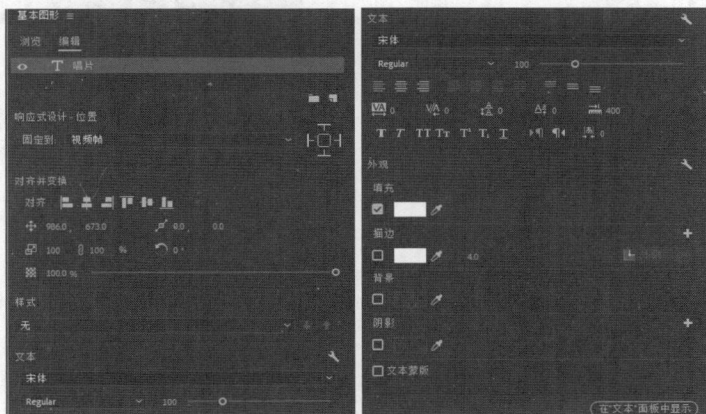

图3-74

1. 对齐和变换

"基本图形"面板支持将选中的文字设置为与画面对齐。其中垂直居中对齐▇按钮和水平居中对齐▇按钮可将选中的文本设置为与画面中心对齐，如图3-75、图3-76所示。

图3-75

图3-76

2. 响应式设计-位置

"响应式设计-位置"用于将当前图层响应至其他图层，随着其他图层的变换而变换，可以使选中图层自动适应视频帧的变化。在文字图层下方新建并选中矩形图层，将其固定到文字图层的左右两边，如图3-77所示。更改文字时，"节目"监视器面板中的矩形也会随之发生变化，如图3-78所示。

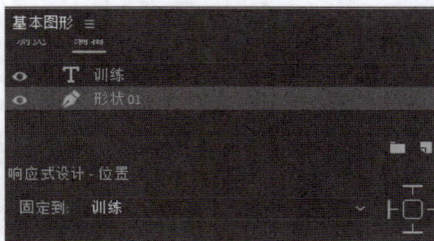

图3-77

图3-78

3. 响应式设计-时间

"响应式设计-时间"基于图形,在未选中图层的情况下,将出现在"基本图形"面板底部,如图3-79所示。

"响应式设计-时间"可以保留开场和结尾关键帧的图形片段,从而保证在改变剪辑持续时间时,不会影响开场和结尾片段。在修剪图形的出点和入点时,其也会保护开场和结尾时间范围内的关键帧,同时对中间区域的关键帧进行拉伸或

图3-79

压缩,以适应改变后的持续时间。用户还可以通过选择"滚动"选项来制作滚动文字效果。

3.5.3 课堂实操:交错归序的文字 AIGC

实操3-4 / 交错归序的文字

微课视频

实例资源 ▶ \第3章\课堂实操\交错归序的文字\"素材"文件夹

本实例将练习制作交错归序的文字效果,涉及的知识点包括文本的创建与编辑、"裁剪"效果的应用等。具体操作方法如下。

Step 01 通过AIGC工具如DeepSeek,制订操作方案,具体如下。

Q Premiere怎么制作文本从两侧划入然后合并为完整字的效果?

A 在Premiere Pro中快速制作文字从两侧划入然后合并的效果,只需以下5步:

步骤

1. 输入文字

用文字工具('T')输入文字(如"HELLO"),居中放置,字体加粗。

2. 复制文字层

按住Alt键向上拖曳文字层,复制出两个相同的文字层(V2和V3轨道)。

3. 裁剪左右部分

对V2图层添加裁剪效果→ 右侧裁剪设为50%(保留左半文字)。

对V3图层添加裁剪效果→ 左侧裁剪设为50%(保留右半文字)。

4. 设置划入动画

左半文字:将起始位置X轴设为-500 → 2s后X轴归零(从左侧滑入)。

> 右半文字：将起始位置X轴设为+500 → 2s后X轴归零（从右侧滑入）。
>
> 5. 合并文字
>
> 在2s位置，同时为两个文字图层的裁剪参数（50%→0%）设置关键帧，持续1s解除裁剪，此时两半文字合并为完整字。
>
> **关键提示**
>
> 按住Shift键拖动关键帧对齐时间轴
>
> 开启「对齐」功能（磁铁图标）防止文字错位
>
> 总耗时约2min，无须嵌套或复杂特效！

参考上述回答，进行后续的案例制作。

Step 02 根据素材新建项目和序列，如图3-80所示。

Step 03 选择"文字工具" $\boxed{T}$，在"节目"监视器面板中单击输入文本，如图3-81所示。

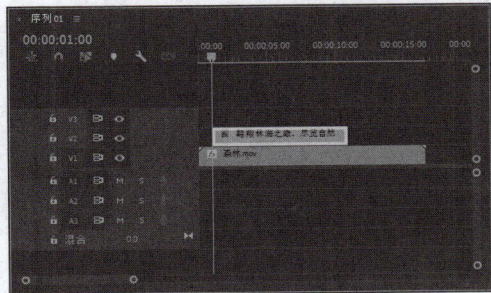

图3-80

图3-81

Step 04 调整文本素材的持续时间为10s，入点在00：00：01：00处，如图3-82所示。

Step 05 选中输入的文本，在"基本图形"面板中将其设置为与画面居中对齐。在"效果控件"面板中设置参数，如图3-83所示。

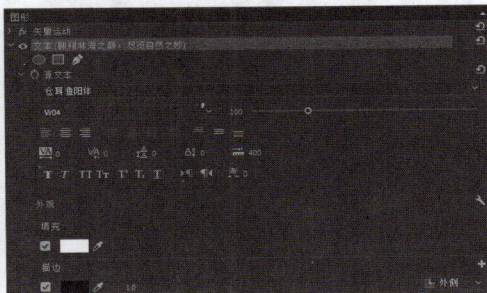

图3-82

图3-83

Step 06 此时"节目"监视器面板中的效果如图3-84所示。

Step 07 在"效果"面板中搜索"裁剪"效果，拖曳至"时间轴"面板中的文本素材上，在"效果控件"面板中设置参数，如图3-85所示。

Step 08 移动播放指示器至00：00：04：00处，在"效果控件"面板中为"位置"参数和"不透明度"参数添加关键帧，如图3-86所示。

Step 09 移动播放指示器至00：00：01：00处，更改"位置"参数和"不透明度"参数，将自动添加关键帧，如图3-87所示。

图3-84

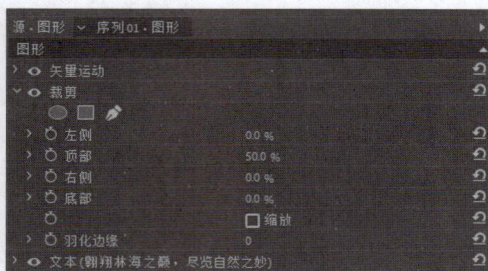

图3-85

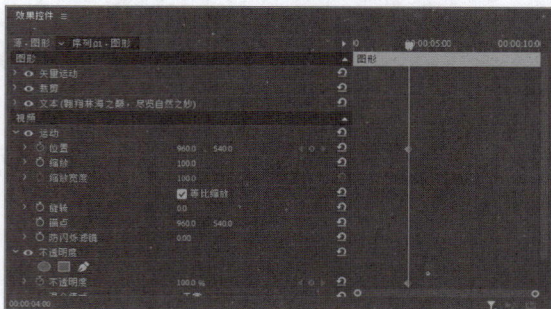

图3-86

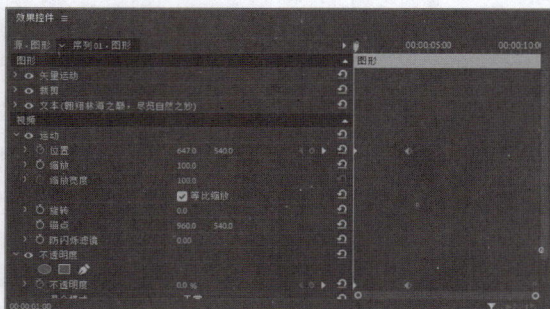

图3-87

Step 10 移动播放指示器至00:00:09:00处，单击"不透明度"参数右侧的"添加/移除关键帧" 按钮添加关键帧。移动播放指示器至00:00:11:00处，更改"不透明度"参数为100%，将自动添加关键帧，如图3-88所示。选中所有关键帧，单击鼠标右键，在弹出的快捷菜单中执行"临时插值>缓入"和"临时插值>缓出"命令，调整变化平滑。

Step 11 选中"时间轴"面板中的文本素材，按住Alt键向上拖曳复制。在"效果控件"面板中更改"裁剪"参数，并在00:00:01:00处更改"位置"参数，调整动画效果，如图3-89所示。

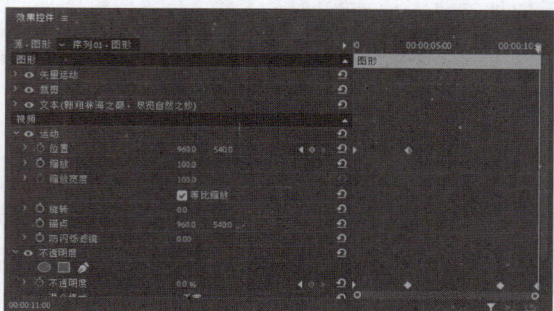

图3-88

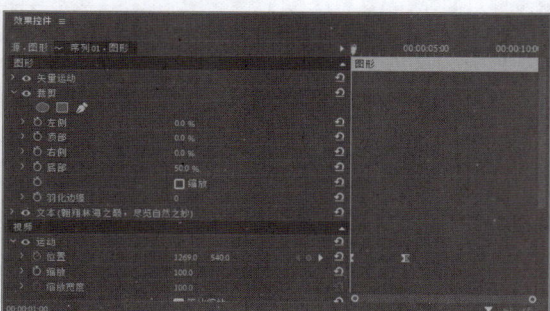

图3-89

Step 12 按Enter键预览渲染效果，如图3-90所示。

至此，完成了"交错归序的文字"效果的制作。

图3-90

3.6 实战演练：古韵留香

微课视频

实操3-5 / 古韵留香

实例资源 ▶ \第3章\实战演练\"素材"文件夹

本实例将综合应用本章所学的知识制作古韵留香短视频，以达到举一反三、学以致用的目的。下面将对具体操作思路进行介绍。

Step 01 根据视频素材新建项目和序列，如图3-91所示。

Step 02 按Ctrl+I组合键导入本章素材文件。将V1轨道中的素材移至V2轨道中，然后将图像按照序号依次添加至V1轨道中，如图3-92所示。注意，第一个素材的入点在00:00:00:11处。

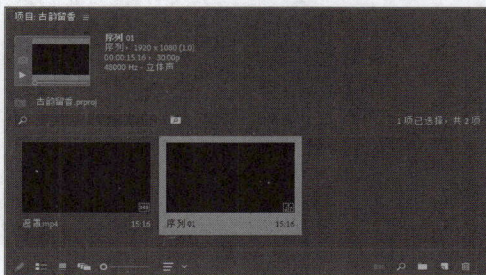

图3-91   图3-92

Step 03 根据V2轨道中的视频，使用选择工具调整图像素材的持续时间，如图3-93所示。

Step 04 选中V2轨道中的素材，在"效果控件"面板中设置混合模式为"滤色"，效果如图3-94所示。

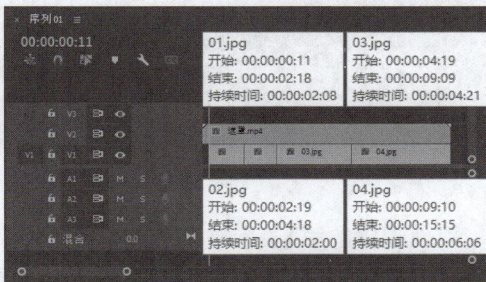 

图3-93   图3-94

Step 05 移动播放指示器至00:00:00:11处，选中V1轨道中的第1段素材，在"效果控件"面板中为"位置"和"缩放"参数添加关键帧。移动播放指示器至00:00:01:19处，更改"缩放"参数为"200.0"，将自动添加关键帧。移动播放指示器至00:00:02:09处，更改"位置"参数为"898.0，192.0"，将自动添加关键帧。移动播放指示器至00:00:02:18处，更改"位置"参数为"963.0，108.0"，将自动添加关键帧，如图3-95所示。

Step 06 选中关键帧，单击鼠标右键，在弹出的快捷菜单中执行"临时插值>缓入"和"临时插值>缓出"命令，平滑变化效果，如图3-96所示。

Step 07 移动播放指示器至00:00:02:19处，选中V1轨道中的第2段素材，在"效果控件"面板中为"缩放"参数添加关键帧，并设置"缩放"参数为"118.0"。移动播放指示器至00:00:03:05

处，单击"添加/移除关键帧"■按钮添加关键帧。移动播放指示器至00:00:03:27处，更改"缩放"参数为"151.0"，将自动添加关键帧。移动播放指示器至00:00:04:18处，更改"缩放"参数为"200.0"，将自动添加关键帧，并选中关键帧添加"缓入"和"缓出"效果，如图3-97所示。

Step 08 移动播放指示器至00:00:04:19处，选中V1轨道中的第3段素材，在"效果控件"面板中为"缩放"参数添加关键帧，并设置"缩放"参数为"150.0"。移动播放指示器至00:00:05:20处，将添加"位置"关键帧，并更改"缩放"参数为"178.0"。移动播放指示器至00:00:09:09处，更改"位置"参数为"960.0，−1460.0"、"缩放"参数为"400.0"，将自动添加关键帧，并选中关键帧添加"缓入"和"缓出"效果，如图3-98所示。

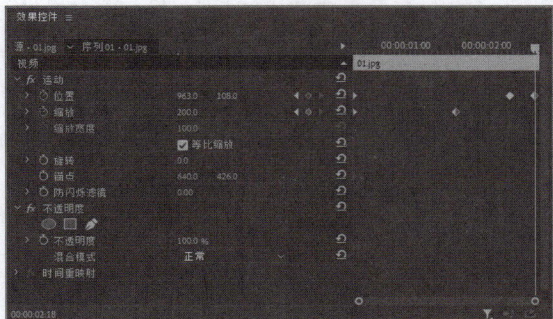

图3-95

图3-96

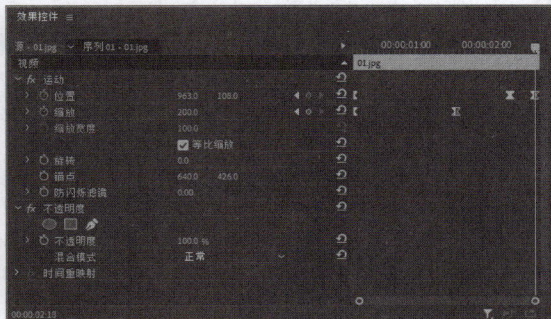

图3-97

图3-98

Step 09 移动播放指示器至00:00:09:10处，选中V1轨道中的第4段素材，在"效果控件"面板中为"位置"和"缩放"参数添加关键帧，并设置"位置"参数为"1009.4，819.8"、"缩放"参数为"230.0"。移动播放指示器至00:00:10:08处，更改"位置"参数为"960.0，540.0"。移动播放指示器至00:00:15:15处，更改"缩放"参数为"200.0"，将自动添加关键帧，并选中关键帧添加"缓入"和"缓出"效果，如图3-99所示。

Step 10 移动播放指示器至00:00:00:00处，使用文字工具在"节目"监视器面板中单击输入文字"古韵留香"，在"基本图形"面板中设置对齐，在"效果控件"面板中设置文字参数，如图3-100所示。

Step 11 在"节目"监视器面板中预览效果，如图3-101所示。

Step 12 调整文字素材的持续时间为11帧。在"效果"面板中搜索"交叉溶解"视频过渡效果，拖曳至V1轨道中的素材上，重复此操作多次，如图3-102所示。

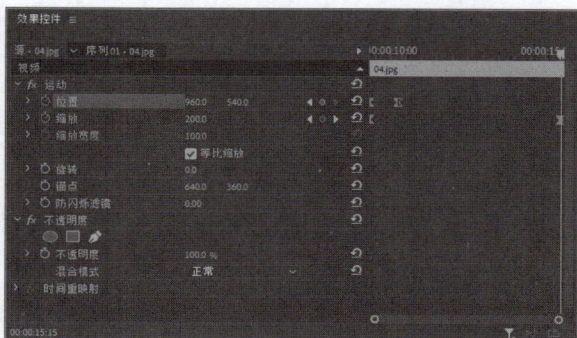

图3-99

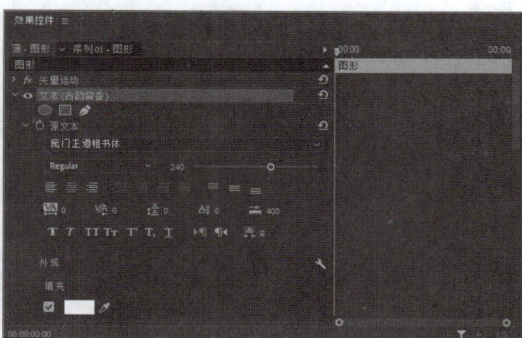

图3-100

图3-101

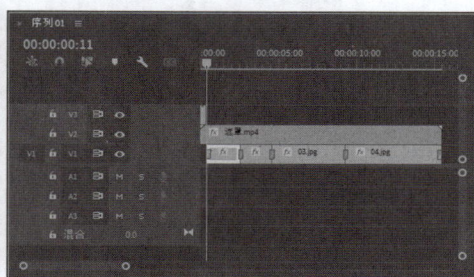

图3-102

Step 13 按Enter键预览渲染效果，如图3-103所示。

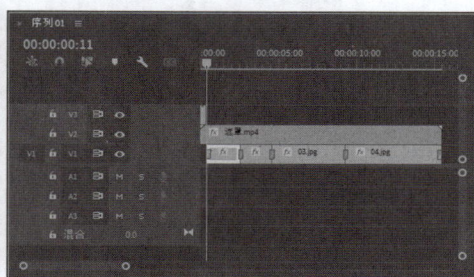

图3-103

至此，完成了"古韵留香"视频效果的制作。

3.7 拓展练习

下面将练习使用文字工具制作打字效果，如图3-104所示。

实操3-6 / 指尖跃动

📦 **实例资源** ▶ \第3章\拓展练习\"素材"文件夹

技术要点：

（1）项目和序列的新建。

图3-104

（2）视频片段的选取。

（3）视频过渡效果的添加。

（4）文字工具的应用。

（5）关键帧动画的制作。

分步演示：

（1）根据视频素材新建项目和序列。

（2）剪切视频素材，将图像素材添加至视频素材右侧。

（3）使用文字工具输入文本。

（4）设置参数。

（5）通过为"源文本"添加关键帧，制作文本逐字出现的效果。

（6）通过"基本图形"面板绘制矩形作为输入文本时闪烁的光标。

（7）设置矩形的不透明度，添加关键帧，设置矩形的位置，添加关键帧，并设置关键帧为定格，制作闪烁效果。

（8）将文本和图像嵌套，添加"交叉溶解"视频过渡效果。

（9）添加音频，并在音频入点和出点处添加"恒定功率"音频过渡效果。

第4章

动画：关键帧、蒙版和抠像

本章将对关键帧、蒙版和抠像进行介绍，包括关键帧的基础知识、管理关键帧的操作、关键帧插值、蒙版的创建与管理、常用抠像效果等。了解并掌握这些知识，可以帮助用户制作出内容更丰富、效果更复杂的视频。

内容导读

学习目标

- 掌握关键帧的添加
- 掌握关键帧的管理
- 掌握关键帧插值的用法
- 掌握蒙版的创建与管理
- 掌握蒙版跟踪操作
- 掌握常用抠像效果的应用

素养目标

- 培养视频创作者的创意表达和细节把控能力，使其掌握复杂后期效果的操作技巧，制作出更为丰富的视频作品。
- 通过关键帧和蒙版的应用，提升视频创作者对视频内容的表达能力，制作出更具吸引力的视频。

案例展示

海上风景　　　　　　　　　　　　虚实之间

帷幕之后　　　　　　　　　　　　图解秘境

4.1 认识关键帧

关键帧是指具有关键状态的帧，是制作动画效果的核心。Premiere会自动对同一属性关键帧之间的设置进行动画处理，使其呈现出变化的效果。下面将对关键帧进行介绍。

4.1.1 什么是关键帧

关键帧是动画制作和视频编辑中用于定义变化过程中具有关键状态的帧，即用于记录在特定时间点上对象属性值发生改变的帧，如图4-1、图4-2所示。用户通过为对象的不同属性设置关键帧，可以制作出移动、缩放、透明度变化等效果。

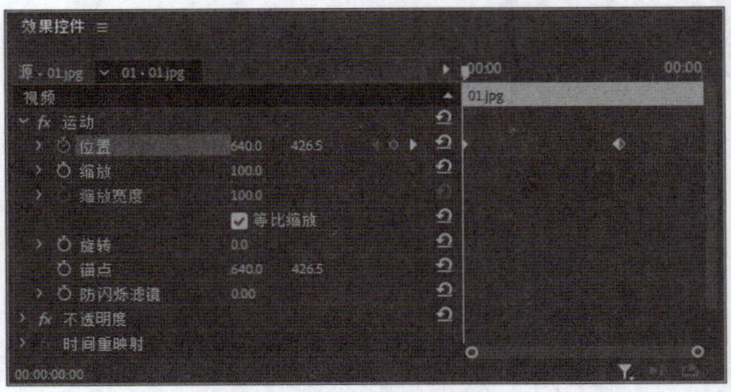

图4-1 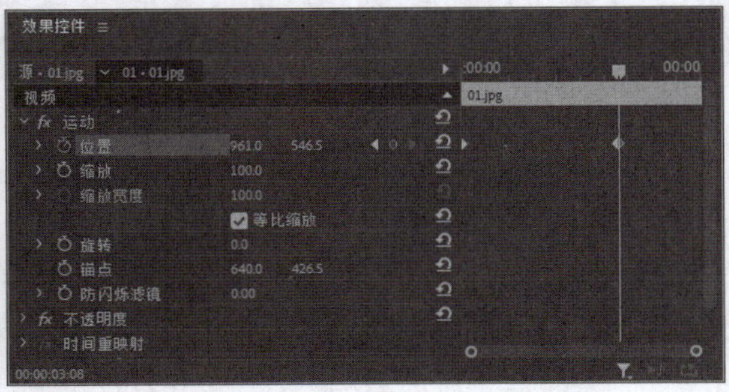   图4-2

4.1.2 添加关键帧

添加关键帧的操作，一般在"效果控件"面板中进行。选中"时间轴"面板中的素材，在"效果控件"面板中单击某一参数左侧的"切换动画" 按钮，添加关键帧；移动播放指示器，调整该参数后，将自动在该处添加关键帧。用户也可以单击"添加/移除关键帧" 按钮，在播放指示器所在处添加关键帧后再进行调整。

图4-3、图4-4所示为添加的"不透明度"关键帧。在这两个关键帧之间，"不透明度"参数将由第一个关键帧的数值逐渐向第二个关键帧的数值变化。在"节目"监视器面板中，将呈现出素材从透明逐渐显现的效果。

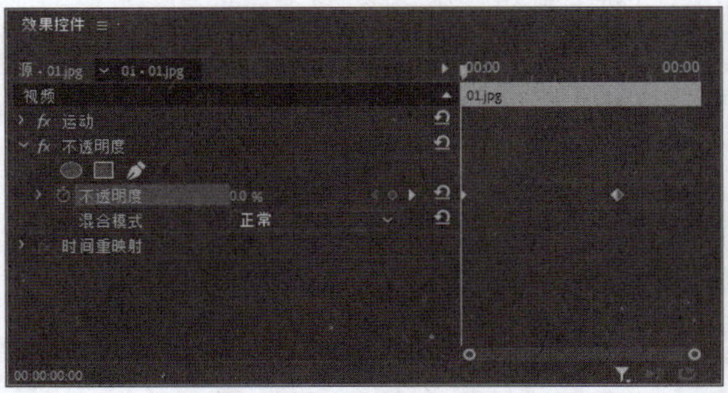

图4-3 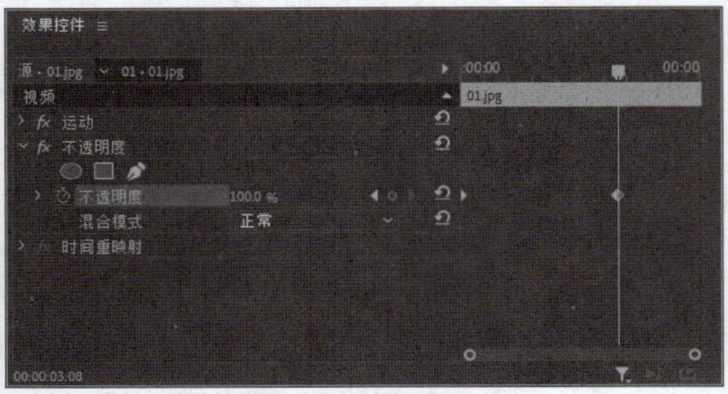   图4-4

添加固定效果如位置、缩放、旋转等关键帧时，可以在添加第一个关键帧后，移动播放指示器，在"节目"监视器面板中双击素材显示其控制框进行调整，如图4-5所示。调整后，"效果控件"面板中会自动出现关键帧，如图4-6所示。

图4-5

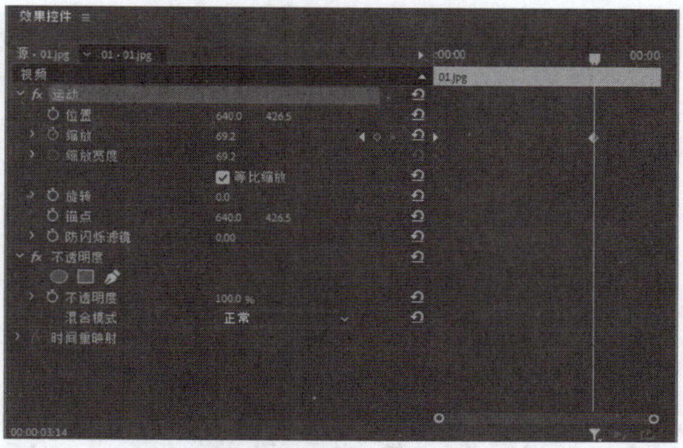

图4-6

4.2 管理关键帧

对于已添加的关键帧，用户可以根据需要进行移动、复制或删除，从而影响动画效果。下面将对此进行介绍。

4.2.1 移动关键帧

移动关键帧可以影响动画的变化速率，在不考虑关键帧插值的情况下，关键帧间隔越大，变化越慢。选中"效果控件"面板中的关键帧，按住鼠标左键拖曳移动其位置，如图4-7、图4-8所示。

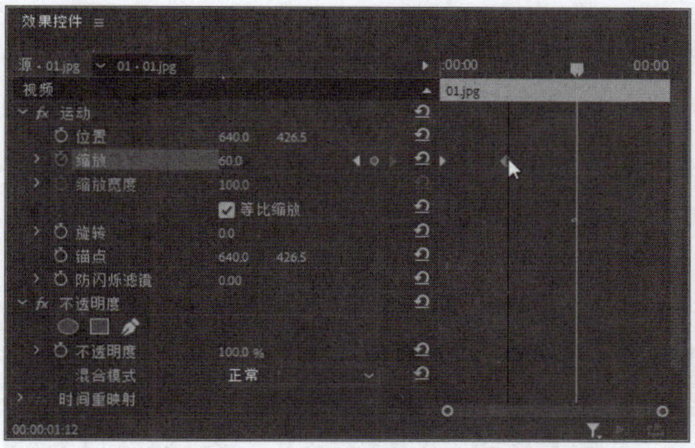

图4-7

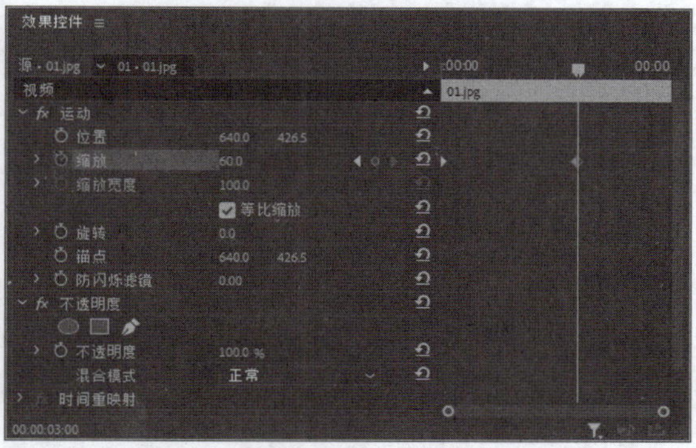

图4-8

🔗 **知识链接**

按住Shift键拖曳播放指示器可以自动贴合创建的关键帧，从而方便地定位并重新设置关键帧属性参数。

4.2.2 复制关键帧

复制关键帧是一个非常实用的功能，可用于快速实现某些相同效果的制作。下面将对此进行介绍。

1. 在同素材上复制关键帧

选中"时间轴"面板中的素材，在"效果控件"面板中设置不透明度关键帧，制作不透明到透明的变化效果。选中不透明度关键帧，按Ctrl+C组合键复制，移动播放指示器至合适位置，按Ctrl+V组合键粘贴，如图4-9、图4-10所示。重复此操作多次，可制作出渐隐渐现的动画效果。

图4-9	图4-10

除了使用组合键复制关键帧，还可以在"效果控件"面板中选中关键帧后，按Alt键拖曳复制，也可以执行"编辑>复制"命令和"编辑>粘贴"命令进行复制。

2. 在不同素材间复制关键帧

在不同素材间复制关键帧的方法与在同素材上复制关键帧相似。在"时间轴"面板中选中添加关键帧的素材，然后选中"效果控件"面板中的关键帧，按Ctrl+C组合键复制，接着选中要添加关键帧的目标素材，在"效果控件"面板中调整播放指示器位置，按Ctrl+V组合键粘贴。

4.2.3　删除关键帧

对于不再需要的关键帧，用户可以将其删除。需要注意的是，删除关键帧后，对应的动画效果也会消失。

选中"效果控件"面板中的关键帧，按Delete键或执行"编辑>清除"命令即可将其删除。若想删除多个关键帧，可以按住Shift键加选，或按住鼠标拖曳框选后，按Delete键，如图4-11、图4-12所示。

图4-11	图4-12

若想删除同一属性所有的关键帧，可以单击"效果控件"面板中该属性的"切换动画"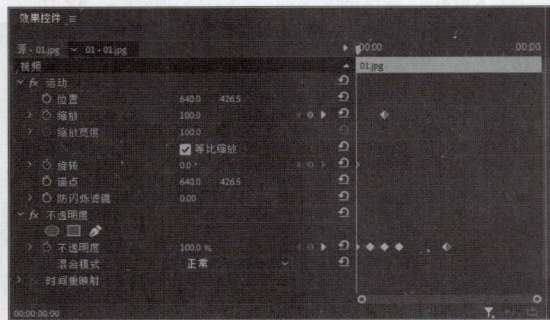按钮，然后在弹出的"警告"对话框中单击"确定"按钮，如图4-13、图4-14所示。

图4-13

图4-14

4.2.4 关键帧插值

关键帧插值是指计算机软件自动计算两个或多个关键帧中间帧的过程。Premiere中将关键帧插值分为临时插值和空间插值两种，这两种插值的类型共同决定了动画的流畅性和表现力。下面将对此进行介绍。

1. 临时插值

"临时插值"用于控制时间线上的速度变化状态。在"效果控件"面板中选中关键帧，单击鼠标右键，在弹出的快捷菜单中可以选择需要的插值方法，如图4-15所示。"临时插值"各选项的作用如下。

- 线性：默认的插值选项，用于创建匀速变化的插值，运动效果相对来说比较机械。
- 贝塞尔曲线：用于提供手柄在关键帧的任一侧手动调整图表的形状及变化速率。该选项对关键帧的控制性较强。
- 自动贝塞尔曲线：用于创建具有平滑的速率变化的插值，且在更改关键帧的值时会自动更新，以维持平滑过渡。
- 连续贝塞尔曲线：与自动贝塞尔曲线类似，但提供一些手动控件进行调整。在关键帧的一侧更改图表的形状时，关键帧另一侧的形状也会相应地发生变化，以维持平滑过渡。
- 定格：定格插值仅供时间属性使用，用于创建不连贯的运动或突然变化的效果。使用定格插值时，将持续前一个关键帧的数值，直到下一个定格关键帧会立刻发生改变。
- 缓入：用于减慢进入关键帧的值变化。
- 缓出：用于逐渐加快离开关键帧的值变化。

2. 空间插值

"空间插值"关注的是对象在屏幕空间内的路径，决定着素材运动轨迹是曲线还是直线。图4-16所示为"空间插值"的快捷菜单。执行"线性"命令时，素材运动轨迹为直线；执行贝塞尔曲线命令时，素材运动轨迹为曲线。

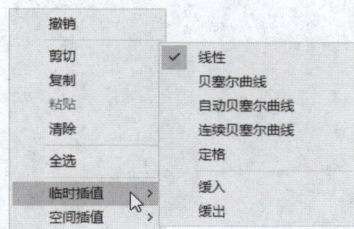

图4-15

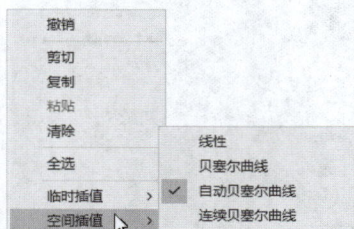

图4-16

4.2.5 课堂实操：海上风景 AIGC

实操 *4-1* / 海上风景

微课视频

实例资源 ▶ \第4章\课堂实操\海上风景\"素材"文件夹

本实例将练习制作海上风景效果，涉及的知识点包括关键帧的创建与管理等。具体操作方法如下。

Step 01 通过AIGC工具生成海面图像，如即梦AI，如图4-17所示。保存满意的图像后，通过Photoshop处理并保存。

图4-17

Step 02 根据素材"船.png"创建项目和序列，并导入本章素材文件，如图4-18所示。

Step 03 将V1轨道中的素材移至V2轨道中，将"海面.jpg"拖曳至V1轨道中，如图4-19所示。

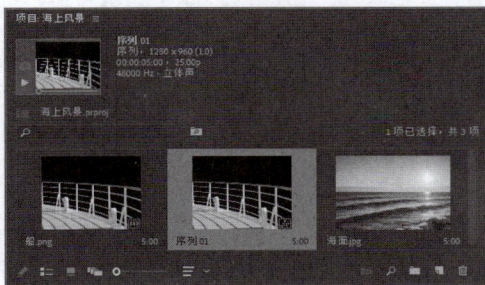

图4-18

图4-19

Step 04 移动播放指示器至00:00:00:00处，选中V1轨道中的素材，在"效果控件"面板中单击"位置"和"缩放"参数左侧的"切换动画"按钮添加关键帧，如图4-20所示。

Step 05 移动播放指示器至00:00:05:00处，更改"位置"参数为"940.0，596.0"、"缩放"参数为"132.0"，将自动添加关键帧，如图4-21所示。

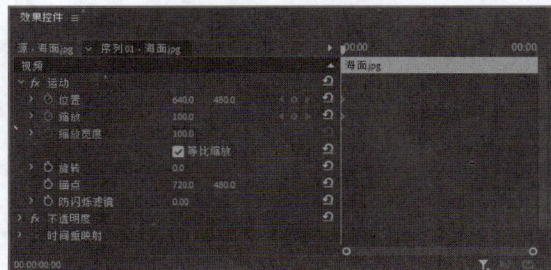

图4-20

图4-21

Step 06 选中所有关键帧，单击鼠标右键，在弹出的快捷菜单中执行"临时插值>缓入"和"临时插值>缓出"命令，如图4-22、图4-23所示。

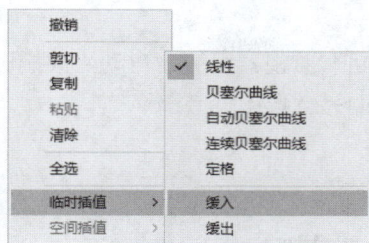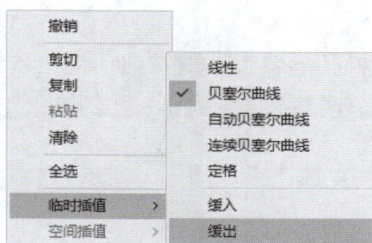

图4-22　　　　　　　　　　　　图4-23

Step 07 按Enter键预览渲染效果，如图4-24所示。

图4-24

至此，完成了"海上风景"效果的制作。

4.3 蒙版和跟踪效果

蒙版是视频剪辑中的常用技术，可用于实现局部马赛克、创意合成等效果；结合运动跟踪技术，还可以随着视频中的对象移动而自动进行调整。下面将对蒙版和跟踪进行介绍。

4.3.1 什么是蒙版

蒙版是图像及视频编辑中常用的一种技术，允许用户选择性地隐藏或显示部分区域，或对某个区域进行特定的编辑或效果应用，而不会影响到图像的其他部分。图4-25、图4-26所示为部分模糊的效果。

图4-25　　　　　　　　　　　　图4-26

蒙版的基本原理是通过一个覆盖层来控制图像层的可见性。这个覆盖层可以是任何形状或大小，它定义了哪些部分是可见的、哪些部分是隐藏的。在Premiere中，用户可以为部分属性添加蒙版，并定义蒙版效果。

4.3.2 蒙版的创建与管理

Premiere提供了椭圆形蒙版、4点多边形蒙版和自由绘制贝塞尔曲线这3种类型的蒙版。用户可以通过单击"效果控件"面板中部分能创建蒙版的效果下方的"创建椭圆形蒙版" ◉ 、"创建4点多边形蒙版" ▣ 或"自由绘制贝塞尔曲线" ✐ 按钮进行创建。下面将对此进行介绍。

（1）创建椭圆形蒙版

单击"创建椭圆形蒙版" ◉ 按钮，将在"节目"监视器面板中自动生成椭圆形蒙版。用户可以通过选择工具调整椭圆的大小、比例等，如图4-27所示。

🔗 **知识链接**

按住Alt键单击椭圆形蒙版的锚点，可将平滑锚点转化为尖角锚点。

（2）创建4点多边形蒙版

单击"创建4点多边形蒙版" ▣ 按钮，将在"节目"监视器面板中自动生成4点多边形蒙版。用户可以通过选择工具调整4点多边形的形状，如图4-28所示。

 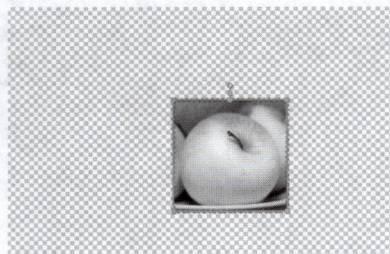

图4-27　　　　　　　　　　　　　　　　图4-28

（3）自由绘制贝塞尔曲线

单击"自由绘制贝塞尔曲线" ✐ 按钮，将在"节目"监视器面板中绘制闭合曲线创建蒙版，如图4-29、图4-30所示。

 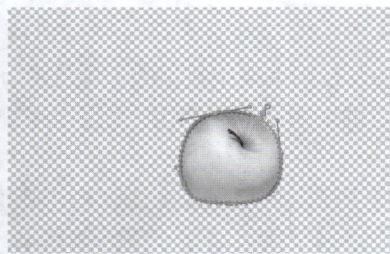

图4-29　　　　　　　　　　　　　　　　图4-30

创建蒙版后，"效果控件"面板中将出现蒙版选项，如图4-31所示。用户通过这些选项可以调整蒙版的范围、可见性等。其中各选项的作用如下。

- 蒙版路径：用于记录蒙版路径。
- 蒙版羽化：用于柔化蒙版边缘。
- 蒙版不透明度：用于调整蒙版的不透明度。当值为100%时，蒙版完全不透明并会遮挡图层中位于其下方的区域。不透明度值越小，蒙版下方的区域就越清晰可见。
- 蒙版扩展：用于扩展蒙版范围。正值将外移边界，负值将内移边界。
- 已反转：勾选该复选框将反转蒙版范围。

用户也可以在"节目"监视器面板中通过控制手柄直接设置蒙版范围、羽化值等参数，如图4-32所示。调整后，"效果控件"面板中的数值也会发生变化。

图4-31

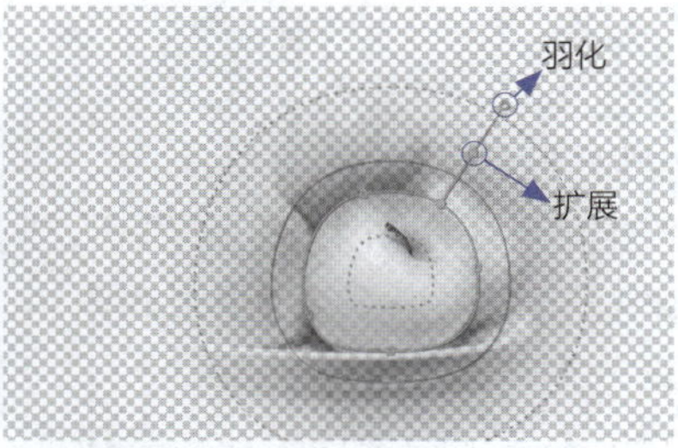

图4-32

4.3.3 蒙版跟踪操作

蒙版跟踪可以使蒙版自动跟随运动的对象，减轻操作负担，其主要通过"蒙版路径"选项实现。图4-33所示为"蒙版路径"选项。

图4-33

其中各按钮的作用如下。

- 向后跟踪所选蒙版1个帧◀|：单击该按钮，将向当前播放指示器所在处的左侧跟踪1帧。
- 向后跟踪所选蒙版◀：单击该按钮，将向当前播放指示器所在处的左侧跟踪直至素材入点处。
- 向前跟踪所选蒙版▶：单击该按钮，将向当前播放指示器所在处的右侧跟踪直至素材出点处。
- 向前跟踪所选蒙版1个帧|▶：单击该按钮，将向当前播放指示器所在处的右侧跟踪1帧。
- 跟踪方法🔧：用于设置跟踪蒙版的方式。选择"位置"将只跟踪从帧到帧的蒙版位置；选择"位置和旋转"将在跟踪蒙版位置的同时，根据各帧的需要更改旋转情况；选择"位置、缩放和旋转"将在跟踪蒙版位置的同时，随着帧的移动而自动缩放和旋转。

🔗 知识链接

软件自动跟踪有一定的局限性，用户可以跟踪后，再对疏漏处进行手动调整。

4.3.4 课堂实操：虚实之间 **AIGC**

实操*4-2* / 虚实之间

微课视频

🗄 **实例资源** ▶ \第4章\课堂实操\虚实之间\"素材"文件夹

本实例将练习制作虚实之间景深效果，涉及的知识点包括调整图层的应用、蒙版的创建与设置等。具体操作方法如下。

Step 01 通过AIGC工具如DeepSeek，提供操作参考，具体如下。

Q Premiere如何简单快速地制作景深效果？简要描述一下步骤。

A 在Adobe Premiere Pro中快速制作景深效果（背景虚化），只需以下3步：

步骤说明

1. 添加高斯模糊

右键视频→「嵌套序列」→在效果面板搜索「高斯模糊」，拖到嵌套序列上，模糊度设为20~30。

2. 蒙版圈出主体

在效果控件中单击「椭圆/钢笔工具」绘制主体轮廓→ 勾选「已反转」(模糊背景)，调整羽化值至20~30，使边缘过渡自然。

3. 自动跟踪动态主体

右键单击蒙版→选择「跟踪蒙版」→单击「向前跟踪」(自动跟随主体移动)，手动修正偏差关键帧(如有)。

总耗时

- 静态画面：1min
- 动态跟踪：2~3min

适用场景：人物特写、产品展示、电影感镜头。

参考上述回答，进行后续的案例制作。

Step 02 根据视频素材新建项目和序列，如图4-34所示。

Step 03 调整V1轨道中素材的持续时间为10s，如图4-35所示。

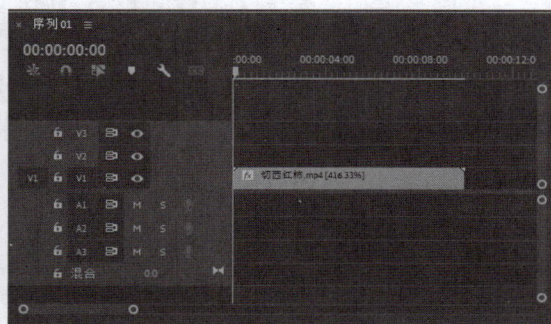

图4-34   图4-35

Step 04 新建调整图层，将其拖曳至V2轨道中，调整持续时间与V1轨道中素材的持续时间一致，如图4-36所示。

Step 05 在"效果"面板中搜索"高斯模糊"视频效果，将其拖曳至V2轨道中的素材上，在"效果控件"面板中设置"模糊度"参数为"50.0"，效果如图4-37所示。

图4-36   图4-37

Step 06 单击"效果控件"面板的"高斯模糊"效果中的"创建椭圆形蒙版" ◯ 按钮，创建蒙版，并在"节目"监视器面板中调整锚点，如图4-38所示。

Step 07 在"效果控件"面板中勾选"已反转"复选框反向蒙版，并将"蒙版羽化"参数设置为"100.0"，如图4-39所示。

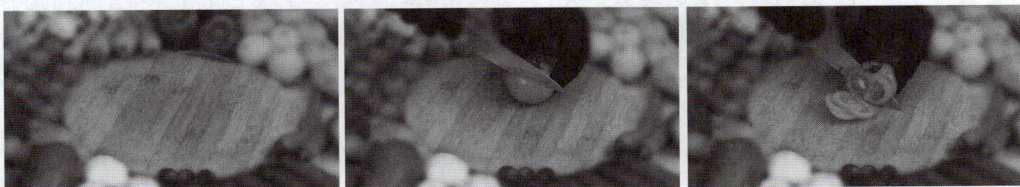

图4-38 图4-39

Step 08 按Enter键渲染预览，效果如图4-40所示。

图4-40

至此，完成了"虚实之间"景深效果的制作。

4.4 认识抠像

抠像是视频编辑中常用的一种数字影像处理技术，可用于实现视频中的特效合成、背景替换等效果。下面将对此进行介绍。

4.4.1 什么是抠像

抠像又称键控，主要用于从一幅图像或视频帧中移除特定颜色的背景，从而提取前景对象。在实际应用中，抠像技术较常用的是颜色信息，如绿幕或蓝幕，以实现前景对象与背景的分离。抠像前后的效果如图4-41、图4-42所示。

图4-41 图4-42

4.4.2 为什么要抠像

抠像技术在影视制作和图像编辑领域扮演着核心角色，是许多影视作品实现夸张或虚构视觉效果的依据，特别是可以实现难以在现实中构建的科幻场景。在视频剪辑中，剪辑人员通过抠像技术，可以方便地将在绿幕或蓝幕前拍摄的对象置入虚构的环境中，从而实现场景的无缝转换。此外，这项技术还可以帮助视频创作者摆脱实际拍摄地点的限制和减轻预算压力，使他们能够更自由地创作。使用抠像技术替换背景并调整前后的效果如图4-43、图4-44所示。

图4-43

图4-44

🔗 **知识链接**

在实际操作中，一般使用绿幕或蓝幕抠像，这是因为绿色和蓝色在人类皮肤的颜色谱中出现得较少，且现代数字摄像机对绿色光的感光度更高，以便后期制作中进行抠像。

4.5 常用抠像效果

Premiere提供了Alpha调整、亮度键、超级键等常用抠像效果，以辅助用户完成抠像操作。下面将对这些效果进行介绍。

4.5.1 Alpha调整

在更改固定效果的默认渲染顺序时，用户可以使用"Alpha调整"效果代替不透明度效果，更改不透明度百分比可以创建透明度的级别。将该效果拖曳至"时间轴"面板中的透明素材上，在"效果控件"面板中查看其属性参数，如图4-45所示。其中各选项的作用如下。

• 不透明度：用于设置素材的不透明度。数值越小，Alpha通道中的图像越透明。图4-46所示为不透明度值为100%时的效果。

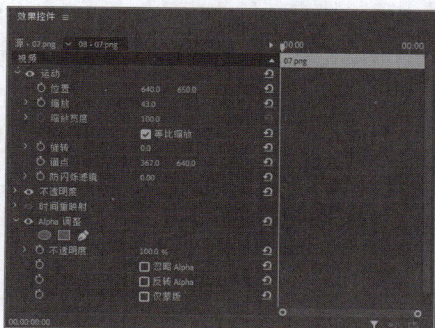
图4-45

图4-46

• 忽略Alpha：选择该选项将忽略Alpha通道，使素材透明部分变为不透明。
• 反转Alpha：选择该选项将反转透明和不透明区域，如图4-47所示。
• 仅蒙版：选择该选项将仅显示Alpha通道的蒙版，不显示其中的图像，如图4-48所示。

图4-47

图4-48

4.5.2 亮度键

"亮度键"效果可用于抠取图层中具有指定亮度的区域。添加该效果后，在"效果控件"面板中设置"阈值"参数，可以控制哪些亮度级别的像素会变得透明；设置"屏蔽度"参数，可以调整阈值以上或以下的像素变得透明的速度或程度。应用该效果前后的效果如图4-49、图4-50所示。

图4-49

图4-50

4.5.3 超级键

"超级键"效果可用于指定图像中的颜色范围生成遮罩，是非常实用的一种抠像效果。其属性参数如图4-51所示。应用该效果并调整后的效果如图4-52所示。

图4-51

图4-52

其中各选项的作用如下。

- 输出：用于设置素材的输出类型，包括合成、Alpha通道和颜色通道这3种。
- 设置：用于设置抠像的类型，包括默认、弱效、强效和自定义这4种类型。

- 主要颜色：用于设置要透明的颜色，可通过吸管直接吸取画面中的颜色。
- 遮罩生成：用于设置遮罩产生的方式。选择"透明度"选项可以在背景上抠出源区域并控制源区域的透明度；选择"高光"选项可以增加源图像亮区的不透明度；选择"阴影"选项可以增加源图像暗区的不透明度；选择"容差"选项可以从背景中滤出前景图像中的颜色；选择"基值"选项可以从Alpha通道中滤出通常由粒状或低光素材所造成的杂色。
- 遮罩清除：用于设置遮罩的属性类型。选择"抑制"选项可以缩小Alpha通道遮罩的大小；选择"柔化"选项可以模糊Alpha通道遮罩的边缘；选择"对比度"选项可以调整Alpha通道的对比度；选择"中间点"选项可以选择对比度值的平衡点。
- 溢出抑制：用于调整对溢出色彩的抑制。选择"降低饱和度"选项可以控制颜色通道背景颜色的饱和度；选择"范围"选项可以控制校正的溢出的量；选择"溢出"选项可以调整溢出补偿的量；选择"亮度"选项可以与Alpha通道结合使用，以恢复源的原始明亮度。
- 颜色校正：用于校正素材颜色。选择"饱和度"选项可以控制前景源的饱和度；选择"色相"选项可以控制色相；选择"明亮度"选项可以控制前景源的明亮度。

4.5.4　轨道遮罩键

　　"轨道遮罩键"效果可以使用上层轨道中的图像遮罩当前轨道中的素材，其属性参数如图4-53所示。应用该效果并调整后的效果如图4-54所示。

图4-53　　　　　　　　　　　　　　　图4-54

　　其中各选项的作用如下。
- 遮罩：用于选择遮罩轨道。
- 合成方式：用于选择合成的选项类型，包括Alpha遮罩和亮度遮罩这2种。
- 反向：选择该选项将反向遮罩效果。

4.5.5　颜色键

　　"颜色键"效果可用于去除图像中指定的颜色，其属性参数如图4-55所示。应用该效果并调整后的效果如图4-56所示。
　　其中各选项的作用如下。
- 主要颜色：用于设置抠像的主要颜色。
- 颜色容差：用于设置主要颜色的范围。容差值越大，范围越大。
- 边缘细化：用于设置抠像边缘的平滑程度。
- 羽化边缘：用于柔化抠像边缘。

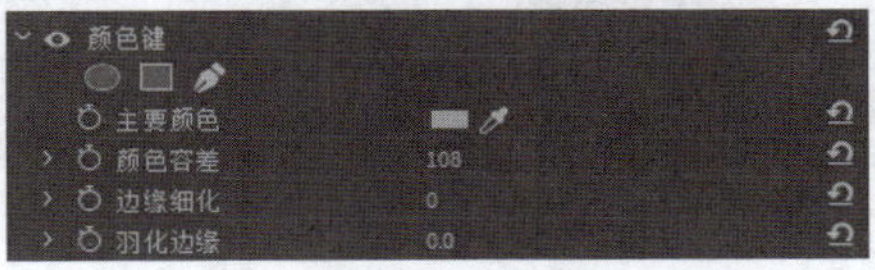

图4-55

图4-56

4.5.6 课堂实操：帷幕之后

实操4-3 / 帷幕之后

微课视频

实例资源 ▶ \第4章\课堂实操\帷幕之后\"素材"文件夹

本实例将练习制作拉开帷幕之后的视频效果，涉及的知识点包括"超级键"效果的应用等。具体操作方法如下。

Step 01 根据"孤帆.mp4"视频素材新建项目和序列，并导入本章素材文件，如图4-57所示。

Step 02 将"帷幕.avi"视频素材拖曳至V2轨道中，如图4-58所示。

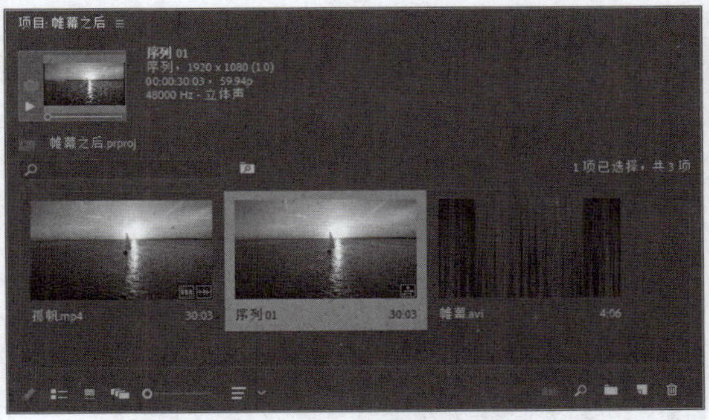

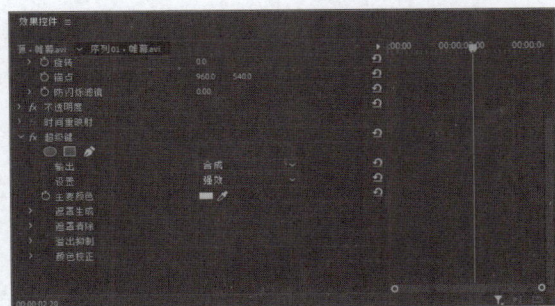

图4-57

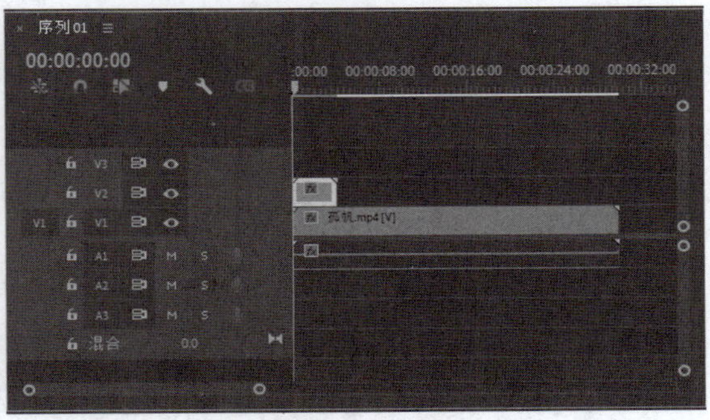

图4-58

Step 03 在"效果"面板中搜索"超级键"视频效果，拖曳至V2轨道中的素材上。移动播放指示器至00:00:02:20处，单击"效果控件"面板中的吸管工具，吸取"节目"监视器面板中的绿色，设置主要颜色，并将"设置"设置为"强效"，如图4-59所示。

Step 04 此时"节目"监视器面板中的效果如图4-60所示。

图4-59

图4-60

Step 05 按Enter键预览渲染效果，如图4-61所示。

图4-61

至此，完成了"帷幕之后"效果的制作。

4.6 实战演练：图解秘境

实操4-4 / 图解秘境

实例资源 ▶ \第4章\实战演练\"素材"文件夹

本实例将综合应用本章所学的知识制作图解秘境——藏宝图展开视频，以达到举一反三、学以致用的目的。下面将对具体操作思路进行介绍。

Step 01 根据视频素材新建项目和序列，并导入本章素材文件，如图4-62所示。

Step 02 将V1轨道中的素材移动至V2轨道中，将"背景.jpg"素材拖曳至V1轨道中、"路线.png"素材拖曳至V3轨道中，并调整素材的持续时间与V2轨道，使其保持一致，如图4-63所示。

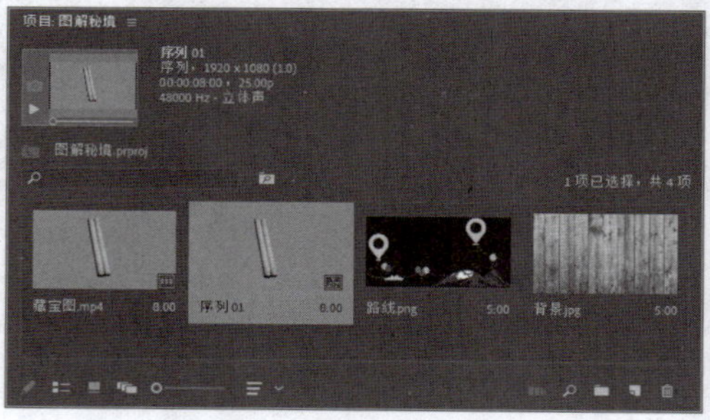

图4-62

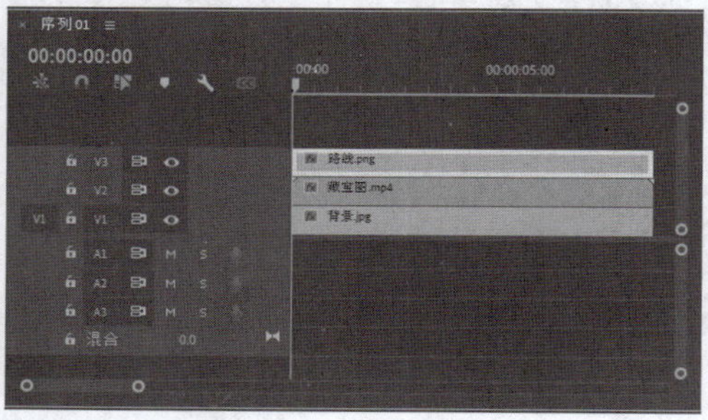

图4-63

Step 03 在"效果"面板中搜索"超级键"视频效果，拖曳至V2轨道中的素材上，在"效果控件"面板中选择吸管工具，吸取"节目"监视器面板中的绿色，设置主要颜色，并将"设置"设置为"强效"，如图4-64所示。此时"节目"监视器面板中的效果如图4-65所示。

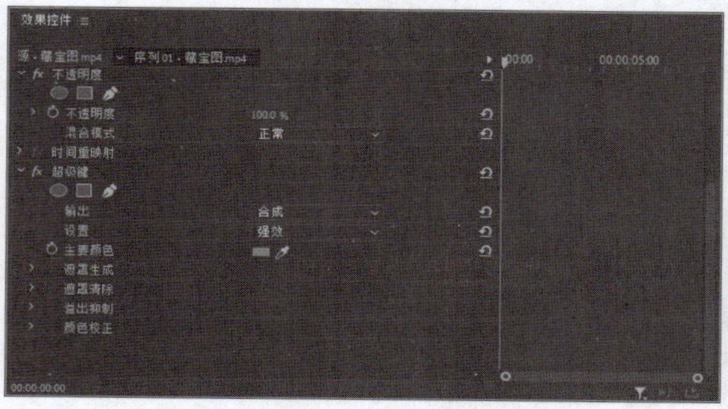

图4-64

图4-65

Step 04 在"效果"面板中搜索"投影"视频效果，拖曳至V2轨道中的素材上，在"效果控件"面板中设置"不透明度"为"64%"、"距离"为"0.0"、"柔和度"为"100.0"，如图4-66所示。此时"节目"监视器面板中的效果如图4-67所示。

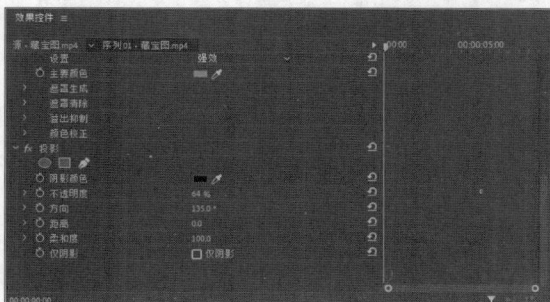

图4-66

图4-67

Step 05 移动播放指示器至00:00:04:10处，使用选择工具双击"节目"监视器面板中的路线素材，根据藏宝图进行旋转，并调整至合适的位置，如图4-68所示。

Step 06 在"效果控件"面板中将"混合模式"设置为"颜色加深"、"不透明度"设置为"60.0%"，效果如图4-69所示。

图4-68

图4-69

Step 07 移动播放指示器至00:00:03:24处，选中V3轨道中的路线素材，单击"效果控件"面板的"不透明度"参数中的"创建4点多边形蒙版"■按钮创建蒙版，并在"节目"监视器面板中调整锚点，如图4-70所示。

Step 08 单击"效果控件"面板中"蒙版路径"左侧的"切换动画"⏱按钮添加关键帧，如图4-71所示。

图4-70

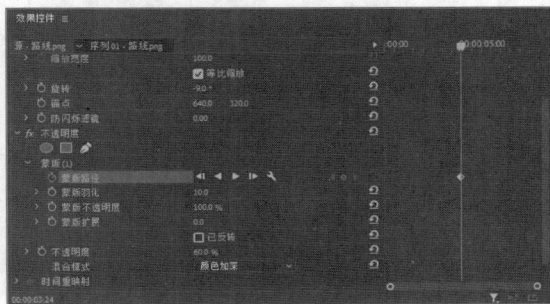

图4-71

Step 09 移动播放指示器至00:00:03:04处，在"节目"监视器面板中调整路径，如图4-72所示。

Step 10 此时将自动添加关键帧，如图4-73所示。

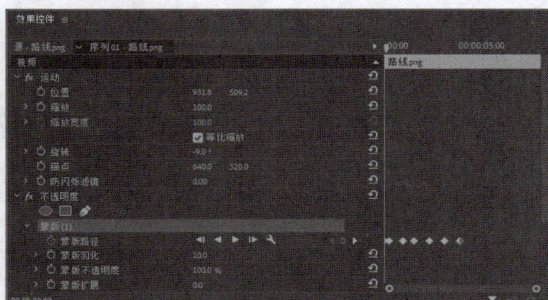

图4-72 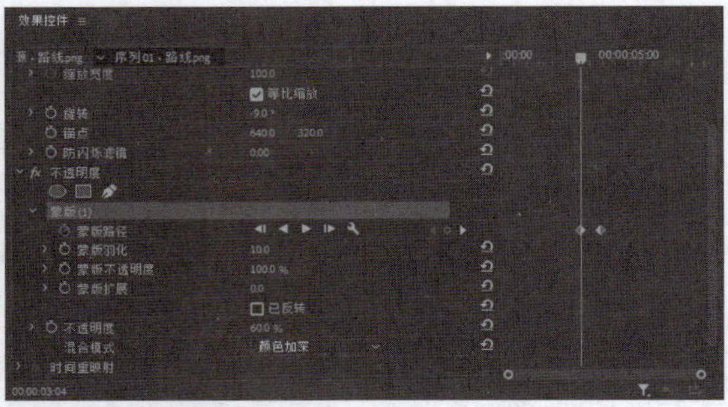 图4-73

Step 11 重复前述操作，直至藏宝图闭合，如图4-74、图4-75所示。

图4-74 图4-75

🔗 **知识链接**

根据藏宝图卷起来的效果，可以在入点和出点处调整路径，再根据情况在中间位置添加关键帧。

Step 12 按Enter键预览渲染效果，如图4-76所示。

图4-76

至此，完成了"图解秘境"视频的制作。

4.7 拓展练习

下面将练习通过"超级键"视频效果制作回溯错格的倒放视频，效果如图4-77所示。

实操4-5 / 回溯错格

📁 **实例资源** ▶ \第4章\拓展练习\"素材"文件夹

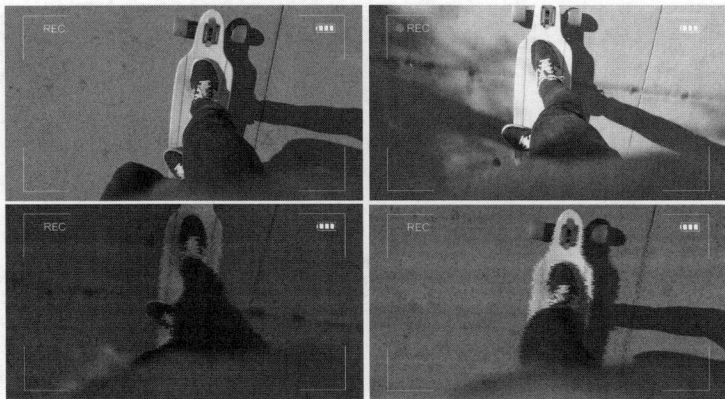

图4-77

技术要点：

（1）视频片段的裁切与选取。

（2）倒放效果的制作。

（3）"超级键"效果的应用。

（4）混合模式的设置。

分步演示：

（1）根据视频素材新建项目和序列。

（2）剪切素材，删除多余的部分。

（3）复制剪切后的素材，在"剪辑速度/持续时间"对话框中调整倒放。

（4）为倒放部分添加"波形变形"视频效果，并调整。

（5）添加录制素材，调整持续时间。

（6）为录制素材添加"超级键"视频效果，并设置主要颜色。

（7）复制录制素材，设置倒放效果。

（8）添加故障素材，设置混合模式。

第 5 章

特效：视频效果

Pr

内容导读

本章将对Premiere中的视频效果进行介绍，包括视频效果的基础知识、视频效果的添加与编辑、常用视频效果的应用等。了解并掌握这些知识，可以帮助用户更好地掌握视频效果的有关知识，制作出不同视觉效果的视频。

学习目标

- 掌握视频效果的基础知识
- 掌握视频效果的添加
- 掌握视频效果的编辑
- 掌握常用视频效果的应用

素养目标

- 拓展和提高视频编辑的创意空间和技术能力，使视频创作者掌握不同风格效果的制作与编辑，制作出风格各异的视频。
- 通过视频效果的应用，提升视频的质量和艺术效果，使视频更具吸引力。

案例展示

逐迹放大

电闪雷鸣

5.1 认识视频效果

视频效果在视频剪辑过程中起着极为重要的作用，包括优化视觉效果、添加独特的视觉风格等，从而提升视频的艺术效果和吸引力。

5.1.1 视频效果组

Premiere内置了多组视频效果，包括变换、扭曲等，如图5-1所示。每个效果组中又包括多种效果，图5-2所示为扭曲效果组中的效果。

部分常用视频效果的作用如下。

• 变换：可以使素材产生变换效果，如垂直翻转、水平翻转、羽化边缘、裁剪等。这是视频编辑中较常用和较重要的操作之一。

• 实用程序：仅"Cineon转换器"一种效果，可用于提高素材的明暗及对比度。

• 扭曲：用于变形视频图像，创造独特的视觉风格。

图5-1　　　　　　　　　　图5-2

• 时间：包括与时间相关的特效，用于改变图像的帧速度、制作残影效果等。

• 杂色与颗粒：用于添加噪点、颗粒感等效果，模拟旧电影效果，增加视觉纹理和质感。

• 模糊与锐化：用于调整图像的清晰度，包括增加模糊感或提高细节锐化。

• 生成：用于创建渐变、光晕等特殊的画面效果，以增强视觉的表现力。

• 调整：用于优化视频画面质量和色彩表达。

• 过渡：可以提供应用于剪辑自身的过渡变化。

• 透视：用于模拟三维空间中的视角变换，增加视频的深度和动态感。

• 风格化：可以赋予视频独特的视觉风格，增强创意表达和视觉吸引力。

在实际操作中，用户还可以添加外挂视频效果。外挂视频效果为第三方提供的插件特效，一般需要用户自行安装才可使用。

5.1.2 编辑视频效果

将"效果"面板中的视频效果拖曳至"时间轴"面板中的素材上，或选中"时间轴"面板中的素材后，在"效果"面板中双击视频效果进行添加。选中素材，在"效果控件"面板中可以查看并调整添加的效果参数。"裁剪"视频效果的参数如图5-3所示。

在"效果控件"面板中调整视频效果的参数后，"节目"监视器面板中将呈现相应的效果，如图5-4所示。单击效果名称左侧的"切换效果开关" fx 按钮，将隐藏效果。

选中"效果控件"面板中添加的视频效果，按Ctrl+C组合键复制，按Ctrl+V组合键粘贴，将复制视频效果。用户可以通过这一操作，在不同的素材上复制、粘贴效果。

图5-3   图5-4

🔗 **知识链接**

不同视频效果的参数设置各不相同，用户可以根据实际需要进行设置。除了添加的视频效果，"效果控件"面板中还包括一些固有属性，其作用如下。

- 运动：用于设置素材的位置、缩放、旋转等参数。
- 不透明度：用于设置素材的不透明度，制作叠加、淡化等效果。
- 时间重映射：用于设置素材的速度。

5.2 变换类视频效果

"变换"类视频效果组中包括垂直翻转、水平翻转、羽化边缘、自动重构和裁剪这5种效果。这些效果可以变换素材，使其发生翻转、羽化等变化。

5.2.1 垂直翻转

"垂直翻转"效果可用于在垂直方向上翻转素材。添加后即可查看效果，如图5-5、图5-6所示为翻转前后的效果。

图5-5   图5-6

5.2.2 水平翻转

"水平翻转"视频效果与"垂直翻转"视频效果类似，只是翻转方向变为水平。图5-7、图5-8所示为翻转前后的效果。

图5-7   图5-8

5.2.3 羽化边缘

"羽化边缘"效果可用于虚化素材边缘。添加该效果后，在"效果控件"面板中更改"数量"参数，以调整素材边缘的羽化度，如图5-9所示。此时"节目"监视器面板中的效果如图5-10所示。

图5-9

图5-10

5.2.4 自动重构

"自动重构"效果可用于智能识别视频中的动作，并针对不同的长宽比重构剪辑。该效果多用于序列设置与素材不匹配的情况。图5-11所示为该效果的属性参数。图5-12、图5-13所示为添加该效果前后的效果。

图5-11

图5-12

图5-13

自动重构后，若用户对其效果不满意，还可在"效果控件"面板中进行调整。

5.2.5 裁剪

"裁剪"效果可用于从画面的四个方向向内剪切素材，使其仅保留中心部分的内容。图5-14所示为该效果的属性参数。调整后的效果如图5-15所示。

图5-14

图5-15

"裁剪"效果各属性的作用如下。

- 左侧/顶部/右侧/底部：用于设置各方向裁剪量。数值越大，裁剪量越多。
- 缩放：勾选该复选框，将缩放裁剪后的素材，使其满屏显示。
- 羽化边缘：用于设置裁剪后的边缘羽化程度。

5.2.6　课堂实操：流动视界

实操5-1／流动视界

微课视频

🗃 **实例资源** ▶ \第5章\课堂实操\流动视界\"素材"文件夹

本实例将练习制作流动视界效果，将横版视频改为竖版，涉及的知识点包括"自动重构"效果的应用等。具体操作方法如下。

Step 01 根据视频素材新建项目和序列，如图5-16所示。

Step 02 在"项目"面板空白处单击鼠标右键，在弹出的快捷菜单中执行"新建项目>序列"命令，打开"新建序列"对话框，选择"设置"选项卡设置参数，如图5-17所示。

图5-16　　　　　　　　　　　　　　图5-17

Step 03 完成后单击"确定"按钮新建序列，如图5-18所示。

Step 04 将视频素材拖曳至V1轨道中，在弹出的"剪辑不匹配警告"对话框中单击"保持现有设置"按钮，如图5-19所示。

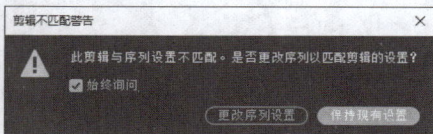

图5-18　　　　　　　　　　　　　　图5-19

Step 05 此时"节目"监视器面板中的效果如图5-20所示。

Step 06 在"效果"面板中搜索"自动重构"效果，拖曳至V1轨道中的素材上，将自动重构素材。

Step 07 按Enter键预览渲染效果，如图5-21所示。

至此，完成了"流动视界"视频横竖转换效果的制作。

图5-20　　　　　　　　图5-21

5.3　实用程序类视频效果

"实用程序"视频效果组中仅包括"Cineon转换器"一种视频效果。该效果可以高度控制Cineon帧的色彩转换，多用于将运动图片电影转换为数字电影。添加该效果并调整前后的效果如图5-22、图5-23所示。

图5-22　　　　　　　　　　图5-23

5.4　扭曲类视频效果

"扭曲"视频效果组中包括镜头扭曲、偏移、变换等12种效果。这些效果可以扭曲变形素材。下面将对常用的扭曲效果进行介绍。

5.4.1　镜头扭曲

"镜头扭曲"视频效果可用于使素材在水平和垂直方向上发生镜头畸变。添加该效果并调整前后的效果如图5-24、图5-25所示。

图5-24　　　　　　　　　图5-25

5.4.2　偏移

"偏移"视频效果可用于使素材在水平或垂直方向上发生位移。图5-26所示为该效果的属性参数。添加该效果并调整后的效果如图5-27所示。

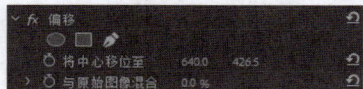

<table>
<tr><td></td><td>图5-26</td><td></td><td></td><td></td><td></td><td></td><td></td><td></td><td></td><td></td><td>图5-27</td></tr>
</table>

"偏移"效果各属性的作用如下。

- 将中心移位至：用于偏移画面中心的位置。
- 与原始图像混合：用于将偏移后的图像与原始图像混合。

5.4.3　变换

"变换"效果类似于素材的固有属性，可以设置素材的位置、大小、角度、不透明度等参数。添加该效果并调整前后的效果如图5-28、图5-29所示。

图5-28　　　　　　　　　　图5-29

5.4.4　放大

"放大"效果可用于模拟放大镜效果放大素材局部。用户可以在"效果控件"面板中调整形状、放大率等参数，如图5-30所示。调整后的效果如图5-31所示。

图5-30　　　　　　　　　　图5-31

5.4.5　旋转扭曲

"旋转扭曲"效果可用于使对象围绕设置的旋转中心产生旋转变形的效果。用户可以在"效果控件"面板中调整角度、旋转扭曲半径等参数，如图5-32所示。调整后的效果如图5-33所示。

图5-32 　　　　　　　　　　　　图5-33

5.4.6　波形变形

"波形变形"效果可用于模拟波纹扭曲的动态效果。添加该效果后,在"效果控件"面板中可以调整波形类型、方向等参数,如图5-34所示。调整后的效果如图5-35所示。

图5-34 　　　　　　　　　　　　图5-35

5.4.7　湍流置换

"湍流置换"效果可用于使素材在多个方向上发生扭曲变形。添加该效果后,在"效果控件"面板中可以调整数量、复杂度等参数,如图5-36所示。调整后的效果如图5-37所示。使用该效果结合关键帧可以制作图像不断变换的效果。

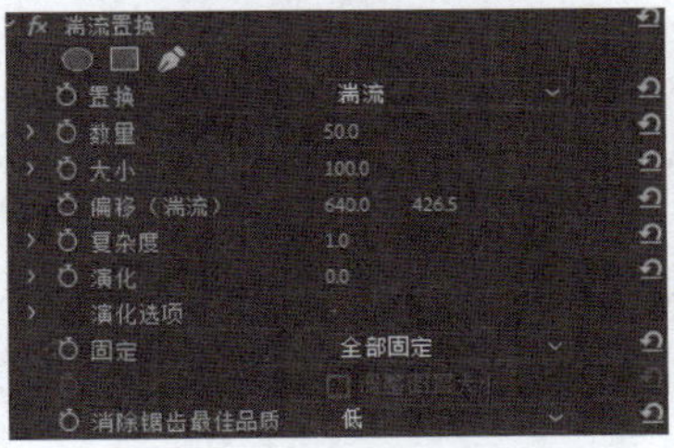

图5-36 　　　　　　　　　　　　图5-37

5.4.8　球面化

"球面化"效果可用于模拟球面凸起的效果。将该效果拖曳至素材上,在"效果控件"面板中调整半径及球面中心参数,如图5-38所示。调整后的效果如图5-39所示。

图5-38　　　　　　　　　　　　图5-39

5.4.9 边角定位

"边角定位"效果可用于自定义图像的四个边角位置。添加该效果后,在"效果控件"面板中调整素材四个角点的坐标,如图5-40所示。调整后的效果如图5-41所示。

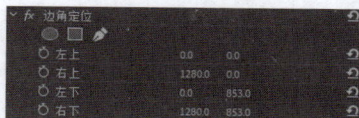

图5-40　　　　　　　　　　　　　图5-41

5.4.10 镜像

"镜像"效果可用于沿一条线拆分图像,然后将一侧反射到另一侧。添加该效果后,在"效果控件"面板中调整反射中心和反射角度,如图5-42所示。调整后的效果如图5-43所示。

图5-42　　　　　　　　　　　　　图5-43

🔗 **知识链接**

"扭曲"效果组中还包括"变形稳定器"和"果冻效应修复"这2种效果。其中,"变形稳定器"效果可以消除素材中由摄像机移动造成的抖动,使素材流畅稳定;"果冻效应修复"效果可以修复由时间延迟导致的录制不同步的果冻效应扭曲。

5.4.11 课堂实操:逐迹放大 AIGC

实操5-2 / 逐迹放大

微课视频

📦 **实例资源** ▶ \第5章\课堂实操\逐迹放大\"素材"文件夹

本实例将练习制作逐迹放大的放大镜效果,涉及的知识点包括"放大"效果、"球面化"效果的应用等。具体操作方法介绍如下。

Step 01 通过AIGC工具如文心一言,提供操作参考,具体如下。

Q **Premiere如何制作放大镜放大图像的效果？简要描述步骤。**

A 在Premiere中制作放大镜放大图像的效果，可以按照以下简要步骤进行。

1. 导入素材：打开Premiere软件，在项目窗口双击，导入需要处理的视频素材，并将其拖曳到时间轴窗口。

2. 添加放大效果：在效果面板中搜索"放大"效果，并将其拖曳到视频序列上。此时，视频中央会出现一个圆形的放大区域。

3. 调整放大效果参数：在"效果控件"面板中，找到"放大"效果的相关参数。通过调整"中央"参数可以改变放大镜的位置，通过"大小"参数可以调整放大镜的范围，通过"放大率"参数可以调整放大的倍数。

4. 设置关键帧动画：为了让放大镜跟随画面中的对象移动，需要设置关键帧动画。激活"中央"参数左边的秒表按钮以记录关键帧。然后播放素材，在需要调整放大镜位置的地方暂停，并设置新的关键帧，同时调整放大镜的位置和大小等参数。

5. 预览效果：设置完成后，回到素材效果开始的地方，单击"播放"按钮预览素材，查看放大镜放大图像的效果是否满意。

通过以上步骤，就可以在Premiere中制作出放大镜放大图像的效果。如果需要更细腻的效果，可以添加更多的关键帧，甚至逐帧调整参数。

参考上述回答，进行后续的案例制作。

Step 02 根据图像素材新建项目和序列，并置入本章PNG素材，如图5-44所示。

Step 03 将PNG素材拖曳至V2轨道中，在"节目"监视器面板中调整放大镜的大小及位置，如图5-45所示。

图5-44

图5-45

Step 04 在"效果"面板中搜索"放大"效果，拖曳至V1轨道中的素材上，在"效果控件"面板中将"中央"参数设置为"501.0，796.0"、"放大率"参数设置为175.0、"大小"参数设置为"191.0"，效果如图5-46所示。

🔗 **知识链接**

"放大"效果的数值，参照放大镜的大小和位置进行设置。

Step 05 在"效果"面板中搜索"球面化"效果，拖曳至V1轨道中的素材上，在"效果控件"面板中设置其"半径"参数与"放大"效果的"大小"参数，使其保持一致、使"球面中心"参数与"中央"参数保持一致，效果如图5-47所示。

图5-46

图5-47

Step 06 移动播放指示器至00:00:00:00处，选中V2轨道中的素材，添加"位置"关键帧。移动播放指示器至00:00:03:00处，将"位置"参数更改为"1161.8，535.1"，将自动添加关键帧。移动播放指示器至00:00:04:24处，将"位置"更改参数为"1838.8，709.7"，将自动添加关键帧，如图5-48所示。此时"节目"监视器面板中的效果如图5-49所示。

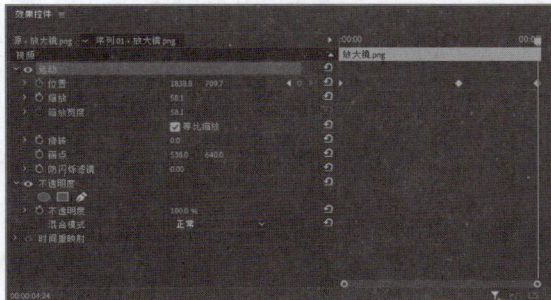
图5-48

图5-49

Step 07 选中V1轨道中的素材，移动播放指示器至00:00:00:00处，添加"中央"关键帧和"球面中心"关键帧。移动播放指示器至00:00:03:00处，将"中央"参数和"球面中心"参数更改为"1050.0，358.0"，将自动添加关键帧。移动播放指示器至00:00:04:24处，"中央"参数和"球面中心"参数更改为"1721.0，536.0"，将自动添加关键帧，如图5-50所示。此时"节目"监视器面板中的效果如图5-51所示。

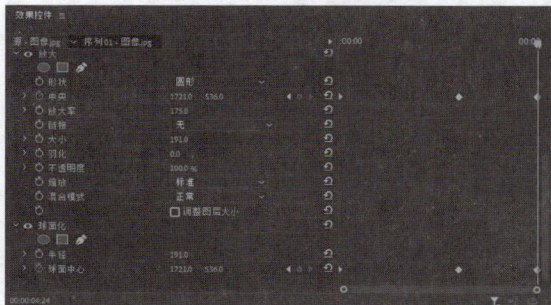
图5-50

图5-51

Step 08 按Enter键预览渲染效果，如图5-52所示。

至此，完成了"逐迹放大"的放大镜效果的制作。

图5-52

5.5 时间类视频效果

"时间"类视频效果组中包括抽帧和残影2种效果。下面将对这2种效果进行介绍。

5.5.1 抽帧

"抽帧"效果可用于将剪辑锁定到特定的帧速率，制作卡顿或停顿的效果。添加该效果后，在"效果控件"面板中设置"帧速率"，如图5-53所示。"帧速率"数值越小，视频越卡顿。图5-54所示为在左侧添加蒙版后的效果。

图5-53

图5-54

5.5.2 残影

"残影"效果可用于合并来自剪辑中不同时间的帧，制作运动对象的重影效果，即通过混合运动素材中不同帧的像素，将运动素材中前几帧的图像以半透明的形式覆盖在当前帧上。图5-55、图5-56所示为添加残影前后的效果。

图5-55

图5-56

知识链接

"残影"效果仅作用于包含运动的素材。默认情况下，应用残影效果时，任何事先应用的效果都将被忽略。

5.6 杂色与颗粒类视频效果

"杂色与颗粒"类视频效果组中仅包括"杂色"一种视频效果，该效果可用于在图像上添加噪点。添加该效果并调整前后的效果如图5-57、图5-58所示。

图5-57

图5-58

5.7 模糊与锐化类视频效果

"模糊与锐化"类视频效果组中包括相机模糊、方向模糊、锐化等6种效果。这些效果可以通过调节素材图像间的差异，模糊图像使其更加柔化或锐化图像，使纹理更加清晰。

5.7.1 相机模糊

"相机模糊"效果可用于模拟离开相机焦点范围的图像模糊的效果。添加该效果并调整前后的效果如图5-59、图5-60所示。用户还可以在"效果控件"面板中设置模糊量自定义模糊效果。

图5-59

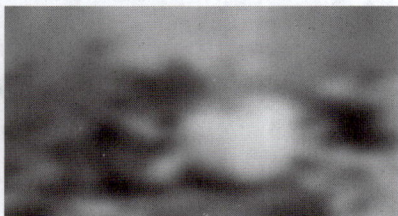

图5-60

5.7.2 方向模糊

"方向模糊"效果可用于制作指定方向上模糊的效果。添加该效果后，在"效果控件"面板中调整方向和模糊长度，如图5-61所示。调整后的效果如图5-62所示。

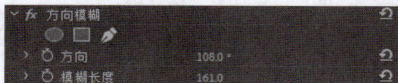

图5-61

图5-62

5.7.3 钝化蒙版

"钝化蒙版"效果可以通过提高素材画面中相邻像素的对比度，清晰锐化素材图像。添加该效果后，在"效果控件"面板中调整数量、半径及阈值参数，如图5-63所示。调整后的效果如图5-64所示。

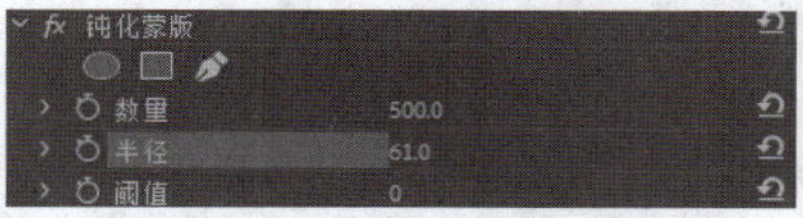

图5-63

图5-64

5.7.4 锐化

"锐化"效果可用于增加图像颜色间的对比度使图像更加清晰。添加该效果后，在"效果控件"面板中调整锐化量，如图5-65所示。调整后的效果如图5-66所示。

图5-65

图5-66

5.7.5 高斯模糊

"高斯模糊"效果可用于减少图像细节，柔化素材对象，是一种较为常用的模糊效果。添加该效果后，在"效果控件"面板中调整模糊是水平、垂直，还是水平和垂直，如图5-67所示。调整后的效果如图5-68所示。

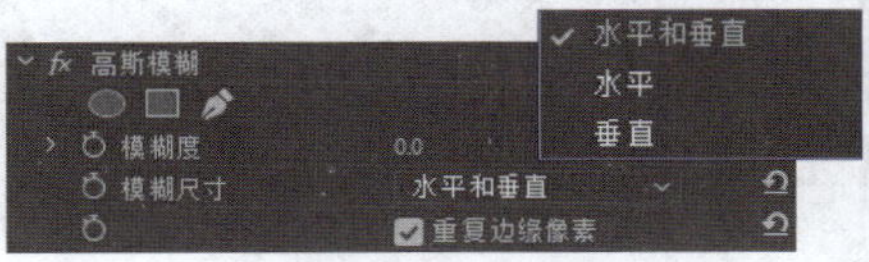

图5-67

图5-68

知识链接

"模糊与锐化"效果组中还包括"减少交错闪烁"效果。该效果可以降低高纵向频率，从而使图像更适用于跨媒体（如NTSC视频），多用于跨媒体素材制作。

5.7.6 课堂实操：消逝的文字

实操5-3 消逝的文字

微课视频

实例资源 ▶ \第5章\课堂实操\消逝的文字\"素材"文件夹

本实例将练习制作消逝的文字效果，涉及的知识点包括"高斯模糊"效果、"粗糙边缘"效果的应用等。具体操作方法如下。

Step 01 根据视频素材新建项目和序列，如图5-69所示。

Step 02 在"效果"面板中搜索"高斯模糊"效果，拖曳至V1轨道中的素材上。移动播放指示器至00:00:00:00处，为"模糊度"参数添加关键帧，并将数值设置为"300.0"。移动播放指示器至00:00:05:16处，将"模糊度"参数更改为"0.0"，将自动添加关键帧，如图5-70所示。

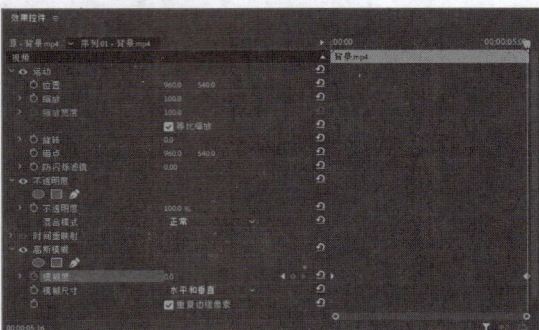

图5-69   图5-70

Step 03 移动播放指示器至00:00:00:00处，使用文字工具在"节目"监视器面板中输入文字，设置喜欢的字体样式，如图5-71所示。

Step 04 在"效果"面板中搜索"高斯模糊"效果，拖曳至V2轨道中的文字素材上。移动播放指示器至00:00:00:00处，为"模糊度"参数添加关键帧。移动播放指示器至00:00:04:24处，将"模糊度"参数更改为"300.0"，将自动添加关键帧，如图5-72所示。

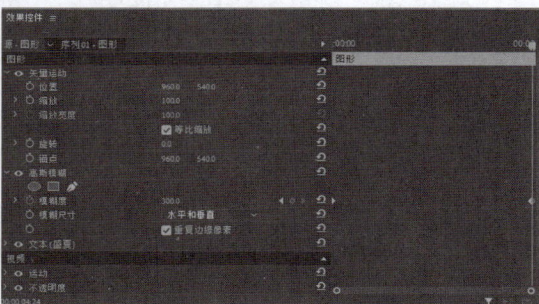

图5-71   图5-72

Step 05 在"效果"面板中搜索"粗糙边缘"效果，拖曳至V2轨道中的文字素材上。移动播放指示器至00:00:00:00处，设置参数，并为"边框"参数添加关键帧，如图5-73所示。

Step 06 移动播放指示器至00:00:04:24处，将"边框"参数更改为"300.00"，将自动添加关键帧，如图5-74所示。

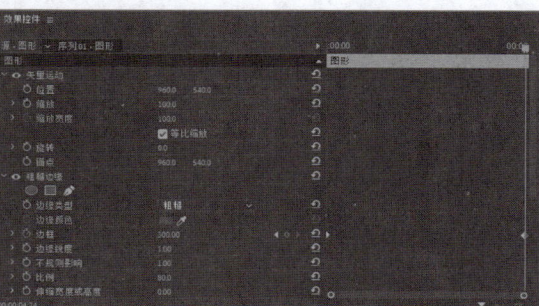

图5-73   图5-74

Step 07 按Enter键预览渲染效果，如图5-75所示。

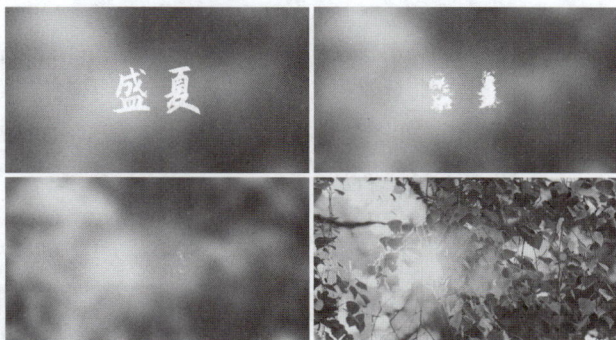

图5-75

至此，完成了"消逝的文字"效果的制作。

5.8 生成类视频效果

"生成"类视频效果组中包括四色渐变、渐变、镜头光晕和闪电共4种效果。这些效果可以生成一些特殊效果，从而丰富影片画面内容。

5.8.1 四色渐变

"四色渐变"效果可以用4种颜色的渐变覆盖整幅画面。用户可以在"效果控件"面板中设置4个颜色点的坐标、颜色、混合等参数，如图5-76所示。添加该效果并设置后的效果如图5-77所示。

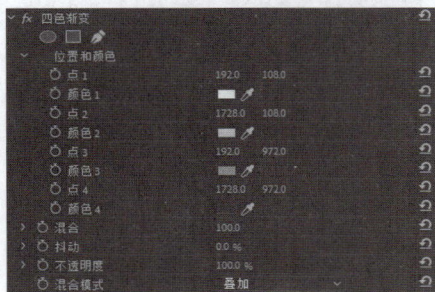

图5-76

图5-77

5.8.2 渐变

"渐变"效果可用于创建颜色渐变。用户可以在"效果控件"面板中设置渐变形状、起始/结束颜色等，如图5-78所示。添加该效果并设置后的效果如图5-79所示。

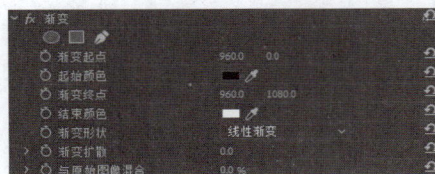

图5-78

图5-79

5.8.3 镜头光晕

"镜头光晕"效果可用于模拟将强光投射到摄像机镜头中时产生的折射。添加该效果后，用户可以即时在"节目"监视器面板中查看效果，如图5-80所示。若对默认效果不满意，用户还可以在"效果控件"面板中进行调整，如图5-81所示。

图5-80

图5-81

5.8.4 闪电

"闪电"效果可用于模拟制作闪电的效果。添加该效果后，用户可以即时在"节目"监视器面板中查看效果，如图5-82所示。若对默认效果不满意，用户还可以在"效果控件"面板中进行调整，如图5-83所示。

图5-82

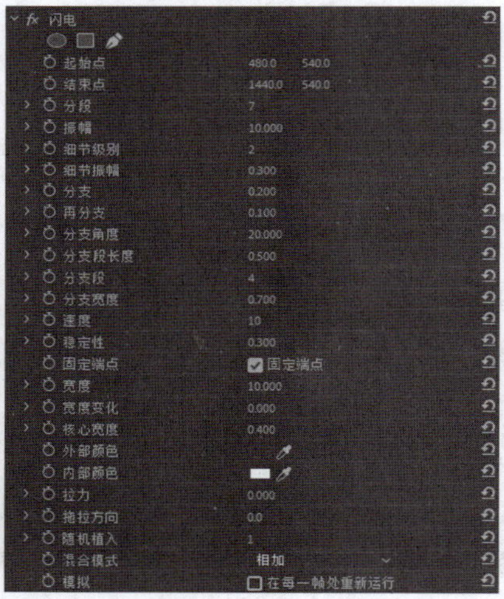

图5-83

5.8.5 课堂实操：电闪雷鸣

实操5-4 / 电闪雷鸣

微课视频

🗂 **实例资源** ▶ \第5章\课堂实操\电闪雷鸣\"素材"文件夹

本实例将练习制作电闪雷鸣的效果，涉及的知识点包括"闪电"效果的应用等。具体操作方法介绍如下。

Step 01 根据图像素材新建项目和序列，并导入本章音频，如图5-84所示。

Step 02 新建调整图层，添加至V2轨道中，设置其持续时间为5s，如图5-85所示。

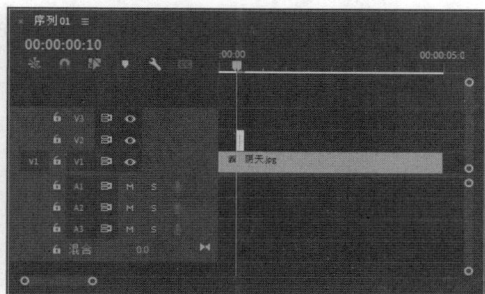

图5-84　　　　　　　　　　　　　　　　　　图5-85

Step 03 在"效果"面板中搜索"闪电"效果，拖曳至V2轨道中的素材上，在"效果控件"面板中设置参数，如图5-86所示。此时"节目"监视器面板中的效果如图5-87所示。

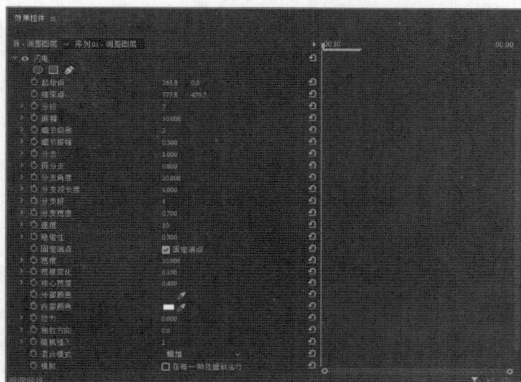

图5-86　　　　　　　　　　　　　　　　　　图5-87

Step 04 在"效果"面板中搜索"色阶"效果，拖曳至V1轨道中的素材上。移动播放指示器至00:00:00:00处，为"（RGB）输入黑色阶"和"（RGB）灰度系数"参数添加关键帧，并将"（RGB）输入黑色阶"参数设置为"63"、"（RGB）灰度系数"设置参数为"84"。移动播放指示器至00:00:00:10处，将"（RGB）输入黑色阶"参数更改为"0"、"（RGB）灰度系数"参数设置为"100"，将自动添加关键帧。移动播放指示器至00:00:00:15处，将"（RGB）输入黑色阶"参数更改为"63"、"（RGB）灰度系数"参数设置为"84"，将自动添加关键帧。选中这两个参数00:00:00:00处的关键帧，单击鼠标右键，设置关键帧插值为定格，如图5-88所示。此时"节目"监视器面板中的效果如图5-89所示。

图5-88　　　　　　　　　　　　　　　　　　图5-89

Step 05 移动播放指示器至00：00：00：12处，将音频素材添加至A1轨道中，如图5-90所示。此时"节目"监视器面板中的效果如图5-91所示。

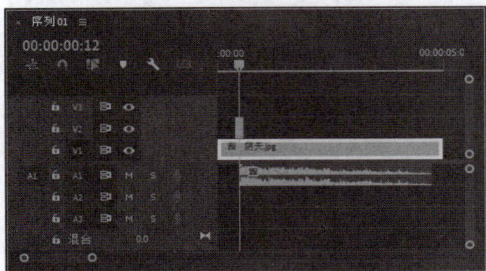

图5-90

图5-91

Step 06 按Enter键预览渲染效果，如图5-92所示。

图5-92

至此，完成了"电闪雷鸣"效果的制作。

5.9 调整类视频效果

"调整"类视频效果组中包括提取、色阶、ProcAmp和光照效果共4种效果。这些效果可用于修复原始素材在曝光、色彩等方面的不足，也可用于制作特殊的色彩效果。

5.9.1 提取

"提取"效果可用于从视频剪辑中移除颜色，从而创建灰度图像。添加该效果前后的效果如图5-93、图5-94所示。若对默认效果不满意，用户还可以在"效果控件"面板中进行调整。

图5-93   图5-94

5.9.2 色阶

"色阶"效果可以通过调整RGB通道的色阶调整图像效果。用户可以在"效果控件"面板中设置输入黑色阶、输入白色阶、灰度系数等，如图5-95所示。单击"设置" ➡️ 按钮，将打开

"色阶设置"对话框，如图5-96所示。在其中设置参数后，单击"确定"按钮，"效果控件"面板中的参数及"节目"监视器面板中的效果也会随之发生变化。

图5-95　　　　　　　　　　　　　　　图5-96

5.9.3　ProcAmp

ProcAmp效果可用于模拟标准电视设备上的处理放大器，调节素材图像整体的亮度、对比度、色相、饱和度等参数。用户可以在"效果控件"面板中设置亮度、对比度、色相、饱和度等参数，如图5-97所示。添加该效果并设置后的效果如图5-98所示。

图5-97　　　　　　　　图5-98

5.9.4　光照效果

"光照效果"可用于模拟灯光打在素材上的效果，最多可采用5种光照来营造有创意的照明氛围。添加该效果后即可在"节目"监视器面板中查看效果，如图5-99所示。用户也可以在"效果控件"面板中进一步进行调整。图5-100所示为该效果的属性参数，其中"凹凸层"参数可以使用其他素材中的纹理或图案产生特殊光照效果。

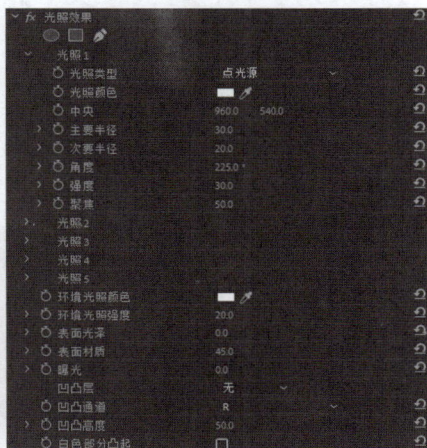

图5-99　　　　　　　　　　　　　图5-100

5.10 过渡类视频效果

"过渡"类视频效果组中包括块溶解、渐变擦除和线性擦除这3种效果。使用这些效果结合关键帧可以制作过渡效果。

5.10.1 块溶解

"块溶解"效果可用于使素材在随机块中消失。添加该效果后，用户可以在"效果控件"面板中设置过渡完成、块高度和块宽度等参数，如图5-101所示。设置块高度、块宽度后，调整过渡完成参数，效果如图5-102所示。

图5-101 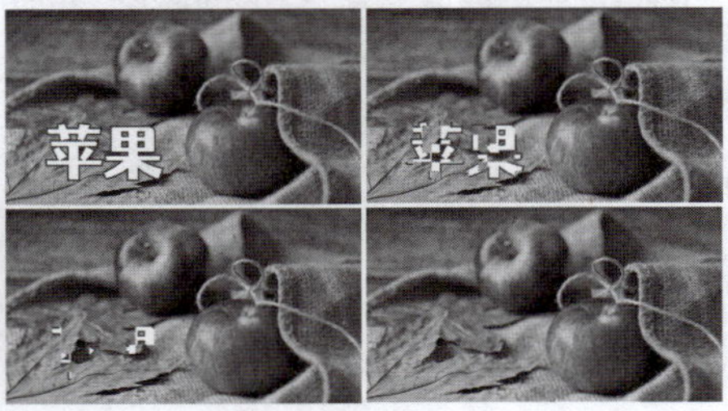   图5-102

5.10.2 渐变擦除

"渐变擦除"效果可以基于设置另一视频轨道中像素明亮度使素材消失。添加该效果后，用户可以在"效果控件"面板中设置过渡完成、渐变图层等参数，如图5-103所示。设置渐变图层后，调整过渡完成参数，效果如图5-104所示。

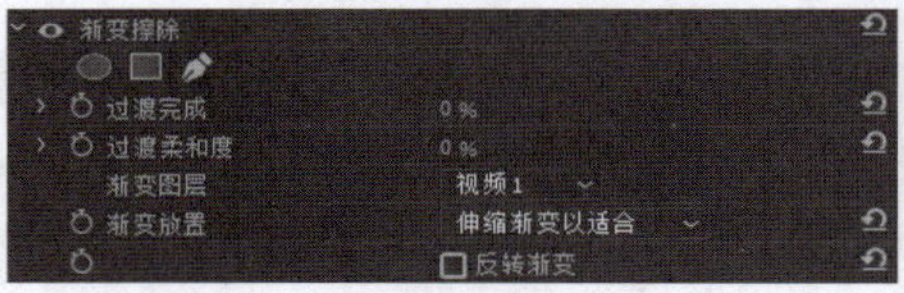

图5-103 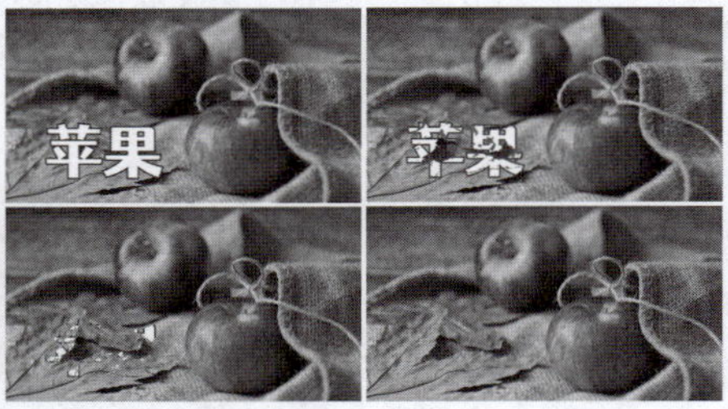   图5-104

5.10.3 线性擦除

"线性擦除"效果可用于沿指定的方向擦除当前素材。添加该效果后，用户可以在"效果控件"面板中设置过渡完成、擦除角度等参数，如图5-105所示。设置擦除角度后，调整过渡完成参数，效果如图5-106所示。

图5-105 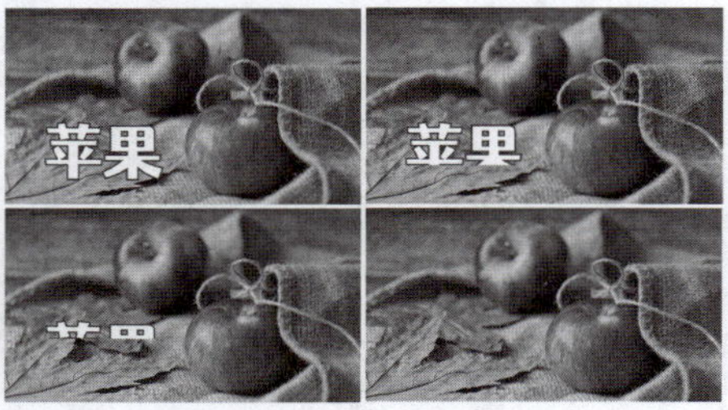   图5-106

5.11 透视类视频效果

"透视"类视频效果组中包括基本3D和投影这两种效果。这两种效果可用于制作视频的空间透视感。

5.11.1 基本3D

"基本3D"效果可用于在3D空间中操控素材，模拟素材在3D空间中运动的效果，如围绕水平、垂直轴旋转素材或移动素材等。添加该效果并调整前后的效果如图5-107、图5-108所示。

图5-107   图5-108

5.11.2 投影

"投影"效果可用于添加出现在素材后的阴影，其形状取决于素材的Alpha通道。添加该效果后，用户可以在"效果控件"面板中设置投影的颜色等参数，如图5-109所示。添加该效果并调整后的效果如图5-110所示。

图5-109   图5-110

5.12 风格化类视频效果

"风格化"类视频效果组中包括Alpha发光、复制、查找边缘等9种效果。这些效果可以变换素材，使其发生翻转、羽化等变化。

5.12.1 Alpha发光

"Alpha发光"效果用于具有透明通道的视频或图像素材，可以在蒙版Alpha通道的边缘添加单色或双色过渡的发光效果。添加该效果并调整前后的效果如图5-111、图5-112所示。

图5-111   图5-112

5.12.2 复制

"复制"效果可用于将屏幕分成多个拼贴并在每个拼贴中显示整个图像。添加该效果后，用户可以在"效果控件"面板中设置列和行的拼贴数，如图5-113所示。添加该效果并调整后的效果如图5-114所示。

图5-113   图5-114

5.12.3 彩色浮雕

"彩色浮雕"效果可用于锐化图像中对象的边缘以制作出浮雕的效果。添加该效果后，用户可以在"节目"监视器面板中查看效果，若对效果不满意，还可以在"效果控件"面板中进行进一步设置，如图5-115所示。添加该效果并调整后的效果如图5-116所示。

图5-115    图5-116

5.12.4 查找边缘

"查找边缘"效果可用于识别素材图像中有明显过渡的图像区域并突出边缘以制作出线条图效果。添加该效果后，用户可以在"节目"监视器面板中查看效果，如图5-117所示。勾选"效果控件"面板中的"反转"复选框，将反转效果，如图5-118所示。

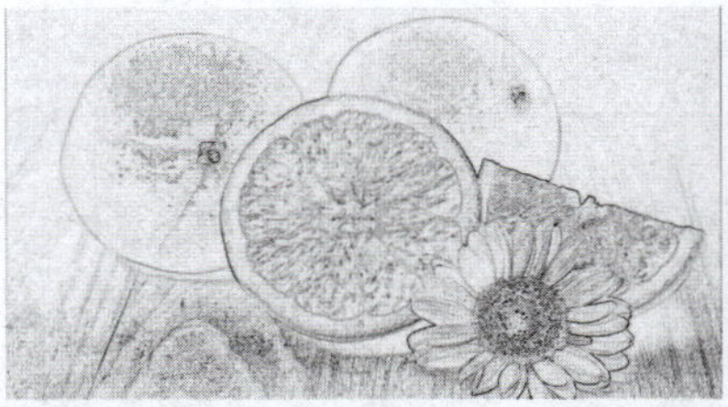

图5-117    图5-118

5.12.5 画笔描边

"画笔描边"效果可用于模拟制作出粗糙的绘画外观效果。添加该效果后，用户可以在"效果控件"面板中设置画笔参数，如图5-119所示。添加该效果并调整后的效果如图5-120所示。

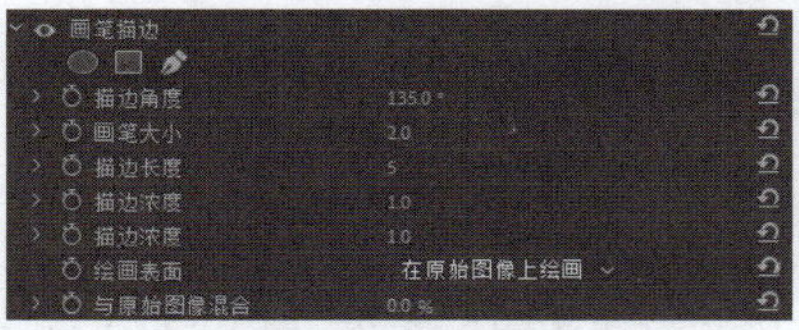

图5-119

图5-120

5.12.6 粗糙边缘

"粗糙边缘"效果可以通过计算方法使素材Alpha通道的边缘变粗糙。添加该效果后，用户可以在"效果控件"面板中设置边缘参数，如图5-121所示。添加该效果并调整后的效果如图5-122所示。

图5-121

图5-122

5.12.7 色调分离

"色调分离"效果可用于简化素材图像中具有丰富色阶渐变的颜色，使图像呈现出木刻版画或卡通画的效果。添加该效果后，用户可以在"效果控件"面板中设置级别，如图5-123所示。添加该效果并调整后的效果如图5-124所示。

图5-123

图5-124

5.12.8 闪光灯

"闪光灯"效果可用于模拟闪光灯制作出播放闪烁的效果。添加该效果后，播放视频即可查看效果。用户还可在"效果控件"面板中设置闪光灯的颜色、持续时间等参数，如图5-125所示。

图5-125

5.12.9 马赛克

"马赛克"效果可以通过使用纯色矩形填充素材，像素化原始图像。添加该效果后，用户可以在"效果控件"面板中设置马赛克水平块、垂直块的数量等参数，如图5-126所示。添加该效果并调整后的效果如图5-127所示。

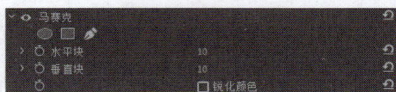

图5-126   图5-127

5.12.10 课堂实操：屏幕矩阵

实操5-5 / 屏幕矩阵

实例资源 ▶ \第5章\课堂实操\屏幕矩阵\"素材"文件夹

本实例将练习制作屏幕矩阵效果，涉及的知识点包括"复制"效果的应用等。具体操作方法如下。

Step 01 根据素材文件新建项目和序列，如图5-128所示。

Step 02 新建调整图层，添加至V2轨道中，将其持续时间调整为与V1轨道一致，如图5-129所示。

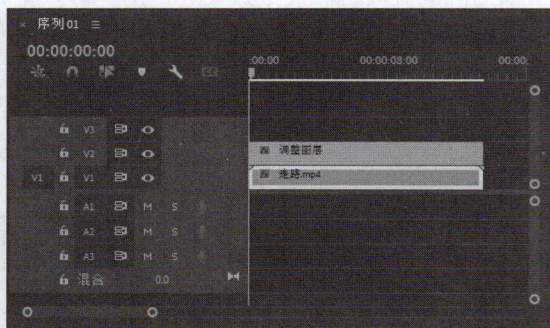

图5-128   图5-129

Step 03 在"效果"面板中搜索"色阶"效果，拖曳至V1轨道中的素材上。在"效果控件"面板中单击"设置" 按钮，打开"色阶设置"对话框进行设置，如图5-130所示。

Step 04 完成后单击"确定"按钮，效果如图5-131所示。

Step 05 在"效果"面板中搜索"复制"效果，拖曳至V2轨道中的素材上，在"时间轴"面板中调整V2轨道中素材的入点至00:00:04:13处，如图5-132所示。

Step 06 选中V2轨道中的素材，在"效果控件"面板中为"复制"效果中的"计数"参数添加关键帧。移动播放指示器至00:00:08:12处，将"计数"参数更改为3，将自动添加关键帧，如图5-133所示。

Step 07 此时"节目"监视器面板中的效果如图5-134所示。

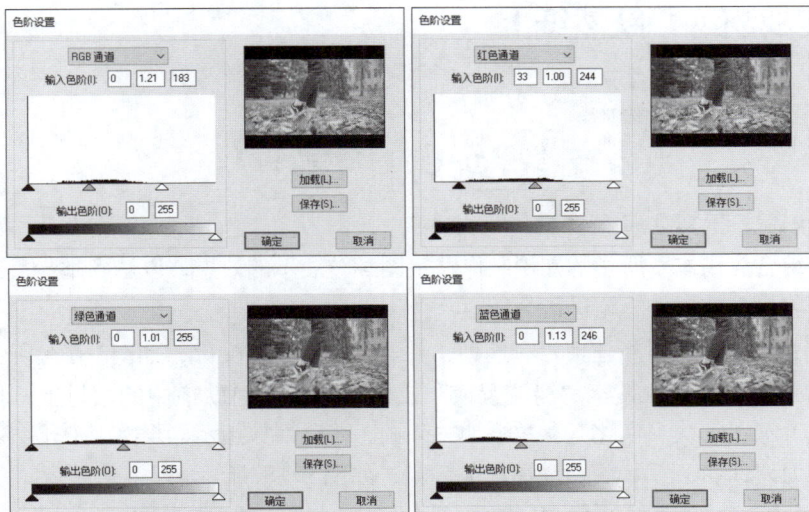

图5-130

图5-131

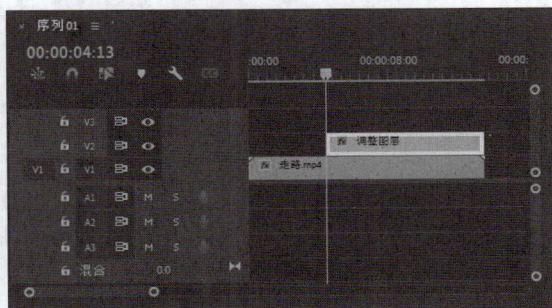

图5-132

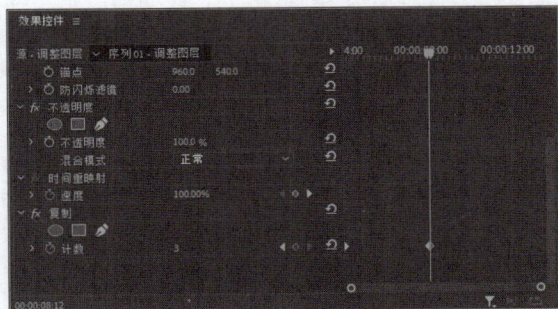

图5-133

图5-134

Step 08 按Enter键预览渲染效果，如图5-135所示。

图5-135

至此，完成了"屏幕矩阵"效果的制作。

5.13 实战演练：跃然纸上

实操5-6 / 跃然纸上

实例资源 ▶ \第5章\实战演练\"素材"文件夹

本实例将综合应用本章所学的知识制作藏宝图翻转展示的效果，以达到举一反三、学以致用的目的。下面将对具体操作思路进行介绍。

Step 01 根据背景图像素材新建项目和序列，并导入其他素材文件，如图5-136所示。

Step 02 在"效果"面板中搜索"湍流置换"效果，拖曳至V1轨道中的素材上。移动播放指示器至00:00:00:00处，为"演化"参数添加关键帧。移动播放指示器至00:00:04:24处，将"演化"参数更改为"200.0°"，将自动添加关键帧，如图5-137所示。

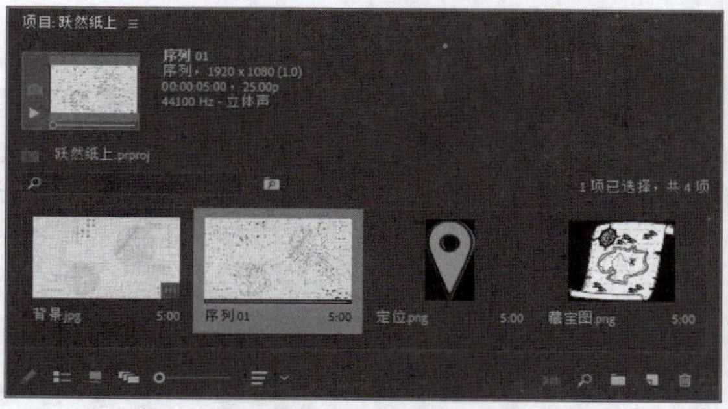

图5-136

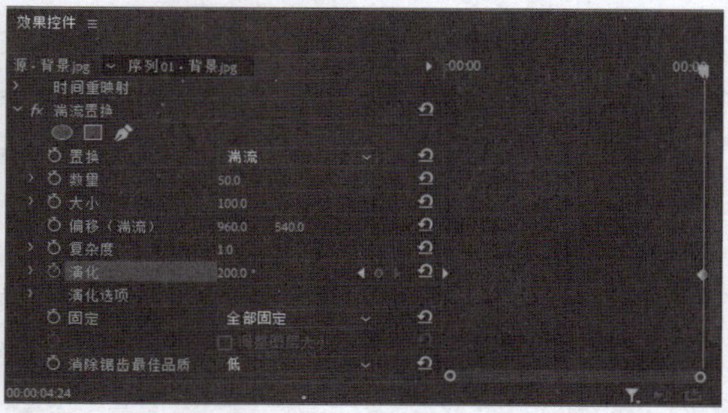

图5-137

Step 03 将藏宝图添加至V2轨道中，效果如图5-138所示。

Step 04 在"效果"面板中搜索"基本3D"效果，拖曳至V2轨道中的素材上。移动播放指示器至00:00:04:24处，为"倾斜"和"与图像的距离"参数添加关键帧，并将"与图像的距离"参数设置为"20.0"。移动播放指示器至00:00:00:00处，将"倾斜"参数设置为"-50.0°"，将"与图像的距离"参数设置为"30.0"，将自动添加关键帧，如图5-139所示。

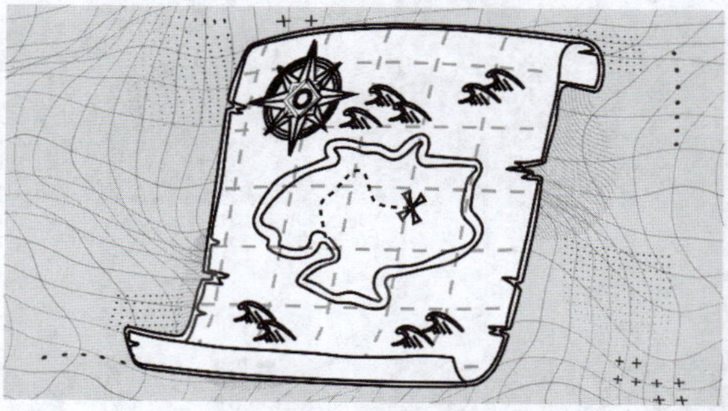

图5-138

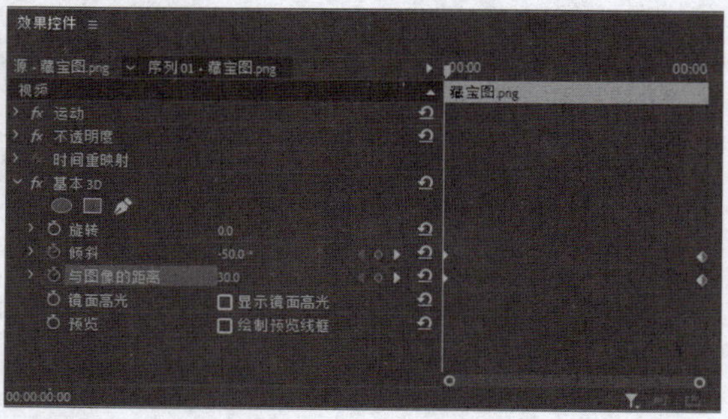

图5-139

Step 05 此时"节目"监视器面板中的效果如图5-140所示。

Step 06 将导航素材添加至V3轨道中，调整至合适大小与位置，如图5-141所示。

Step 07 移动播放指示器至00:00:00:00处，为"位置"参数添加关键帧。移动播放指示器至00:00:00:05处，设置"位置"参数，将导航素材稍微上移，将自动添加关键帧，如图5-142所示。

Step 08 选中"位置"关键帧，按Ctrl+C组合键进行复制，每隔10帧按Ctrl+V组合键进行粘贴，重复此操作多次，如图5-143所示。

图5-140

图5-141

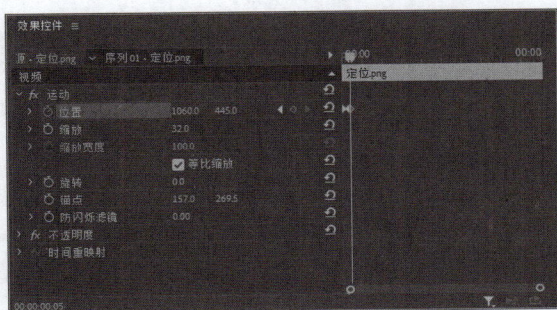

图5-142

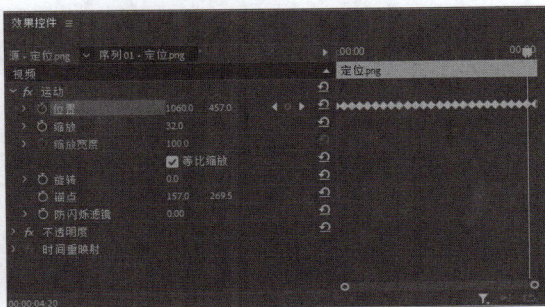

图5-143

Step 09 按Enter键预览渲染后的效果，如图5-144所示。

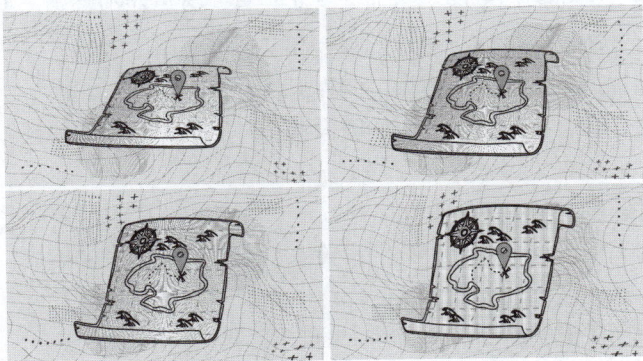

图5-144

至此，完成了"跃然纸上"效果的制作。

5.14 拓展练习

下面将练习使用"高斯模糊""查找边缘"等效果制作川流不息视频，效果如图5-145所示。

实操5-7 川流不息

实例资源 ▶ \第5章\拓展练习\"素材"文件夹

图5-145

技术要点：

（1）文字的创建。

（2）"高斯模糊"效果的应用。

（3）"查找边缘"效果的应用。

（4）混合模式的设置。

（5）"镜头光晕"效果的应用。

分步演示：

（1）根据视频素材新建项目和序列。

（2）新建调整图层，通过为调整图层添加"镜头光晕"效果在视频中添加光晕。

（3）为"光晕亮度"添加关键帧，制作逐渐变亮又逐渐变暗的效果。

（4）为调整图层添加"查找边缘"效果，制作风格化的视觉效果。

（5）设置不透明度、混合模式及"与原始图像混合"参数，并添加关键帧，制作变化至正常效果。

（6）添加文字，并复制素材。

（7）为文字添加"高斯模糊"效果，分别设置水平和垂直方向上的模糊。

（8）为模糊度和不透明度添加关键帧，制作逐渐出现的效果。

（9）为不透明度添加关键帧，制作逐渐消失的效果。

转场：视频过渡效果

本章将对Premiere中的视频过渡效果进行介绍，包括视频过渡效果的添加与编辑、常用视频过渡效果的应用等。了解并掌握这些知识，可以帮助用户更好地组接视频，获得流畅自然的视频作品。

- 掌握视频过渡效果的添加
- 掌握视频过渡效果的编辑
- 掌握常用视频过渡效果的应用

- 培养视频创作者对过渡效果的应用，使其可以掌握不同类型的转场操作，制作出平滑自然的转场效果。
- 通过视频过渡效果的应用，提升视频的流畅度和趣味性，增强视频的吸引力。

清屏展新象

浮光掠影

咖啡艺术

6.1 视频过渡效果的添加与编辑

视频过渡又称转场，可以平滑连接两个视频剪辑或图像，使素材之间的转换更加自然或具有独特的艺术风格。Premiere提供了多种类型的视频过渡效果，本节将对这些效果的添加与编辑进行介绍。

6.1.1 添加视频过渡效果

在"效果"面板中找到要应用的视频过渡效果后，将其拖曳至"时间轴"面板中的素材入点或出点处即可添加。图6-1所示为"叠加溶解"视频过渡效果。

图6-1

若想快速为多个素材添加相同的视频过渡效果，可以将该效果设置为默认过渡。选中"效果"面板中的任一视频过渡效果，单击鼠标右键，在弹出的快捷菜单中执行"将所选过渡设置为默认过渡"命令，将其设置为默认过渡，然后选中"时间轴"面板中要添加默认过渡的素材，执行"序列>应用默认过渡到选择项"命令或按Shift+D组合键即可添加。

6.1.2 编辑视频过渡效果

选中"时间轴"面板中要添加的视频过渡效果，在"效果控件"面板中对其持续时间、对齐位置等进行设置。图6-2所示为"带状擦除"视频过渡效果的参数选项。

其中部分选项的作用如下。

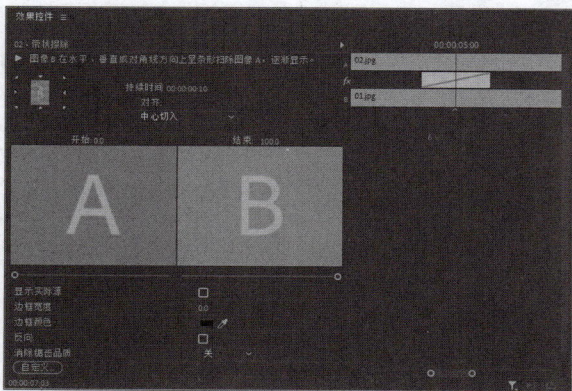

图6-2

• 持续时间：用于设置视频过渡效果的持续时间。时间越长，变化速度越慢。用户也可以使用选择工具在"时间轴"面板中直接拖曳调整视频过渡的持续时间。

• 过渡预览■：单击"效果控件"面板中的"播放过渡"▶按钮，将在此处播放预览过渡效果。

• 边缘选择器：位于过渡预览周围，单击其箭头，可以更改过渡的方向或指向。

• 对齐：用于设置视频过渡效果与相邻素材片段的对齐方式，包括中心切入、起点切入、终点切入和自定义起点4种。

• 开始：用于设置视频过渡开始时的效果。默认数值为0，表示将从整个视频过渡过程的开始位置进行过渡；若将该参数设置为10，则从整个视频过渡效果的10%位置开始过渡。

• 结束：用于设置视频过渡结束时的效果。默认数值为100，表示将在整个视频过渡过程的结束位置完成过渡；若将该参数设置为90，则表示视频过渡特效结束时，只是完成了整个视频过渡的90%。

• 显示实际源：勾选该复选框，"效果控件"面板中的预览区域将显示剪辑的起始帧和结束帧。

• 边框宽度：用于设置视频过渡过程中形成的边框的宽度。

• 边框颜色：用于设置视频过渡过程中形成的边框的颜色。

• 反向：勾选该复选框，将显示反向视频过渡的效果。

• 自定义：单击该按钮，将打开该视频过渡效果的设置对话框，如图6-3所示。用户在其中可以设置视频过渡效果的一些自定义属性。

不同的视频过渡效果在"效果控件"面板中的选项也略有不同，用户在使用时根据实际参数设置即可。

图6-3

知识链接

有一些过渡位于中心，如"圆划像"视频过渡，当过渡具有可以重新定位的中心时，在"效果控件"面板中的A预览区域，可以拖曳小圆形⊙来调整过渡中心的位置。

选择序列中的过渡，执行"编辑>复制"命令，或按Ctrl+C组合键复制，移动播放指示器至要粘贴过渡处，执行"编辑>粘贴"命令，或按Ctrl+V组合键可将过渡复制到单个剪辑。

6.1.3 课堂实操：清屏展新象

实操6-1 清屏展新象

微课视频

实例资源 ▶ \第6章\课堂实操\清屏展新象\"素材"文件夹

本实例将练习制作清屏展新象效果，涉及的知识点包括视频过渡效果的添加与应用等。具体操作方法如下。

Step 01 根据视频素材新建项目和序列，如图6-4所示。

Step 02 在"效果"面板中搜索"色彩"效果，将其拖曳至V1轨道中的素材上，此时"节目"监视器面板中的效果如图6-5所示。

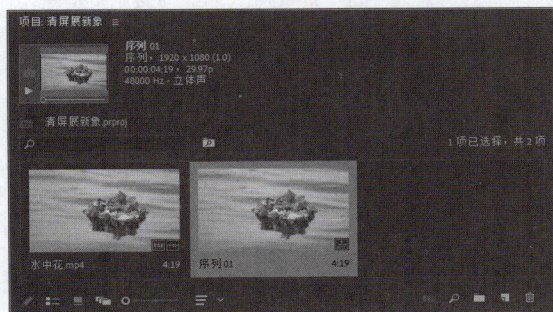

图6-4

图6-5

Step 03 按住Alt键单击V1轨道中的素材将其选中，按住Alt键向上拖曳复制至V2轨道中，如图6-6所示。

Step 04 在"效果控件"面板中选中"色彩"效果，按Delete键删除，此时"节目"监视器面板中的效果如图6-7所示。

图6-6

图6-7

Step 05 在"效果"面板中搜索"划出"视频过渡效果，将其拖曳至V2轨道中素材的入点处。选中该效果，在"效果控件"面板中将"持续时间"设置为"00:00:04:00"，将"边框宽度"设置为"5.0"，将"边框颜色"设置为白色，如图6-8所示。

Step 06 按Enter键预览渲染效果，如图6-9所示。

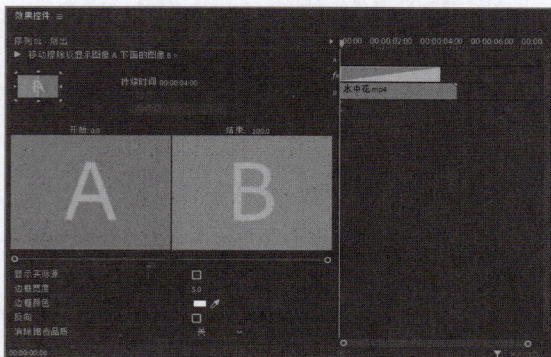

图6-8

图6-9

至此，完成了"清屏展新象"效果的制作。

6.2 视频过渡效果的应用

Premiere提供了内滑、划像、擦除、沉浸式视频、溶解、缩放、过时和页面剥落共8组视频过渡效果，这些视频过渡效果在视频中的表现各不相同。本节将对其中常用的效果进行介绍。

6.2.1 内滑类视频过渡效果

"内滑"类视频过渡效果组中包括中心拆分、拆分、内滑、带状内滑、急摇和推共6种效果，这些效果可以通过滑动画面来切换素材。

1. 中心拆分

该视频过渡效果中，将素材A从中心分为4部分，这4部分分别向四角滑动直至完全显示素材B，如图6-10所示。

选中添加的"中心拆分"视频过渡效果，用户可以在"效果控件"面板中设置其边框颜色、边框宽度等参数。

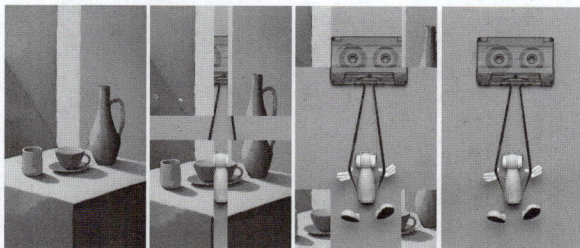

图6-10

2. 拆分
该视频过渡效果中，素材A将被平分为两部分，并分别向画面两侧滑动直至完全消失，显示出素材B。

3. 内滑
该视频过渡效果中，素材B将从画面一侧滑动至画面中，直至完全覆盖素材A，如图6-11所示。

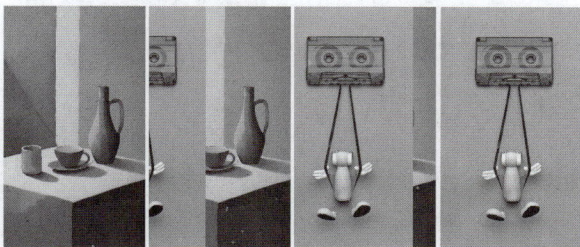

图6-11

4. 带状内滑
该视频过渡效果中，将素材B拆分为带状，从画面两端向画面中心滑动，直至合并为完整图像，完全覆盖素材A。

5. 急摇
该视频过渡效果中，将从左至右快速推动素材A使其产生动感模糊的效果，切换至素材B。

6. 推
该视频过渡效果中，将素材A和素材B并排向画面一侧推动直至素材A完全消失，素材B完全出现，如图6-12所示。

图6-12

6.2.2 划像类视频过渡效果

"划像"类视频过渡效果组中包括交叉划像、圆划像、盒形划像和菱形划像共4种效果，这些效果主要通过分割画面来切换素材。

以交叉划像为例，该视频过渡效果中，素材B将以十字形出现并向四角扩展，直至充满整个画面并完全覆盖素材A，如图6-13所示。

图6-13

圆划像、盒形划像和菱形划像的效果与交叉划像类似，只是中心的形状变为圆形、矩形及菱形。

6.2.3 擦除类视频过渡效果

"擦除"类视频过渡效果组中包括插入、划出、带状擦除等17种效果，这些效果主要通过擦除素材的方式来切换素材。图6-14所示为"时钟式擦除"视频过渡效果。

图6-14

"擦除"类视频过渡效果组中常用效果的作用如下。

- 插入：从画面中的一角开始擦除素材A，显示出素材B。
- 划出：从画面一侧擦除素材A，显示出素材B。
- 双侧平推门：从中心向两侧擦除素材A，显示出素材B。
- 带状擦除：从画面两侧呈带状擦除素材A，显示出素材B。
- 径向擦除：从画面的一角以射线扫描的方式擦除素材A，显示出素材B。
- 时钟式擦除：以时钟转动的方式擦除素材A，显示出素材B。
- 棋盘：将素材B划分为多个方格，方格从上至下坠落直至完全覆盖素材A。
- 棋盘擦除：将素材A划分为多个方格，并从每个方格的一侧单独擦除素材A直至完全显示出素材B。
- 楔形擦除：从画面中心以楔形旋转擦除素材A，显示出素材B。
- 水波块：以"之"字形块擦除方式擦除素材A，显示出素材B。
- 油漆飞溅：以泼墨的形式擦除素材A，直至完全显示出素材B。
- 百叶窗：模拟百叶窗开合的形式擦除素材A，显示出素材B。
- 螺旋框：以从外至内螺旋块推进的方式擦除素材A，显示出素材B。
- 随机块：素材B将以小方块的形式随机出现，直至完全覆盖素材A。
- 随机擦除：素材A将被小方块从画面一侧开始随机擦除，直至完全显示出素材B。
- 风车：以风车旋转的方式擦除素材A，显示出素材B。

6.2.4 溶解类视频过渡效果

"溶解"类视频过渡效果组中包括MorphCut、交叉溶解、叠加溶解等7种效果，这些效果可以通过溶解淡化素材进行切换。图6-15所示为"交叉溶解"视频过渡效果。

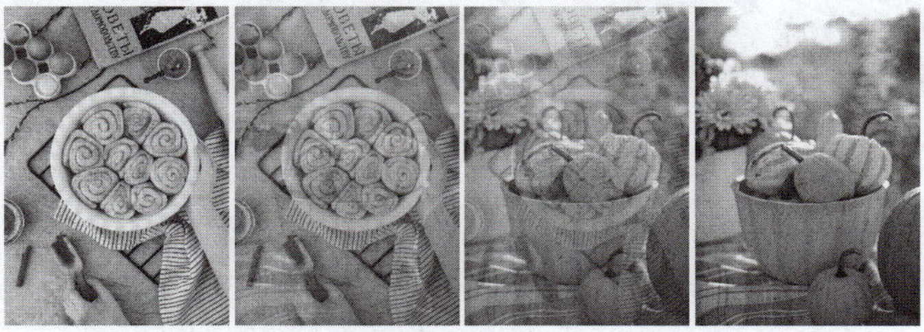

图6-15

"溶解"类视频过渡效果组中常用效果的作用如下。

- MorphCut：可以修复素材间的跳帧现象，通过在原声摘要之间平滑跳切，创建更加完美的访谈。多用于拥有一个演说者头部特写和静态背景的固定镜头。
- 交叉溶解：在淡出素材A的同时淡入素材B。
- 叠加溶解：素材A和素材B将以亮度叠加的方式相互融合，在素材A逐渐变亮的同时慢慢显示出素材B。
- 白场过渡：将素材A淡化到白色，然后从白色淡化到素材B。
- 胶片溶解：混合在线性色彩空间中的溶解过渡，素材A线性渐隐于素材B。
- 非叠加溶解：素材A暗部至亮部依次消失，素材B亮部至暗部依次出现。
- 黑场过渡：与"白场过渡"类似，只是颜色变为黑色。

6.2.5 缩放类视频过渡效果

"缩放"类视频过渡效果组中只有"交叉缩放"一种效果，该效果可以通过缩放图像切换素材。在使用该效果时，素材A将被放大至无限大，素材B将从无限大缩放至原始比例，从而进行切换，如图6-16所示。

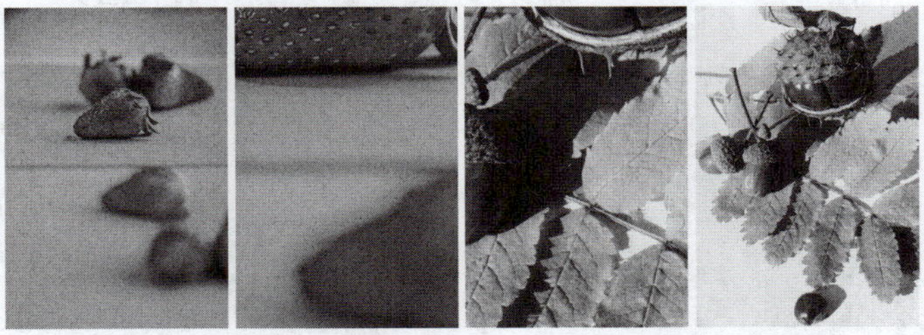

图6-16

6.2.6 页面剥落类视频过渡效果

"页面剥落"类视频过渡效果组中包括翻页和页面剥落两种效果，这两种效果可以模拟翻页或者页面剥落的效果切换素材。

1. 翻页

该视频过渡效果中，素材A将呈现页角对折的形式逐渐消失，显示出下面的素材B，如图6-17所示。

图6-17

2. 页面剥落

该视频过渡效果中，素材A将逐渐卷曲并显示阴影，逐渐剥落显示出下面的素材B，如图6-18所示。

图6-18

6.2.7 课堂实操：浮光掠影

实操6-2 浮光掠影

微课视频

实例资源 ▶ \第6章\课堂实操\浮光掠影\"素材"文件夹

本实例将练习制作浮光掠影照片集，涉及的知识点包括视频过渡效果的添加与编辑等。具体操作方法如下。

Step 01 根据图像素材新建项目和序列，如图6-19所示。

Step 02 选中V1轨道中右侧的8个素材，调整其持续时间为2s，如图6-20所示。

图6-19　　　　　　　　　　　　　　　　　　图6-20

Step 03 移动播放指示器至00:00:00:00处，使用文字工具在"节目"监视器面板中单击输入文本，并设置喜欢的字体样式，如图6-21所示。

Step 04 在"时间轴"面板中调整文本素材的持续时间为3s，如图6-22所示。

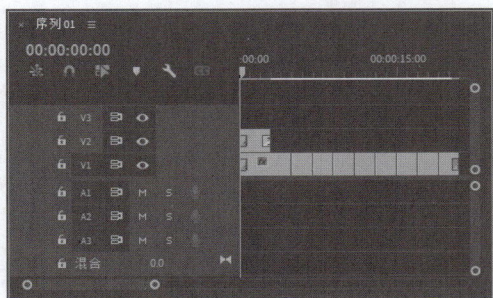

图6-21

图6-22

Step 05 在"效果"面板中搜索"黑场过渡"视频过渡效果，拖曳至V1、V2轨道的入点处，V1轨道中最后一个素材的出点处，如图6-23所示。

Step 06 选中添加的视频过渡，在"效果控件"面板中设置持续时间为20帧，如图6-24所示。

图6-23

图6-24

Step 07 选中"交叉溶解"视频过渡，将其拖曳至V2轨道的出点处，并调整持续时间为20帧，如图6-25所示。

Step 08 选中"推"视频过渡，添加至V1轨道中的第1和第2个素材之间。选中"圆划像"视频过渡，添加至V1轨道中的第2和第3个素材之间。选中"双侧平推门"视频过渡，添加至第3和第4个素材之间。选中"棋盘擦除"视频过渡，添加至第4和第5个素材之间。选中"百叶窗"视频过渡，添加至第5和第6个素材之间。选中"风车"视频过渡，添加至第6和第7个素材之间。选中"交叉溶解"视频过渡，添加至第7和第8个素材之间。选中"叠加溶解"视频过渡，添加至第8和第9个素材之间。调整这些视频过渡的持续时间均为20帧，如图6-26所示。

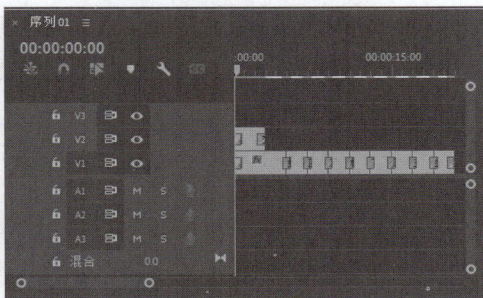

图6-25

图6-26

Step 09 按Enter键预览渲染效果，如图6-27所示。

图6-27

至此，完成了"浮光掠影照片集"的制作。

6.3 实战演练：咖啡艺术

微课视频

实操6-3 / 咖啡艺术

实例资源 ▶ \第6章\实战演练\"素材"文件夹

本实例将综合应用本章所学的知识制作，以达到举一反三、学以致用的目的。下面将对具体操作思路进行介绍。

根据制作需要，通过AIGC生成文案参考：

Q 请为"咖啡艺术——一场关于味觉与视觉的仪式"的视频提供配套的一句话文案，其画面分别是倒咖啡豆并进行研磨、手冲咖啡、制作咖啡拉花，提供2~3个方案。

A 当然，以下是为每个画面配备的几个不同风格的一句话文案。

- **画面：倒咖啡豆并进行研磨**
  精选咖啡豆，细致研磨出香浓味道。
  从倒入原豆到细致研磨，品质从这里开始。
  每一颗豆子的研磨，都是对风味的探索。
- **画面：手冲咖啡**
  手冲一杯好咖啡，时间与技巧的完美结合。
  细致手冲，让咖啡香气缓缓弥漫。
  滴滴醇香，手冲让咖啡呈现最佳状态。
- **画面：制作咖啡拉花**
  用拉花点缀咖啡的艺术，给味蕾带来惊喜。
  拉花艺术，让每一杯咖啡成为视觉的享受。
  以巧手拉花，赋予每杯咖啡独特的美感。

Step 01 新建项目与序列，导入本章素材文件，然后新建黑场视频素材，如图6-28所示。

Step 02 将素材文件按照黑场视频、研磨、手冲、拉花的顺序依次拖曳至V1轨道中，选中研磨、手冲、拉花素材，单击鼠标右键，在弹出的快捷菜单中执行"缩放为帧大小"命令，如图6-29所示。

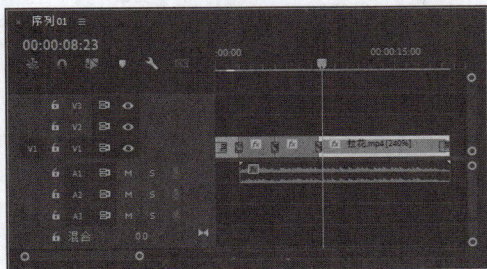

图6-28　　　　　　　　　　　　　　　　　图6-29

Step 03 取消音、视频链接，删除第2段音频，调整第1段视频的持续时间为2s，第2段视频的持续时间为3s、第3段视频的持续时间为3s15帧、第4段视频的持续时间为11s，如图6-30所示。

Step 04 在"效果"面板中搜索"黑场过渡"视频过渡效果，拖曳至V1轨道第1段素材入点和第4段素材出点处，并调整持续时间为1s，如图6-31所示。

图6-30　　　　　　　　　　　　　　　　　图6-31

Step 05 在"效果"面板中搜索"交叉溶解"视频过渡效果，拖曳至V1轨道中的第1段和第2段素材之间、第2段和第3段素材之间、第3段和第4段素材之间，设置持续时间为16帧，如图6-32所示。

Step 06 选中第2段素材，在"效果控件"面板中设置"缩放"参数为"108.0"，效果如图6-33所示。

图6-32　　　　　　　　　　　　　　　　　图6-33

Step 07 移动播放指示器至00:00:00:00处，使用文字工具在"节目"监视器面板中单击输入文本，设置喜欢的字体样式，如图6-34所示。

Step 08 调整文本素材的持续时间为2s，在"效果"面板中搜索"交叉缩放"视频过渡效果，拖曳至文本素材的入点处，并调整其持续时间为1s，如图6-35所示。

图6-34 图6-35

Step 09 在"效果"面板中搜索"交叉溶解"视频过渡效果,拖曳至文本素材的出点处,并调整其持续时间为8帧,如图6-36所示。

Step 10 复制V2轨道中的文本素材至V3轨道中,并调整其持续时间为1s15帧,如图6-37所示。

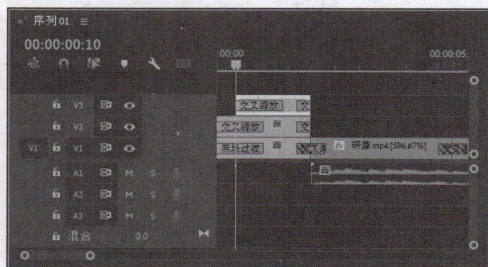

图6-36 图6-37

Step 11 选中V3轨道中的文本内容,调整其字体样式和位置,并更改文本内容,如图6-38所示。

Step 12 移动播放指示器至00:00:02:08处,使用文字工具在"节目"监视器面板中单击输入文本,设置喜欢的字体样式,如图6-39所示。

图6-38 图6-39

Step 13 调整文本素材的持续时间为2s9帧,在该素材的入点和出点处添加"交叉溶解"视频过渡效果,并调整其持续时间为10帧,如图6-40所示。

Step 14 选中上一步骤中的文本素材,按住Alt键向右拖曳复制,并调整其持续时间为2s24帧,如图6-41所示。

Step 15 在"节目"监视器面板中双击修改文本内容,如图6-42所示。

Step 16 继续复制文本,并调整其持续时间分别为3s和5s,间隔为16帧,如图6-43所示。

Step 17 依次修改复制文本素材的内容,如图6-44、图6-45所示。

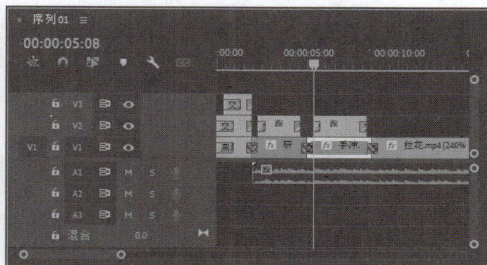

图6-40   图6-41

匠人手冲,时光赋予温柔味道

图6-42

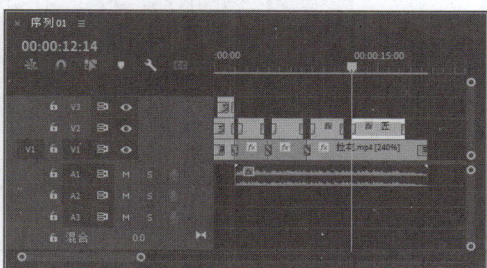

图6-43

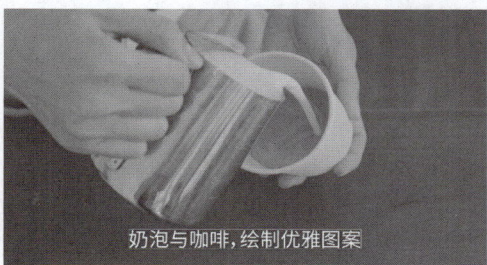

奶泡与咖啡,绘制优雅图案

图6-44

每一杯都是独一无二的艺术

图6-45

Step 18 按Enter键预览渲染效果,如图6-46所示。

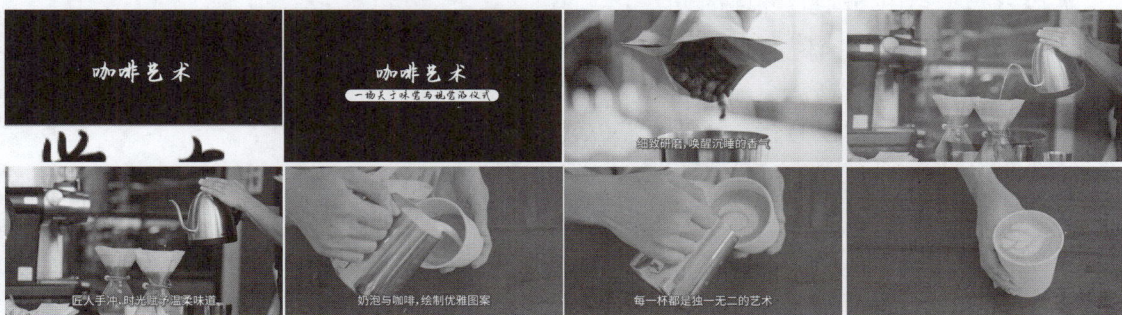

图6-46

至此,完成了"咖啡艺术"视频的制作。

6.4 拓展练习

下面将练习使用视频过渡效果制作探秘深海视频,效果如图6-47所示。

实例资源 ▶ \第6章\拓展练习\"素材"文件夹

图6-47

技术要点：

（1）手写文字效果的制作。

（2）关键帧的应用。

（3）"黑场过渡"视频过渡效果的应用。

（4）"交叉溶解"视频过渡效果的应用。

分步演示：

（1）根据素材新建项目和序列。

（2）输入文本内容，调整至合适字体样式和位置。

（3）调整文本素材的持续时间，并将其嵌套。

（4）为文本应用"书写"视频效果。

（5）为"画笔位置"添加关键帧，按照文本的笔画顺序依次调整，直至书写完成文本。

（6）输入其他文本内容。

（7）为视频内容添加"黑场过渡""交叉溶解"视频过渡效果。

（8）为文本添加"交叉溶解"视频过渡效果。

第7章
调色：色彩调整
与校正

内容导读

本章将对Premiere中的调色效果进行介绍，包括图像控制类调色效果、过时类调色效果、颜色校正类调色效果、通道类调色效果等。了解并掌握这些知识，可以帮助用户更好地掌握视频的调色技巧，从而提升视频的视觉效果。

学习目标

- 掌握图像控制类调色效果的应用
- 掌握过时类调色效果的应用
- 掌握颜色校正类调色效果的应用
- 掌握通道类调色效果的应用

素养目标

- 培养视频创作者对调色效果的应用，提升其对色彩的敏感度和调色技巧，使其制作出更具欣赏性的视频。
- 通过视频调色效果的应用，提升视频的画面质感，使其更具艺术性。

案例展示

亮度均衡术　　　　　　　　焕彩画布　　　　　　　　还原真彩

暑尽秋来

7.1 图像控制类调色效果

"图像控制"效果组中包括灰度系数校正、颜色替换、颜色过滤和黑白共4种效果，可用于处理素材中的特定颜色。本节将对此进行介绍。

7.1.1 颜色过滤

"颜色过滤"效果可用于仅保留指定的颜色，使其他颜色呈灰色显示或仅使指定的颜色呈灰色显示而保留其他颜色。图7-1、图7-2所示为仅保留指定颜色前后的效果。

图7-1　　　　　　　　　　　　　图7-2

添加该效果后，用户可以在"效果控件"面板中设置相似性、颜色等参数，调整颜色过滤效果。图7-3所示为其属性参数。

图7-3

其中各选项作用的介绍如下。

- 相似性：用于设置颜色的选取范围。数值越大，选取的范围越大。
- 反相：用于反转保留和呈灰度显示的颜色。
- 颜色：用于选择要保留的颜色。

7.1.2 颜色替换

"颜色替换"效果可用于替换素材中指定的颜色，且保持其他颜色不变，如图7-4所示。添加该效果后，用户可以在"效果控件"面板中设置其属性参数，如图7-5所示。

图7-4　　　　　　　　　　　　　图7-5

其中部分选项的作用如下。

- 纯色：勾选该复选框，目标颜色将被替换为纯色。
- 目标颜色：画面中的取样颜色。
- 替换颜色："目标颜色"替换后的颜色。

7.1.3　灰度系数校正

"灰度系数校正"效果可以通过更改中间调的亮度级别，在不显著更改阴影和高光的情况下使图像变暗或变亮，如图7-6所示。其属性参数如图7-7所示。其中"灰度系数"参数可用于设置素材的灰度效果。数值越大，图像越暗；数值越小，图像越亮。

图7-6　　　　　　　　　　　　　　　　　图7-7

7.1.4　黑白

"黑白"效果可用于去除素材的颜色信息，使其显示为黑白图像，如图7-8所示。结合蒙版，用户可以将指定区域设置为黑白，如图7-9所示。

图7-8　　　　　　　　　　　　　　　　　图7-9

7.1.5　课堂实操：亮度均衡术

实操*7-1*　亮度均衡术

微课视频

📦 **实例资源** ▶ \第7章\课堂实操\亮度均衡术\"素材"文件夹

本实例将练习亮度均衡术的制作，涉及的知识点包括"灰度系数校正"效果等。具体操作方法如下。

Step 01　根据素材新建项目和序列，如图7-10所示。

Step 02　此时"节目"监视器面板中的效果如图7-11所示。

Step 03　新建调整图层，拖曳至V2轨道中的素材上，将其持续时间调整为与V1轨道中的素材一致，如图7-12所示。

Step 04　在"效果"面板中搜索"灰度系数校正"效果，拖曳至V2轨道中的素材上，在"效果控件"面板中设置"灰度系数"参数为"6"，此时"节目"监视器面板中的效果如图7-13所示。

图7-10 图7-11

图7-12 图7-13

至此，完成了"亮度均衡术"的制作。

<h2>7.2 过时类调色效果</h2>

"过时"效果组中的效果是指那些由于软件更新或技术进步而不再推荐使用的效果。本节将对其中较好的效果进行介绍。

<h3>7.2.1 RGB曲线</h3>

"RGB曲线"效果类似于Photoshop中的"曲线"命令，可以通过设置不同颜色通道的曲线调整画面显示效果。图7-14所示为该效果的属性参数。

其中部分选项的作用如下。

- 输出：用于设置输出内容是"合成"，还是"亮度"。
- 布局：用于设置拆分视图是水平布局，还是垂直布局。勾选"显示拆分视图"复选框并调整曲线后，水平布局和垂直布局效果如图7-15、图7-16所示。

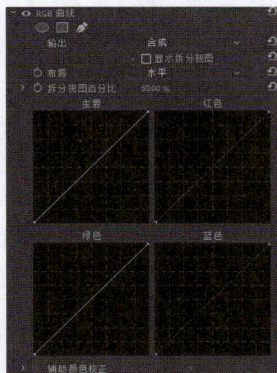  

图7-14 图7-15 图7-16

- 拆分视图百分比：用于设置拆分视图所占百分比。
- 辅助颜色校正：可以通过色相、饱和度、明/亮度等参数定义颜色并进行校正。

7.2.2 通道混合器

　　"通道混合器"效果可以通过使用当前颜色通道的混合组合来修改颜色通道。图7-17所示为该效果的属性参数。

　　其中部分选项的作用如下。

- 红色-红色、红色-绿色、红色-蓝色：用于设置要增加到红色通道值的红色、绿色、蓝色通道值的百分比。如红色-绿色设置为20，表示在每个像素的红色通道值上增加该像素绿色通道值的20%。

图7-17

- 红色-恒量：用于设置要增加到红色通道值的恒量值。如设置为100，则表示通过增加100%红色来为每个像素增加红色通道的饱和度。

- 绿色-红色、绿色-绿色、绿色-蓝色：用于设置要增加到绿色通道值的红色、绿色、蓝色通道值的百分比。

- 绿色-恒量：用于设置要增加到绿色通道值的恒量值。

- 蓝色-红色、蓝色-绿色、蓝色-蓝色：用于设置要增加到蓝色通道值的红色、绿色、蓝色通道值的百分比。

- 蓝色-恒量：用于设置要增加到蓝色通道值的恒量值。

- 单色：勾选该复选框将创建灰度图像效果。

添加该效果并调整前后的效果如图7-18、图7-19所示。

　　　　图7-18　　　　　　　　　　　　　图7-19

7.2.3 颜色平衡（HLS）

　　"颜色平衡（HLS）"效果可以通过设置色相、亮度及饱和度调整画面的显示，如图7-20所示。添加该效果后，用户可以在"效果控件"面板中设置其属性参数，如图7-21所示。

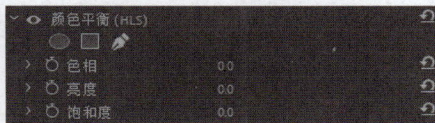

　　　　图7-20　　　　　　　　　　　　　图7-21

其中各选项的作用如下。

- 色相：用于调整图像的配色方案。
- 亮度：用于调整图像的亮度。
- 饱和度：用于调整图像的颜色饱和度。负值表示降低饱和度，正值表示提高饱和度。

7.2.4 课堂实操：焕彩画布

实操7-2 / 焕彩画布

微课视频

实例资源 ▶ \第7章\课堂实操\焕彩画布\"素材"文件夹

本实例将练习制作焕彩画布调色效果，涉及的知识点包括"RGB曲线"效果、"颜色平衡（HLS）"效果的应用等。具体操作方法如下。

Step 01 根据素材新建项目和序列，如图7-22所示。

Step 02 此时"节目"监视器面板中的效果如图7-23所示。

图7-22

图7-23

Step 03 新建调整图层，拖曳至V2轨道中的素材上，将其持续时间调整为与V1轨道中的素材一致。在"效果"面板中搜索"RGB曲线"效果，拖曳至V2轨道中的素材上，在"效果控件"面板中调整曲线，如图7-24所示。此时"节目"监视器面板中的效果如图7-25所示。

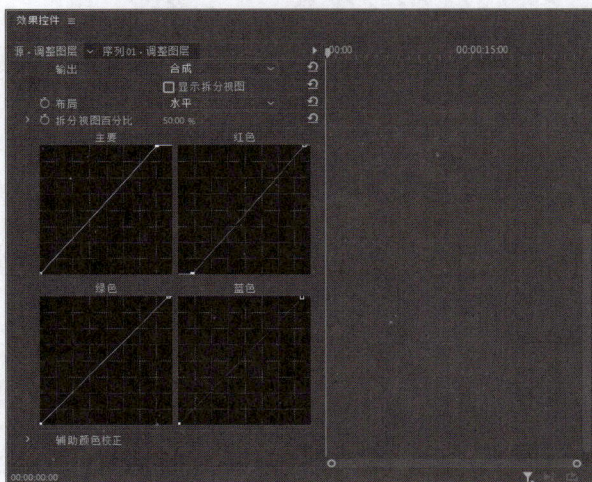

图7-24

图7-25

Step 04 在"效果"面板中搜索"颜色平衡（HLS）"效果，拖曳至V2轨道中的素材上，在"效果控件"面板中设置参数，如图7-26所示。

Step 05 按Enter键预览渲染后的效果，如图7-27所示。

图7-26　　　　　　　　　　　　　　　图7-27

至此，完成了"焕彩画布"调色效果的制作。

7.3　颜色校正类调色效果

"颜色校正"类效果组中包括ASC CDL、亮度与对比度、Lumetri颜色、色彩等6种效果。这些效果可用于校正素材颜色，实现调色操作。

7.3.1　ASC CDL

ASC CDL效果可以通过调整素材图像的红、绿、蓝通道的参数及饱和度校正素材图像。图7-28、图7-29所示为添加该效果并调整前后的效果。

图7-28　　　　　　　　　　　　　　　图7-29

7.3.2　Brightness & Contrast效果

Brightness & Contrast（亮度与对比度）效果可以通过调整亮度和对比度参数调整素材图像的显示效果。添加该效果后，用户可以在"效果控件"面板中设置参数，如图7-30所示。效果如图7-31所示。

图7-30　　　　　　　　　　　　　　　图7-31

该效果中各选项的作用如下。

- 亮度：用于调整画面的明暗程度。
- 对比度：用于调整画面的对比度。

7.3.3　Lumetri颜色

Lumetri颜色效果提供了专业质量的颜色分级和颜色校正工具，是一个综合性的颜色校正效果。图7-32所示为该效果的属性参数。添加该效果并调整后的效果如图7-33所示。

图7-32　　　　　　　　　　　　　　　　　　图7-33

该效果中各选项的作用如下。

- 基本校正：用于修正过暗或过亮的视频，包括强度、颜色、灯光等。
- 创意：提供预设以快速调整剪辑的颜色。
- 曲线：提供RGB、色相饱和度等曲线，以快速精确地调整颜色，从而获得自然的外观效果。
- 色轮和匹配：提供色轮以单独调整图像的阴影、中间调和高光，或匹配其他画面进行调色。
- HSL辅助：用于在主颜色校正完成后，辅助调整素材文件的颜色。
- 晕影：用于制作类似于暗角的效果。

除了"Lumetri颜色"效果，Premiere还提供了单独的"Lumetri颜色"面板进行调色。

7.3.4　色彩

"色彩"效果类似于Photoshop中的渐变映射，它可用于将相等的图像灰度范围映射到指定的颜色，即在图像中将阴影映射到一个颜色，高光映射到另一个颜色，而中间调映射到两个颜色的中间值。图7-34所示为该效果的属性参数。添加并调整后的效果如图7-35所示。

图7-34　　　　　　　　　　　　　　　　　　图7-35

用户可以通过"着色量"参数设置"色彩"效果对原图的影响，数值越大，"色彩"效果越明显。

7.3.5 视频限制器

"视频限制器"效果可用于限制素材图像的RGB值以满足HDTV数字广播规范的要求。图7-36所示为该效果的属性参数。添加并调整后的效果如图7-37所示。

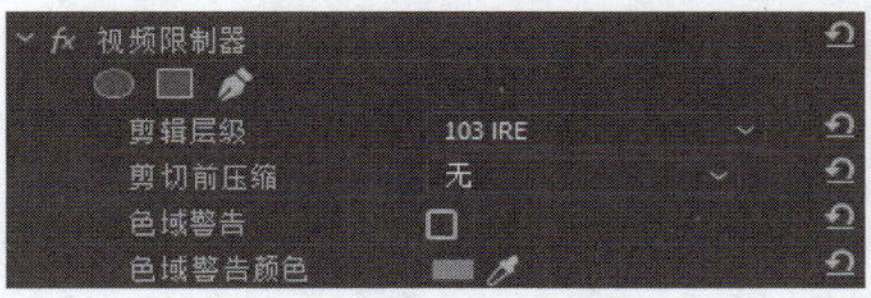

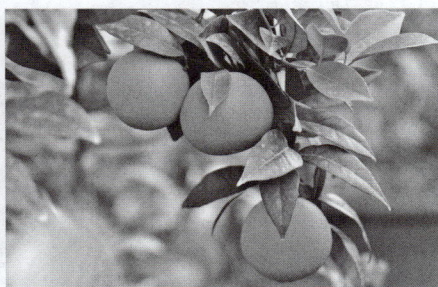

图7-36 　　　　　　　　　　　　　　　　　图7-37

该效果中各选项的作用如下。

• 剪辑层级：用于指定输出范围。

• 剪切前压缩：可以从剪辑层级下方3%、5%、10%或20%开始，在硬剪辑之前将颜色移入规定的范围内。

• 色域警告：勾选该复选框，压缩后的颜色或超出颜色范围的颜色将分别以暗色或高亮方式显示。

• 色域警告颜色：用于指定色域警告颜色。

7.3.6 颜色平衡

"颜色平衡"效果可以通过更改图像阴影、中间调和高光中的红、绿、蓝色所占的量调整画面效果。图7-38所示为该效果的属性参数。添加并调整后的效果如图7-39所示。

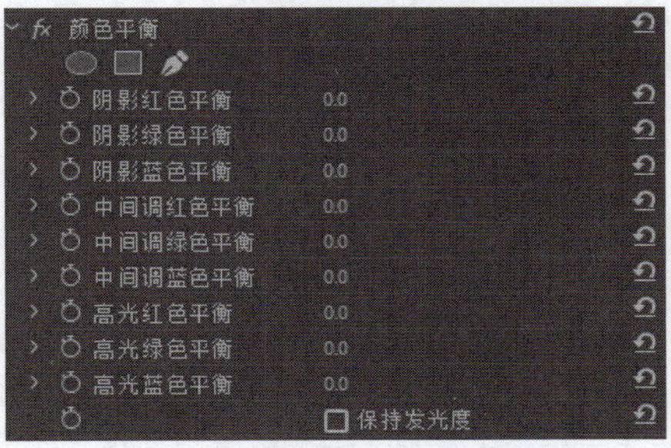

图7-38　　　　　　　　　　　　　　　　　图7-39

该效果中各选项的作用如下。

• 阴影红色平衡、阴影绿色平衡、阴影蓝色平衡：用于调整素材中阴影部分的红、绿、蓝颜色平衡情况。

• 中间调红色平衡、中间调绿色平衡、中间调蓝色平衡：用于调整素材中中间调部分的红、绿、蓝颜色平衡情况。

• 高光红色平衡、高光绿色平衡、高光蓝色平衡：用于调整素材中高光部分的红、绿、蓝颜色平衡情况。

• 保持发光度：在更改颜色时保持图像的平均亮度，以保持图像的色调平衡。

实操 **7-3** / 还原真彩

微课视频

实例资源 ▶ \第7章\课堂实操\还原真彩\"素材"文件夹

本实例将练习还原真彩调色操作，涉及的知识点包括"亮度与对比度"效果、"Lumetri颜色"效果的应用等。具体操作方法如下。

Step 01 通过AIGC工具如DeepSeek提供操作参考，具体如下。

Q **Premiere如何去除画面中的偏色（偏黄）？请简要描述。**

A 在Adobe Premiere Pro中快速去除画面偏黄（或其他偏色），可通过以下3步核心操作实现。

步骤说明

1. 自动白平衡校正

（1）在效果面板添加「Lumetri 颜色」→打开「颜色」面板，单击「白平衡选择器」（吸管工具）。

（2）用吸管单击画面中本应是白色或中性灰的区域（如白墙、衣物），自动校正色温。

2. 手动微调色温色调

若自动校正不理想，则手动调整。

（1）色温（Temp）。向左（冷色）减少黄色，向右（暖色）增加黄色。

（2）色调（Tint）。向左（绿色）或向右（品红）平衡残留色偏。

3. 曲线精细修正

在「曲线」选项卡中：

（1）选择「RGB 曲线」，轻微下拉红色曲线或提升蓝色曲线，中和黄色。

（2）用「色相 VS 饱和度」曲线降低黄色区域的饱和度。

参数参考

偏黄程度	建议调整范围
轻微偏黄	色温：−10～−20℃ / 色调：+5～−5
严重偏黄	色温：−30～−50℃ + 曲线压暗红色通道

注意事项

- 优先使用「白平衡选择器」，效率最高。
- 若局部偏黄，可用「HSL 辅助」圈定黄色区域，再单独修正。
- 导出前关闭所有其他调色效果，避免干扰。

耗时：1～3min，适用于访谈、风景等日常视频类的修复。

参考上述回答，进行后续案例的制作。

Step 02 根据素材新建项目和序列，并新建调整图层，如图7-40所示。

Step 03 此时"节目"监视器面板中的效果如图7-41所示。

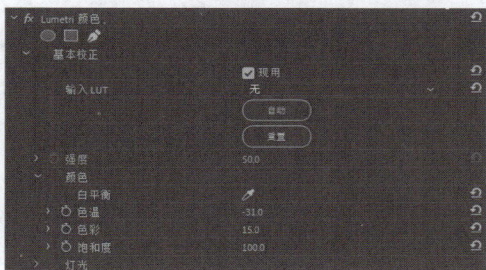
图7-40

图7-41

Step 04 将调整图层拖曳至V2轨道中，将其持续时间调整为与V1轨道素材一致。在"效果"面板中搜索"Brightness & Contrast"效果，将其拖曳至V2轨道中的素材上，在"效果控件"面板中设置参数，如图7-42所示。此时"节目"监视器面板中的效果如图7-43所示。

Step 05 在"效果"面板中搜索"Lumetri颜色"效果，将其拖曳至V2轨道中的素材上，在"效果控件"面板中设置参数，如图7-44所示。此时"节目"监视器面板中的效果如图7-45所示。

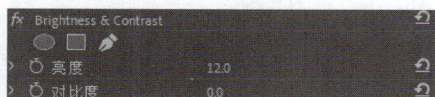
图7-42

图7-43

图7-44

图7-45

至此，完成了"还原真彩"调色效果的制作。

7.4 通道类调色效果

"通道"效果组中只包括"反转"一种效果，它可用于反转图像的通道，制作类似负片的效果，如图7-46、图7-47所示。

图7-46

图7-47

添加该效果后，"节目"监视器面板中将呈现默认的反转效果，用户也可以在"效果控件"面板中进一步进行设置，如图7-48所示。

图7-48

该效果中各选项的作用如下。

（1）声道：用于设置反转的通道，包括RGB、HLS、YIQ等。

（2）与原始图像混合：用于设置反转后的画面与原图像的混合程度。

7.5 实战演练：暑尽秋来

实操7-4 暑尽秋来

📁 **实例资源** ▶ \第7章\实战演练\"素材"文件夹

本实例将综合应用本章所学的知识制作暑尽秋来季节转换的效果，以达到举一反三、学以致用的目的。下面将对具体操作思路进行介绍。

Step 01 根据素材新建项目与序列，并新建调整图层，如图7-49所示。此时"节目"监视器面板中的效果如图7-50所示。

图7-49   图7-50

Step 02 将调整图层拖曳至V2轨道中，将其持续时间调整为与V1轨道中的素材一致。在"效果"面板中搜索"Brightness & Contrast"效果，拖曳至V2轨道中的素材上，在"效果控件"面板中设置参数，如图7-51所示。此时"节目"监视器面板中的效果如图7-52所示。

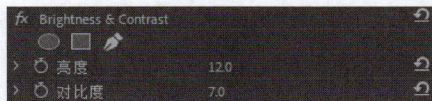

图7-51   图7-52

Step 03 在"效果"面板中搜索"Lumetri颜色"效果，拖曳至V2轨道中的素材上，在"效果控件"面板的"基本校正"组中设置选项，如图7-53所示。此时"节目"监视器面板中的效果如图7-54所示。

Step 04 在"曲线"组中调整"色相（与色相）选择器色相与色相"曲线，如图7-55所示。此时"节目"监视器面板中的效果如图7-56所示。

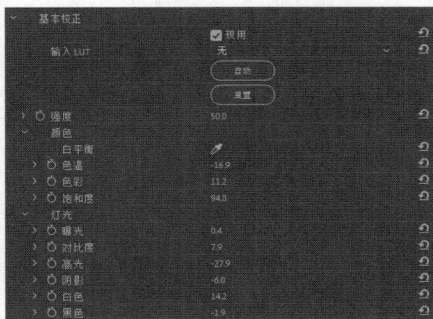

图7-53

图7-54

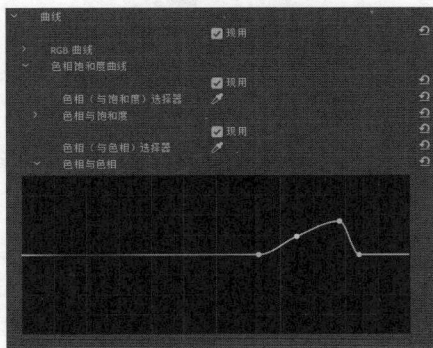

图7-55

图7-56

Step 05 选中V2轨道中的调整图层素材，移动播放指示器至00:00:00:00处，在"效果控件"面板中设置"不透明度"参数为"0.0%"，并添加关键帧，如图7-57所示。

Step 06 移动播放指示器至00:00:16:15处，在"效果控件"面板中更改"不透明度"参数为"100.0%"，将自动添加关键帧，如图7-58所示。

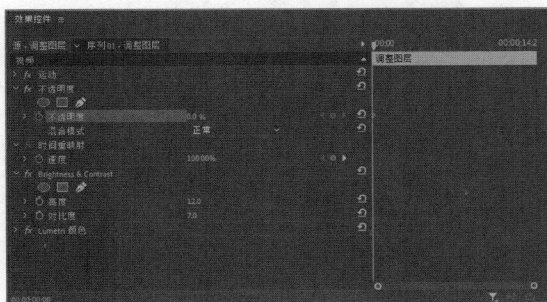

图7-57

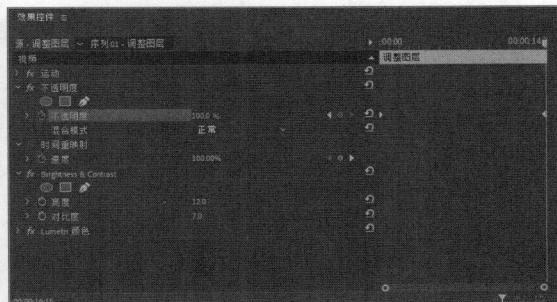

图7-58

Step 07 按Enter键预览渲染效果，如图7-59所示。

图7-59

至此，完成了"暑尽秋来"季节变换效果的制作。

7.6 拓展练习

下面将练习使用调色效果制作景色昭然效果，调整后的效果如图7-60所示。

实操7-5 / 景色昭然

📦 **实例资源** ▶ \第7章\拓展练习\"素材"文件夹

图7-60

技术要点：

（1）"RGB曲线"效果的应用。

（2）"颜色平衡"效果的应用。

（3）"颜色平衡（HLS）"效果的应用。

（4）"Lumetri颜色"效果的应用。

（5）"镜头光晕"效果的应用。

分步演示：

（1）新建项目和序列，并新建调整图层。

（2）在调整图层中添加"RGB曲线"效果。

（3）调整曲线，提亮画面。

（4）添加"颜色平衡（HLS）"效果，提升饱和度。

（5）添加"颜色平衡"效果，增加画面中的蓝色。

（6）添加"Lumetri颜色"效果，在"基本校正"组中降低色温。

（7）在"曲线"组中调整不同的曲线，进行细节调整。

（8）添加"镜头光晕"效果。

（9）为"光晕中心"和"光晕亮度"参数添加关键帧，制作变化的效果。

第8章

音效：音频的编辑

本章将对Premiere中的音频编辑操作进行介绍，包括音频的基础介绍、音频关键帧的应用、"基本声音"面板、常用音频效果、音频过渡效果等。了解并掌握这些知识，可以帮助用户掌握音频的编辑操作，以制作出更加动人的视频。

内容导读

- 掌握音频增益的调整
- 掌握音频关键帧的添加
- 掌握"基本声音"面板的应用
- 掌握常用音频效果的应用
- 掌握音频过渡效果的应用

学习目标

- 培养视频创作者处理音频的能力，提升其对音频的了解和编辑技巧，使其制作出更具氛围感的视频。
- 通过音频的应用，增强视频的整体叙事和情感表达效果，创建完整的视听体验。

素养目标

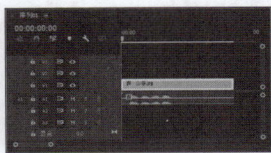

纯粹对白　　　　　空谷回声　　　　　赛博语音

案例展示

8.1 认识音频

音频是一种记录和传输声音的媒介。人类能够听到的所有声音都称为音频，包括人声、乐器声、环境声、噪声等。在视频编辑中，音频占据着至关重要的地位，其具体作用如下。

（1）增强叙事。音频可以通过对话、旁白、解说等方式，直接呈现视频的故事情节，传递信息，帮助观众理解。

（2）表达情感。背景音乐可以极大地影响观众的情感反应，如使用紧张的音乐增加悬疑感等，使情感表达更加丰富和深刻。

（3）营造氛围。通过音频，可以增加画面的真实感，以及观众的沉浸感，营造氛围。

（4）控制节奏。音频的节奏可以影响剪辑的节奏。视频创作者在编辑视频时可以根据音乐的节拍和变化切换画面，使视频更具节奏感。

8.2 编辑音频

Premiere提供了编辑音频的操作，包括音频持续时间的调整、音频音量的设置等。下面将对此进行介绍。

8.2.1 音频持续时间

音频持续时间的设置与视频类似，选中音频素材，单击鼠标右键，在弹出的快捷菜单中执行"速度/持续时间"命令，打开"剪辑速度/持续时间"对话框，如图8-1所示。在其中设置参数可以调整音、视频素材的持续时间。需要注意的是，在调整音频持续时间时，一般需要勾选"保持音频音调"复选框，以确保音频不变调。

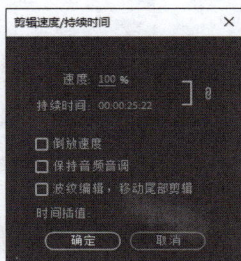

图8-1

除了常规方法，用户还可以将音频素材导入Audition中重新混合。执行"编辑>在Adobe Audition中编辑>序列"命令，在Audition中进一步进行设置，完成后执行"多轨>导出到Adobe Premiere Pro（X）"命令，根据向导完成操作。

8.2.2 音频增益

音频增益是指剪辑中的输入电平或音量，其直接影响着音量的大小。若"时间轴"面板中有多条音频轨道且多条轨道中都有音频素材文件，就需要平衡这几个音频轨道的增益。选中要调整音频增益的音频素材，执行"剪辑>音频选项>音频增益"命令，打开"音频增益"对话框，如图8-2所示。

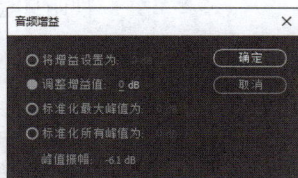

图8-2

其中各选项的作用如下。

（1）将增益设置为。用于将增益设置为某一特定值，该值始终更新为当前增益。

（2）调整增益值。用于调整具体的增益数值。在此字段中输入非零值，"将增益设置为"值会自动更新，以反映应用于该剪辑的实际增益值。

（3）标准化最大峰值为。用于设置选定素材的最大峰值振幅。

（4）标准化所有峰值为。用于设置选定素材的峰值振幅。

8.2.3　音频关键帧

音频关键帧可用于精确控制音量变化，用户可以在"时间轴"面板或"效果控件"面板中添加并调整音频关键帧。

1. 在"时间轴"面板中添加

双击音频轨道空白处将其展开，如图8-3所示。单击"添加/移除关键帧" ◎ 按钮，添加或移除关键帧，如图8-4所示。

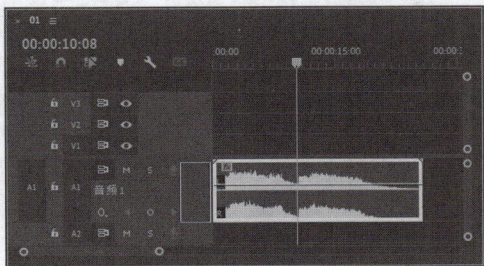
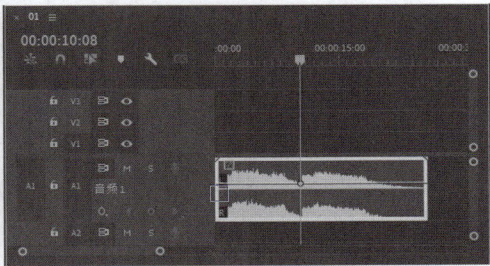

图8-3　　　　　　　　　　　　　　　图8-4

用户可以通过选择工具调整关键帧，从而改变音频效果，如图8-5所示。按住Ctrl键靠近已有关键帧，待鼠标变为 ▶ 状时按住鼠标左键拖曳可创建更加平滑的变化效果，如图8-6所示。

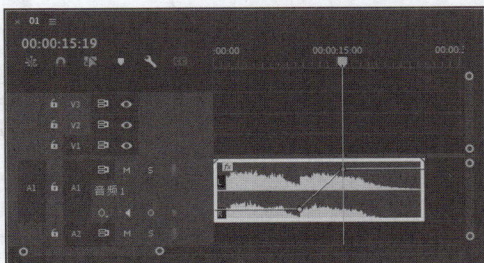
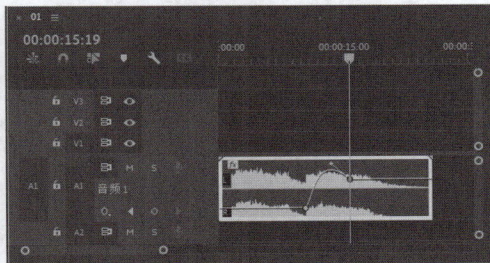

图8-5　　　　　　　　　　　　　　　图8-6

2. 在"效果控件"面板中添加

选中"时间轴"面板中的音频素材后，在"效果控件"面板中单击"级别"参数左侧的"切换动画" ◎ 按钮，可以在播放指示器当前位置添加关键帧。移动播放指示器，调整参数或单击"添加/移除关键帧" ◎ 按钮，可继续添加关键帧，如图8-7所示。此时添加的关键帧将同步至"时间轴"面板中，如图8-8所示。

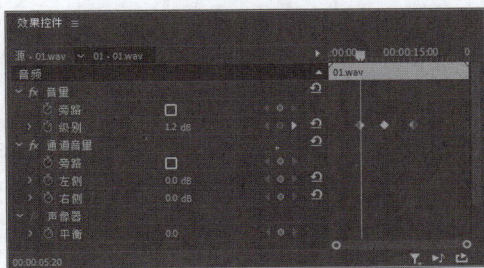
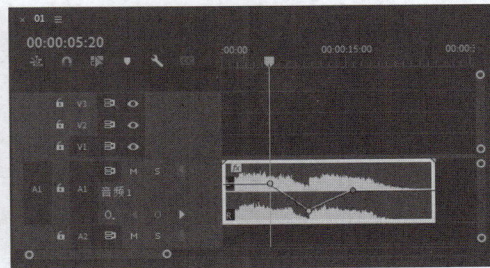

图8-7　　　　　　　　　　　　　　　图8-8

8.2.4　"基本声音"面板

"基本声音"面板是一个多合一的面板，提供了音频混合技术和修复选项的一整套工具集，如图8-9所示。用户可以在该面板中统一音量级别、修复声音，或制作特殊效果的声音。

"基本声音"面板中将音频分为对话、音乐、SFX及环境四大类型，其中对话是指对话、旁白等人声，选择该类型，将提供一些与对话相关的参数选项，包括去噪、清晰度调整等；音乐是指伴奏；SFX是指一些音效，可以为音频创建伪声效果；而环境是指一些表现氛围的环境音。为选中的音频素材标记类型，如音乐，将显示"音乐"的相关参数，如图8-10所示。用户可以通过其中的"回避"选项组，制作音乐回避的效果。

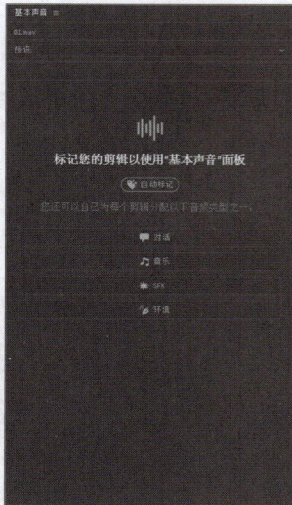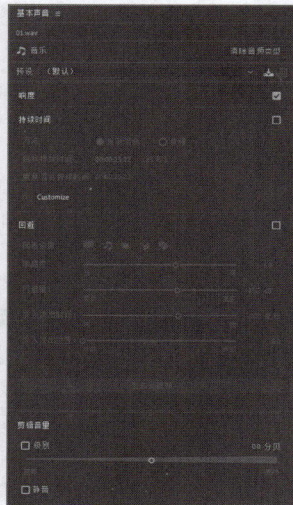

图8-9　　　　　　　　　图8-10

每种类型音频的参数略有不同，用户可以根据自身需要进行编辑。

8.2.5　课堂实操：纯粹对白 AIGC

实操8-1 / 纯粹对白 /

微课视频

📁 **实例资源** ▶ \第8章\课堂实操\纯粹对白\"素材"文件夹

本实例将练习制作纯粹对白效果，涉及的知识点包括音频增益的设置、"基本声音"面板的应用等。具体操作方法介绍如下。

Step 01 通过AIGC工具如文心一言，提供操作参考，具体如下。

> **Q　Premiere如何制作人声回避效果？**
>
> **A** 在Premiere（简称PR）中制作人声回避效果，可以通过以下步骤来实现。
>
> **一、准备素材**
> 确保已经将需要编辑的视频和音频素材导入PR项目中。这通常包括包含人声的视频片段和背景音乐（BGM）。
>
> **二、标记音频类型**
> （1）在时间线上选中包含人声的视频片段或单独的音频片段。
> （2）进入"基本声音"面板，将人声标记为"对话"。
> （3）选中背景音乐片段，在"基本声音"面板中将其标记为"音乐"。
>
> **三、设置回避效果**
> （1）在"基本声音"面板中，找到与背景音乐片段相关的设置选项。
> （2）勾选"回避"选项。这通常会使背景音乐在检测到人声时自动降低音量。

（3）根据需要调整回避效果的参数，如敏感度、闪避量（即音量降低的程度）和淡化数值（即音量变化的平滑程度）。这些参数的具体数值可以根据实际情况进行调整，一般来说，淡化数值可以设置在200~400ms。

四、生成关键帧动画

（1）在设置好回避效果的参数后，单击"生成关键帧"按钮。

（2）PR会自动为背景音乐片段生成关键帧动画，使背景音乐在有人声的部分自动降低音量。

五、预览和调整

（1）播放时间线上的素材，预览人声回避效果。

（2）如果需要，可以返回"基本声音"面板进行进一步的参数调整，以达到最佳的效果。

六、导出成品

当人声回避效果满意后，可以将项目导出为成品视频文件。

通过以上步骤，就可以在PR中制作人声回避效果了。注意，虽然PR提供了自动回避人声的功能，但有时候可能需要手动进行一些微调才能达到最佳的效果。同时，不同的音频素材和场景可能需要不同的参数设置，因此在实际操作中需要根据具体情况进行调整。

参考上述回答进行后续的案例制作。

Step 02 根据图像素材新建项目和序列，并导入音频，如图8-11所示。

Step 03 将"故障.wav"素材拖曳至A2轨道中的合适位置，如图8-12所示。

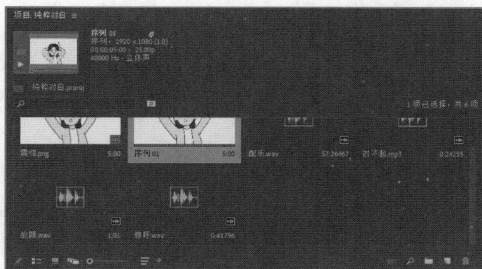

图8-11　　　　　　　　　　　　　　　图8-12

Step 04 将"惊呼.wav"和"对不起.mp3"素材依次拖曳至A1轨道中，间距为1s，如图8-13所示。

Step 05 将"配乐.wav"素材拖曳至A3轨道中，在00:00:07:05处裁切素材，并删除右半部分。将图像素材的持续时间调整为与A3轨道中的素材一致，如图8-14所示。

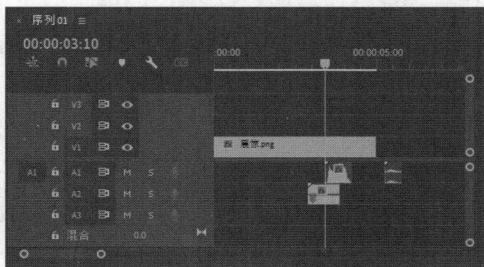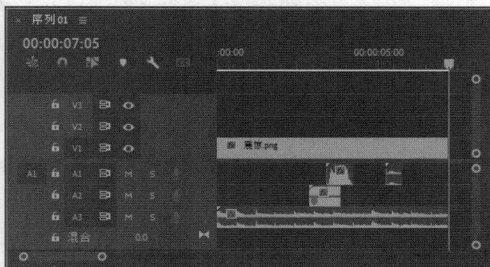

图8-13　　　　　　　　　　　　　　　图8-14

Step 06 选中A1轨道中的第2段音频，执行"剪辑>音频选项>音频增益"命令，打开"音频增益"对话框，设置参数，如图8-15所示。完成后单击"确定"按钮。

Step 07 选中A1轨道中的音频，在"基本声音"面板中将其类型设置为"对话"。选中A2轨道和A3轨道中的音频，在"基本声音"面板中将其类型设置为"音乐"，勾选"回避"复选框并进行设置，如图8-16所示。

Step 08 完成后单击"生成关键帧" <kbd>生成关键帧</kbd> 按钮，在"时间轴"面板中展开A2、A3轨道可看到添加的音频关键帧，如图8-17所示。

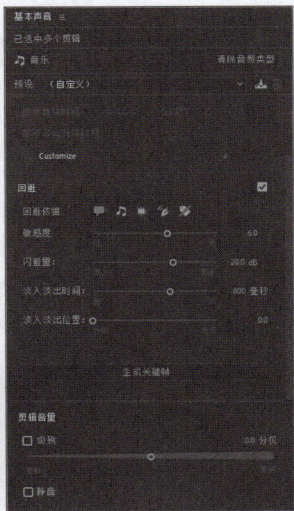

图8-15 　　　　　　　　图8-16 　　　　　　　　图8-17

至此，完成了"纯粹对白"效果的制作。

8.3 常用音频效果

Premiere提供了多组音频效果，这些音频效果可以辅助用户实现不同效果的音频编辑。下面将对常用的效果组进行介绍。

8.3.1 "振幅与压限"音频效果组

"振幅与压限"音频效果组中包括动态、动态处理等10种音频效果，可用于对音频的振幅进行处理，避免出现过低或过高的声音。

1. 动态

"动态"音频效果可用于控制一定范围内音频信号的增强或减弱。该效果中包括自动门、压缩程序、扩展器和限幅器4个部分。添加该音频效果后，在"效果控件"面板中单击"编辑"按钮，打开"剪辑效果编辑器-动态"面板进行设置，如图8-18所示。

其中，各选项的作用如下。

- 自动门：用于删除低于特定振幅阈值的噪声。其中，"阈值"参数可以设置指定效果器的上限或下限值；"攻击"参数可以设置指定效果器达到阈值时多久启动效果器；"释放"参数可以设置指定效果器的工作时间；"定格"参数则用于保持时间。

- 压缩程序：用于通过衰减超过特定阈值的音频来减小音频信号的动态范围。其中，"攻击"和"释放"参数更改临时行为时，"比例"参数可以控制动态范围中的更改；"补充"参数可以补偿增加音频电平。

- 扩展器：通过衰减低于指定阈值的音频来增加音频信号的动态范围。"比例"参数可以用于控制动态范围的更改。
- 限幅器：用于衰减超过指定阈值的音频。信号受到限制时，"限制"左侧的表LED会亮起。

2. 动态处理

"动态处理"音频效果可用作压缩器、限幅器或扩展器。作为压缩器和限制器时，该效果可减小动态范围，产生一致的音量；作为扩展器时，该效果可以通过减小低电平信号的电平来增加动态范围。

添加该音频效果后，在"效果控件"面板中单击"编辑"按钮，打开"剪辑效果编辑器-动态处理"面板进行设置，如图8-19所示。其中"预设"下拉列表中包括多种效果，用户可以直接选择，也可以在"动态"选项卡中通过调整图形处理音频。

图8-18

图8-19

若对设置效果不满意，用户还可以切换至"设置"选项卡中，对音频进行全面、准确的设置，或对特定频率范围内的音频进行处理。

3. 单频段压缩器

"单频段压缩器"音频效果可用于减小动态范围，从而产生一致的音量并提高感知响度。该效果常作用于画外音，以便在音乐音轨和背景音频中凸显语音。

4. 增幅

"增幅"音频效果可用于增强或减弱音频信号。该效果实时起效，用户可以将该效果与其他音频效果结合使用。

5. 多频段压缩器

"多频段压缩器"音频效果可用于单独压缩4种不同的频段，每个频段通常包含唯一的动态内容，常用于处理音频母带。添加该音频效果后，在"效果控件"面板中单击"编辑"按钮，打开"剪辑效果编辑器-多频段压缩器"面板进行设置，如图8-20所示。

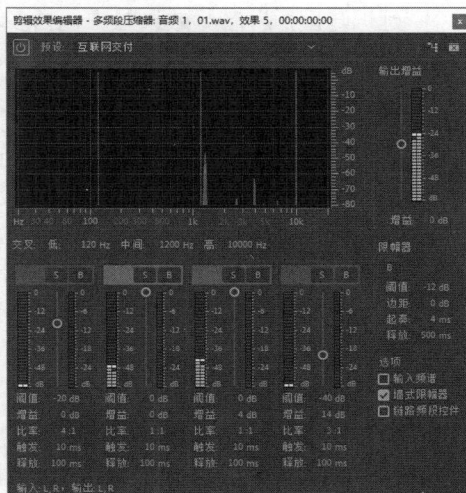

图8-20

其中，部分选项的作用如下。

- 独奏⑤：单击该按钮，将只能听到当前频段。
- 阈值：用于设置启用压缩的输入电平。若想压缩极端峰值并保留更大动态范围，阈值需低于峰值输入电平5dB左右；若想高度压缩音频并大幅减小动态范围，阈值需低于峰值输入电平15dB左右。
- 增益：用于在压缩之后增强或消减振幅。
- 触发：用于确定当音频超过阈值时应用压缩的速度。
- 输出增益：用于在压缩之后增强或消减整体输出电平。
- 限幅器：用于输出增益后在信号路径的末尾应用限制，优化整体电平。
- 输入频谱：勾选该复选框，将在多频段图形中显示输入信号的频谱，而不是输出信号的频谱。
- 墙式限幅器：勾选该复选框，将在当前裕度设置应用即时强制限幅。
- 链路频段控件：勾选该复选框，将全局调整所有频段的压缩设置，同时保留各频段间的相对差异。

6. 强制限幅
"强制限幅"音频效果可用于减弱高于指定阈值的音频，在提高整体音量的同时避免扭曲。

7. 消除齿音
"消除齿音"音频效果可用于去除齿音和其他高频"嘶嘶"类型的声音。

8. 电子管建模压缩器
"电子管建模压缩器"音频效果可用于添加使音频增色的微妙扭曲，模拟复古硬件压缩器的温暖感觉。

9. 通道混合器
"通道混合器"音频效果可以改变立体声或环绕声道的平衡。

10. 通道音量
"通道音量"音频效果可以独立控制立体声，或5.1声道剪辑，或轨道中每条声道的音量。单位为dB。

8.3.2 "延迟与回声"音频效果组

"延迟与回声"音频效果组中包括多功能延迟、延迟和模拟延迟3种效果，可用于制作回声的效果，使声音更加饱满且有层次。

1. 多功能延迟
"多功能延迟"音频效果可用于制作延迟音效的回声效果，适用于5.1声道、立体声或单声道剪辑。添加该效果后，用户可以在"效果控件"面板中设置（最多）4个回声效果，如图8-21所示。

2. 延迟
"延迟"音频效果可用于制作指定时间后播放的回声效果，生成单一回声，其对应的选项如图8-22所示。35ms或更长时间的延迟可产生不连续的回声，而15~34ms的延迟可产生简单的和声或镶边效果。

3. 模拟延迟
"模拟延迟"音频效果可用于模拟老式延迟装置的温暖声音特性，制作缓慢的回声效果。添加该效果后，在"效果控件"面板中单击"编辑"按钮，打开"剪辑效果编辑器-模拟延迟"面板，如图8-23所示。

图8-21   图8-22

其中，部分选项的作用如下。

- 预设：该下拉列表中包括多种软件预设的效果，用户可以直接选用。

- 干输出：用于确定原始未处理音频的电平。

- 湿输出：用于确定延迟的、经过处理的音频的电平。

- 延迟：用于设置延迟的长度。

- 反馈：用于通过延迟线重新发送延迟的音频，从而创建重复回声。数值越大，回声强度增长越快。

- 劣音：用于增加扭曲并提高低频，增强温暖度的效果。

图8-23

8.3.3 "滤波器和EQ"音频效果组

"滤波器和EQ"音频效果组中包括FFT滤波器、低通、低音等12种效果。通过这些效果，用户可以过滤掉音频中的某些频率，得到更加纯净的音频。下面将对常用效果进行介绍。

- FFT滤波器：用于轻松绘制抑制或增强特定频率的曲线或陷波。

- 低通：用于消除高于指定频率界限的频率，使音频产生浑厚的低音音场效果。添加该效果后，在"效果控件"面板中设置"切断"参数。

- 低音：增大或减小低频（200Hz及以下），适用于5.1声道、立体声或单声道剪辑。

- 参数均衡器：可以最大程度地控制音调均衡。用户可以在"剪辑效果编辑器-参数均衡器"面板中全面控制音频的频率、Q和增益设置，如图8-24所示。

- 图形均衡器（10段）/（20段）/（30段）：用于增强或消减特定频段，并直观地表示生成的EQ曲线。在使用时，用户可以选择不同频段的"图形均衡器"音频效果进行添加。其中，"图形均衡器（10段）"音频效果频段最少，调整最快，如图8-25所示；"图形均衡器（30段）"音频效果频段最多，调整最精细。

图8-24

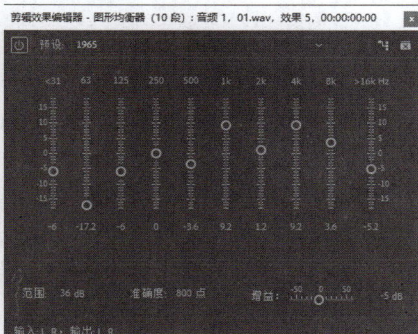

图8-25

- 带通：用于移除在指定范围外发生的频率或频段。在"效果控件"面板中，用户可以通过Q设置提升或者衰减的频率范围。
- 科学滤波器：用于对音频进行高级操作。图8-26所示为"剪辑效果编辑器–科学滤波器"面板。其中，"预设"选项用于选择软件自带的预设应用；"类型"选项用于设置科学滤波器的类型；"模式"选项用于设置滤波器的模式；"增益"选项用于调整音频整体音量级别，避免产生太响亮或太柔和的音频。
- 简单的参数均衡：可以在一定的范围内均衡音调。
- 简单的陷波滤波器：可以阻碍频率信号。
- 陷波滤波器：可以去除最多6个设定的音频频段，且保持周围频率不变。图8-27所示为"剪辑效果编辑器–陷波滤波器"面板。用户可以在其中设置每个陷波的中心频率、振幅、频率范围等参数。

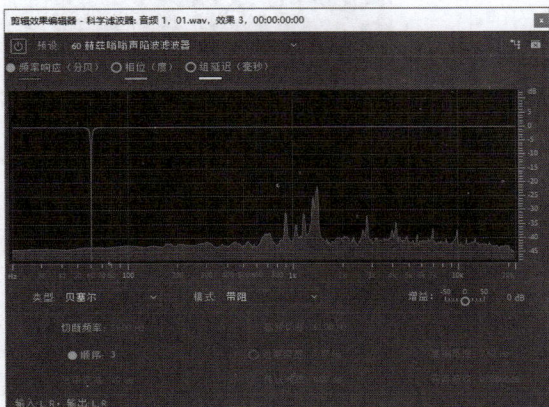

图8-26

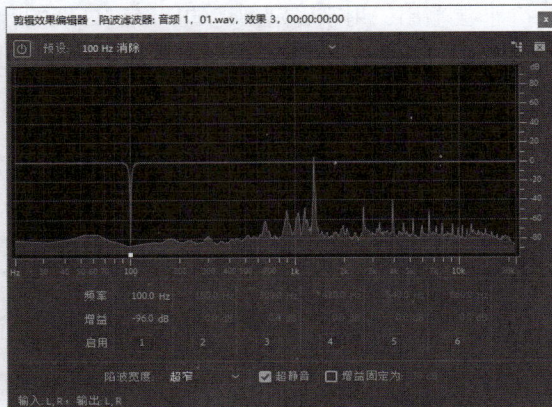

图8-27

- 高通：与"低通"音频效果作用相反。该效果可用于消除低于指定频率界限的频率，适用于5.1声道、立体声或单声道剪辑。
- 高音：可以增高或降低高频（4000Hz及以上），适用于5.1声道、立体声或单声道剪辑。

8.3.4 "调制"音频效果组

"调制"音频效果组中包括和声/镶边、移相器和镶边3种效果，这些效果可以通过混合音频效果或移动音频信号的相位来改变声音。

1. 和声/镶边

"和声/镶边"音频效果可用于模拟多个音频的混合效果，增强人声音轨或为单声道音频添加立体声空间感。用户可以在"剪辑效果编辑器–和声/镶边"面板中进行设置，如图8-28所示。

其中，部分选项的作用如下。

- 模式：用于设置模式，包括"和声"和"镶边"2个选项。"和声"模式可用于模拟同时播放多个语音或乐器的效果；"镶边"模式可用于模拟最初在打击乐中听到的延迟相移声音。

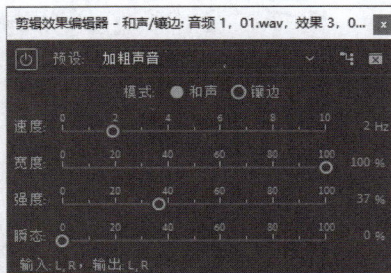

图8-28

- 速度：用于控制延迟时间循环从零到最大设置的速率。
- 宽度：用于指定最大延迟量。
- 强度：用于控制原始音频与处理后音频的比率。
- 瞬态：强调瞬时，可以提供更锐利、更清晰的声音。

2. 移相器

"移相器"音频效果类似于镶边，可用于移动音频信号的相位，并将其与原始信号重新合并，制作出20世纪60年代音乐家推广的打击乐效果。与镶边不同的是，"移相器"效果会以上限频率为起点/终点扫描一系列相移滤波器。相位调整可以显著改变立体声声像，创造超自然的声音。

3. 镶边

"镶边"音频效果可以通过将原始音频信号与一个略微延迟并快速变化延迟时间的副本混合在一起，创造出一种深度和空间感的变化及具有周期性颤音的声音特征。该效果多用于增强音乐、电影或游戏中声音的动态表现力和艺术效果。

8.3.5 "降杂/恢复"音频效果组

"降杂/恢复"音频效果组中包括减少混响、消除嗡嗡声、自动咔嗒声移除和降噪4种效果，可以有效去除音频中的杂音，获得更加纯净的音频。

1. 减少混响

"减少混响"音频效果可用于消除混响曲线并辅助调整混响量，其取值范围为0%~100%。

2. 消除嗡嗡声

"消除嗡嗡声"音频效果可用于去除窄频段及其谐波。该效果常用于处理照明设备和电子设备电线发出的嗡嗡声。用户可以在"剪辑效果编辑器-消除嗡嗡声"面板中进行设置，如图8-29所示。

其中，部分选项的作用如下。

- 频率：用于设置"嗡嗡"声的根频率。若不确定，可在预览时反复拖曳调整。
- Q：用于设置根频率和谐波的宽度。值越高，影响的频率范围越窄；值越低，影响的频率范围越宽。
- 谐波数：用于设置要影响的谐波频率数量。
- 谐波斜率：用于更改谐波频率的减弱比。

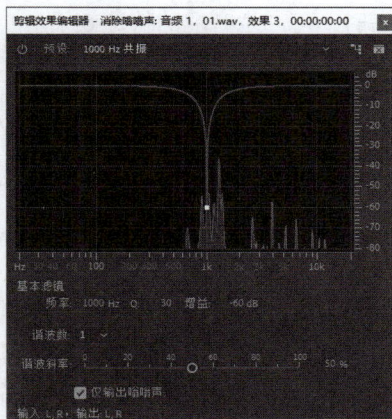

图8-29

3. 自动咔嗒声移除

"自动咔嗒声移除"音频效果可用于去除黑胶唱片中的咔嗒声音或静电噪声。图8-30所示为"剪辑效果编辑器-自动咔嗒声移除"面板。其中，"阈值"参数可用于设置噪声灵敏度，设置越低，可检测到的咔嗒声和爆音越多；"复杂度"参数可用于设置噪声复杂度，设置越高，应用的处理越多，但可能会降低音质。

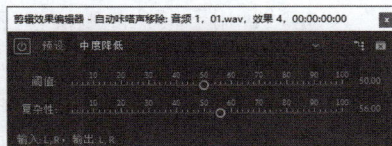

图8-30

4. 降噪

"降噪"音频效果可用于降低或完全去除音频文件中的噪声，包括不需要的嗡嗡声、嘶嘶声、空调噪声或任何其他背景噪声。

"混响"音频效果组中包括卷积混响、室内混响和环绕声混响3种效果,这些效果可以通过为音频添加混响模拟声音反射的效果。

1. 卷积混响

"卷积混响"音频效果可以基于卷积的混响使用脉冲文件模拟声学空间,使之如同在原始环境中录制一般真实。图8-31所示为"剪辑效果编辑器-卷积混响"面板。

其中,部分选项的作用如下。

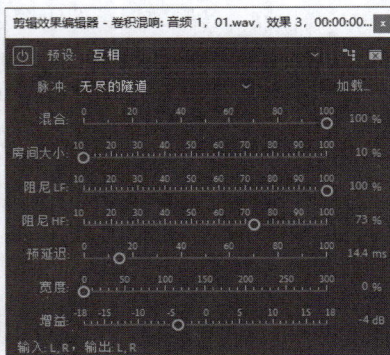

图8-31

• 预设:该下拉列表中包括多种预设效果,用户可以直接选用。

• 脉冲:用于指定模拟声学空间的文件。单击"加载"按钮可以添加自定义的脉冲文件。

• 混合:用于设置原始声音与混响声音的比率。

• 房间大小:用于设置由脉冲文件定义的完整空间的百分比。数值越大,混响越长。

• 阻尼LF:用于减少混响中的低频重低音分量,避免模糊,产生更清晰的声音。

• 阻尼HF:用于减少混响中的高频瞬时分量,避免刺耳声音,产生更温暖、更生动的声音。

• 预延迟:用于确定混响形成最大振幅所需的毫秒数。数值较低时,声音比较自然;数值较高时,可产生有趣的特殊效果。

2. 室内混响

"室内混响"音频效果可用于模拟室内空间演奏音频的效果。用户可以在多轨编辑器中快速有效地进行实时更改,无须对音轨预渲染效果。图8-32所示为"剪辑效果编辑器-室内混响"面板。

其中,部分选项的作用如下。

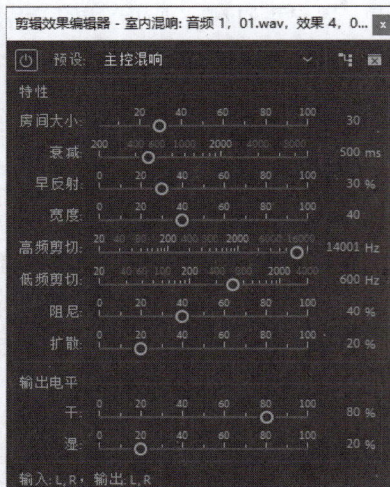

图8-32

• 衰减:用于调整混响衰减量(以ms为单位)。

• 早反射:用于控制先到达耳朵的回声的百分比,产生对整体空间大小的感觉。设置过高值会导致声音失真,而设置过低值会失去表示空间大小的声音信号。

• 高频剪切:用于设置可产生混响的最高频率。与之相对的"低频剪切"则用于设置可产生混响的最低频率。

• 扩散:用于模拟混响信号在地毯和挂帘等表面反射时的吸收。设置越低,产生的回声越多;而设置越高,产生的混响越平滑,且回声越少。

• 干:用于设置源音频在含有效果的输出中的百分比。

• 湿:用于设置混响在输出中的百分比。

3. 环绕声混响

"环绕声混响"音频效果可用于模拟声音在室内声学空间中的效果和氛围,常用于5.1声道音源,也可为单声道或立体声音源提供环绕声环境。

8.3.7 "特殊效果"音频效果组

"特殊效果"音频效果组中包括互换通道、人声增强等12种效果，这些效果可用于制作特殊的音效。下面将对常用效果进行介绍。

- Binauralizer-Ambisonics：仅适用于5.1声道剪辑。该效果可以与全景视频相结合，创造出身临其境的效果。

- Loudness Rader：雷达响度计，可用于测量剪辑、轨道或序列中的音频级别，帮助用户控制声音的音量，以满足广播电视要求。图8-33所示为"剪辑效果编辑器-Loudness Rader"面板。在该面板中，播放声音时若出现较多的黄色区域，表示音量偏高；若仅出现蓝色区域，表示音量偏低；一般来说，需要将响度保持在雷达的绿色区域，才可满足要求。

- Panner-Ambisonics：仅适用于5.1声道，一般与一些沉浸式视频效果同时使用。

- 互换通道：仅适用于立体声剪辑，可用于交换左右声道信息的位置。

- 人声增强：用于增强人声，改善旁白的录音质量。

- 反相：用于反转所有声道的相位，适用于5.1声道、立体声或单声道剪辑。

- 吉他套件：应用一系列可以优化和改变吉他音轨声音的处理器，模拟吉他弹奏的效果，使音频更具表现力。图8-34所示为"剪辑效果编辑器-吉他套件"面板。其中，"压缩程序"可用于减小动态范围以保持一致的振幅，并帮助在混合音频中突出吉他音轨；"扭曲"可用于增加可经常在吉他独奏中听到的声音边缘；"放大器"可用于模拟吉他手用来创造独特音调的各种放大器和扬声器组合。

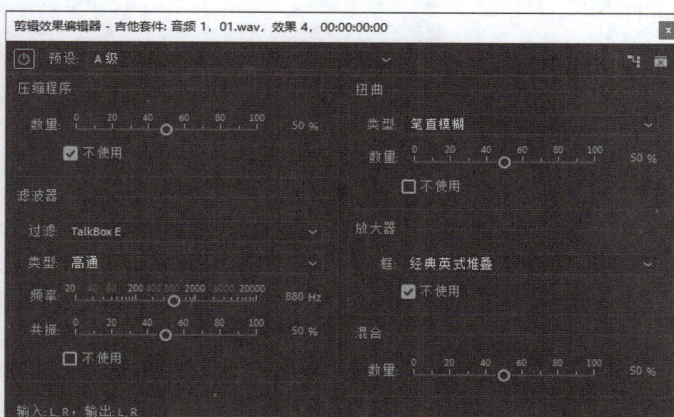

图8-33　　　　　　　　　　　　　　　　图8-34

- 响度计：可以直观地为整个混音、单个音轨或总音轨和子混音测量项目响度。需要注意的是，响度计不会更改音频电平，仅提供响度的精确测量值，以便用户更改音频响度级别。

- 扭曲：可以将少量砾石和饱和效果应用于任何音频，从而模拟汽车音箱的爆裂效果、压抑的麦克风效果或过载的放大器效果。

- 母带处理：用于优化特定介质（如电台、CD、视频或Web）音频文件的完整过程。

- 用右侧填充左侧：用于复制音频剪辑的左声道信息，并将其放置在右声道中，丢弃原始剪辑的右声道信息。

- 用左侧填充右侧：用于复制音频剪辑的右声道信息，并将其放置在左声道中，丢弃原始剪辑的左声道信息。

8.3.8 "立体声声像"音频效果组

"立体声声像"音频效果组中仅包括"立体声扩展器"一种音频效果，这种效果可用于调整立体声声像，控制其动态范围。图8-35所示为"剪辑效果编辑器–立体声声像"面板。

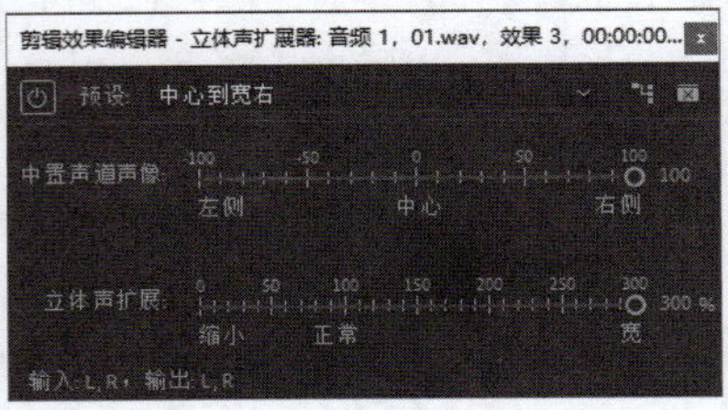

部分常用选项的作用如下。

• 中置声道声像：可以将立体声声像的中心定位到极左（-100%）和极右（100%）之间的任意位置。

• 立体声扩展：可以将立体声声像从缩小/正常（0）扩展到宽（300）。缩小/正常反映的是未经处理的原始音频。

图8-35

8.3.9 "时间与变调"音频效果组

"时间与变调"音频效果组中仅包括"音高换挡器"一种音频效果，这种效果可用于实时改变音调。图8-36所示为"剪辑效果编辑器–音高换挡器"面板。

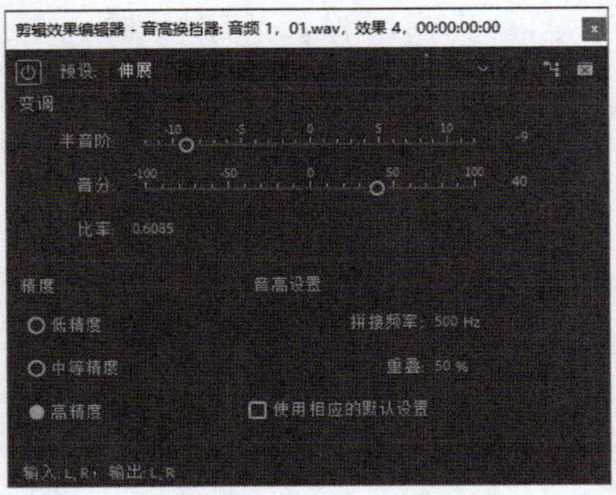

部分常用选项的作用如下。

• 变调：用于调整音调。其中，"半音阶"以半音阶增量变调，这些增量相当于音乐的二分音符；"音分"按半音阶的分数调整音调；"比率"用于确定变换后频率和原始频率之间的关系。

图8-36

• 精度：用于确定音质。"低精度"为8位或低质量音频使用的低设置；"中等精度"为中等品质音频使用的中等设置；"高精度"为专业录制的音频使用的高设置，处理时间较长。

• 音高设置：用于控制如何处理音频。"拼接频率"可以确定每个音频数据块的大小，数值越高，随时间伸缩的音频放置越准确，同时人为噪声也越明显；"重叠"用于确定每个音频数据块与前一个和后一个块的重叠程度。

8.3.10 课堂实操：空谷回声

实操8-2 / 空谷回声

微课视频

📁 **实例资源** ▶ \第8章\课堂实操\空谷回声\"素材"文件夹

本实例将练习制作空谷回声效果，涉及的知识点包括"模拟延迟"效果的应用等。具体操作方法如下。

Step 01 根据图像素材新建项目和序列，并导入音频素材，如图8-37所示。

Step 02 将音频添加至A1轨道中，将图像素材的持续时间调整为与A1轨道中的素材一致，如图8-38所示。

Step 03 在"效果"面板中搜索"模拟延迟"效果，拖曳至A1轨道中的素材上，在"效果控件"面板中单击"编辑"按钮打开"剪辑效果编辑器–模拟延迟"面板，在"预设"下拉列表中选择"峡谷回声"选项，如图8-39所示。

Step 04 关闭该面板，在"效果控件"面板中设置"音量"效果中的"级别"参数为5.0dB，如图8-40所示。

图8-37

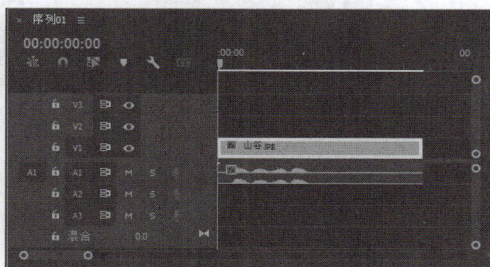
图8-38

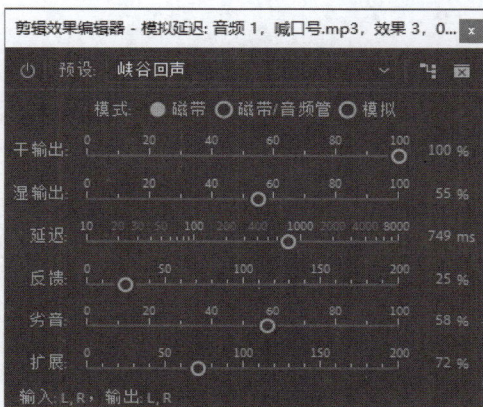
图8-39

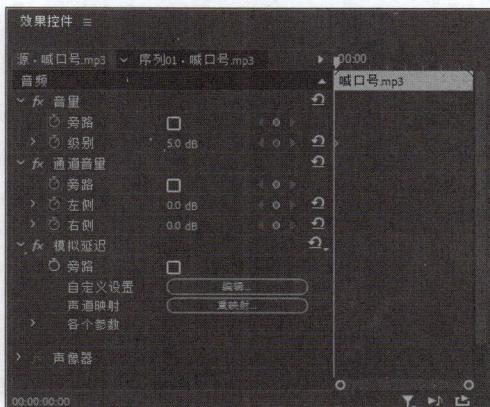
图8-40

至此，完成了"空谷回声"效果的制作。

8.4 音频过渡效果

音频过渡效果与视频过渡效果的作用类似，可用于平滑过渡音频，避免突然的音量变化。Premiere中包括恒定功率、恒定增益和指数淡化3种音频过渡效果。

1. 恒定功率

"恒定功率"音频过渡效果可用于创建类似于视频剪辑之间的溶解过渡效果的平滑渐变的过渡。应用该音频过渡效果，首先会缓慢降低第1个剪辑的音频，然后快速接近过渡的末端。对于第2个剪辑，此交叉淡化首先会快速增加音频，然后会更缓慢地接近过渡的末端。

2. 恒定增益

"恒定增益"音频过渡效果在剪辑之间过渡时将以恒定速率更改音频进出，但听起来会比较生硬。

3. 指数淡化

"指数淡化"音频过渡效果类似于"恒定功率"效果，但更加渐变，它可用于淡出位于平滑的对数曲线上方的第1个剪辑，同时自下而上淡入同样位于平滑对数曲线上方的第2个剪辑。通过从"对齐"控件菜单中选择一个选项，可以指定过渡的定位。

添加音频过渡效果并将其选中，在"效果控件"面板中可以设置音频的持续时间，如图8-41所示。

图8-41

8.5 实战演练：赛博语音

实操 **8-3** / 赛博语音

🗂 **实例资源** ▶ \第8章\实战演练\"素材"文件夹

本实例将综合应用本章所学的知识制作赛博语音效果，以达到举一反三、学以致用的目的。下面将对具体操作思路进行介绍。

Step 01 根据图像素材新建项目和序列，并导入音频素材，如图8-42所示。

Step 02 将音频素材添加至A1轨道中，将图像素材的持续时间调整为与其一致，如图8-43所示。

图8-42   图8-43

Step 03 在"效果"面板中搜索"模拟延迟"效果，拖曳至A1轨道中的素材上，在"效果控件"面板中单击"编辑"按钮，打开"剪辑效果编辑器-模拟延迟"面板，选择"机器人声音"预设，并进行设置，如图8-44所示。

Step 04 在"效果"面板中搜索"音高换挡器"效果，拖曳至A1轨道中的素材上，在"效果控件"面板中单击"编辑"按钮，打开"剪辑效果编辑器-音高换挡器"面板，选择"伸展"预设，并进行设置，如图8-45所示。

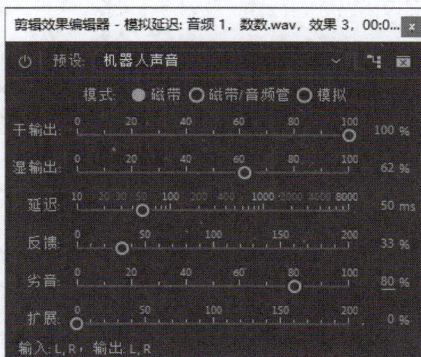
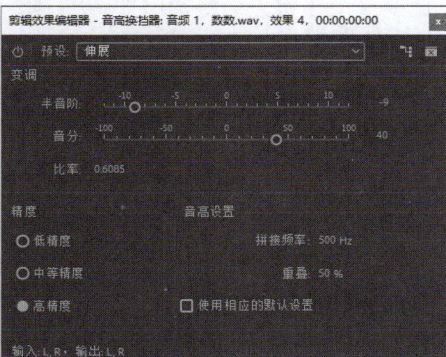

图8-44   图8-45

至此，完成了"赛博语音"效果的制作。

8.6 拓展练习

下面将练习使用音频及"基本声音"面板制作纯真年代短视频，效果如图8-46所示。

实操8-4 / 纯真年代

📦 **实例资源** ▶ \第8章\拓展练习\"素材"文件夹

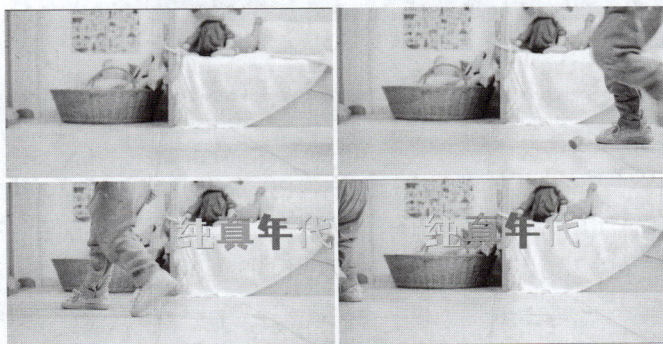

图8-46

技术要点：

（1）关键帧的应用。

（2）关键帧动画的制作。

（3）"基本声音"面板的应用。

（4）视频过渡效果的应用。

分步演示：

（1）根据素材文件新建项目与序列，并导入其他素材。

（2）将伴奏添加至A1轨道中，在合适的位置裁切音频，删除多余的部分。

（3）根据音频调整视频的持续时间。

（4）在"基本声音"面板中将伴奏标记为"音乐"，并选择自动匹配响度。

（5）将笑声添加至A2轨道中的合适位置。

（6）在"基本声音"面板中将笑声标记为"对话"，选择自动匹配响度。

（7）在伴奏出点处添加音频过渡效果。

（8）输入文本，设置文本样式。

（9）根据视频内容，制作文本的位置动画及不透明度动画。

第 9 章
宣传广告的剪辑

Pr

内容导读

本章将对宣传广告的剪辑进行介绍，包括宣传广告的特点、类型及具体的制作等。了解并掌握这些知识，可以帮助用户熟悉宣传广告，并了解其制作流程及剪辑特点，从而更好地应对不同的剪辑需要。

学习目标

- 掌握宣传广告的特点
- 掌握宣传广告的类型
- 掌握宣传广告的制作

素养目标

- 培养视频创作者对宣传广告的了解，使其掌握不同类型宣传广告的特点，从而更有针对性地进行制作。
- 通过制作宣传广告，提升视频创作者剪辑视频的能力及技术能力。

案例展示

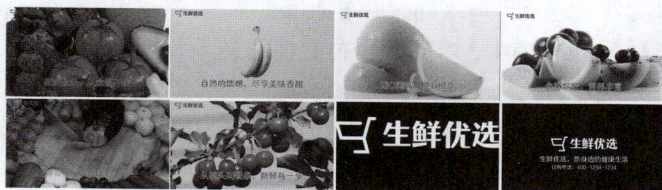

生鲜优选

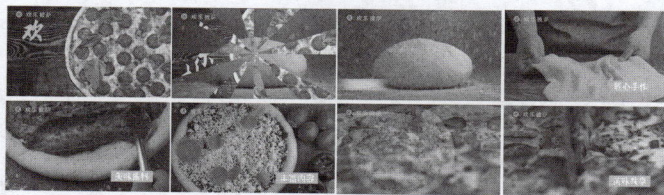

欢乐比萨

9.1 宣传广告概述

宣传广告是指通过各种媒体和传播手段，向目标受众传播和宣传特定信息，以推广产品、服务或品牌，并促使受众产生特定行为的营销活动。本节将从其特点和类型两方面进行介绍。

9.1.1 宣传广告的特点

作为一种有力的营销手段，宣传广告是市场营销中不可或缺的一部分，其主要特点如下。

- 目标明确：宣传广告一般有极为清晰的目标，如提高品牌知名度、促进销售、塑造形象等。
- 创意性：宣传广告需要具备独特的创意，如新颖的视觉效果、编排方式等，以吸引观众注意，增强传播力。
- 多样性：宣传广告适用于不同的媒介和平台，可以采用图像、音频、文本、视频等多种形式展现。不同的广告形式适用于不同的人群，针对性更强。
- 时效性：宣传广告具有一定的时效性，需要随着品牌及市场的变化，不断地迭代更新，保持其竞争力。
- 真实性：宣传广告需要传达真实、准确的信息，详细介绍产品、品牌或要宣传的其他内容，让观众可以快速从中获取有效的信息，从而增加他们的信任感和购买欲望。

9.1.2 宣传广告的类型

宣传广告的分类方式有很多，以目的划分，可以将宣传广告分为品牌广告、产品广告、公益广告、促销广告、企业形象广告等不同的类型。下面将对常见类型进行介绍。

1. 品牌广告

品牌广告是较为常见的宣传广告之一，其主要目的是提高品牌的知名度和形象，内容上一般不直接推销产品，而是更注重品牌价值观和文化的宣传，以及与消费者之间的情感联系。如可口可乐品牌在2006年推出的"Happiness Factory"广告，展现了品牌如何为消费者带来快乐，创意十足。图9-1所示为其中的部分画面。

图9-1

2. 产品广告

产品广告是另一种常见的宣传广告，它一般会重点介绍产品，如产品的功能、特点、优势等，以刺激消费者的购买欲。

3. 公益广告

公益广告不以盈利为目的，具备极高的社会责任感和公益性质，其一般是通过故事或动人的画面，引发公众对某一社会问题的关注，或倡导积极的社会行为。如联合国儿童基金会的"WE WON'T STOP（我们永不止步）"公益宣传片，呼吁为儿童构想一个更加温暖美好的世界。图9-2所示为其中的部分画面。

图9-2

4. 促销广告

促销广告的时效性极强，一般是针对特定时间点推出的促销活动或折扣，内容上通常会强调限时优惠，创造紧迫感，以刺激短期消费。

5. 企业形象广告

企业形象广告主要用于树立企业形象，传播企业理念，通过展示企业的社会责任、历史传承及其他有助于展示良好企业形象的内容，提升公众对企业的好感和信任感。该类广告在大型企业中较为常用。

9.2　实战演练：生鲜优选

微课视频

实操9-1　生鲜优选

实例资源 ▶ \第9章\生鲜优选\"素材"文件夹

本实例将练习制作生鲜优选宣传广告，涉及的知识点包括视频素材的剪切与编辑、音频的添加与应用等。具体操作方法如下。

通过AIGC生成方案参考：

> **Q** 请为"生鲜优选"提供宣传广告方案，素材分别是新鲜的水果蔬菜、旋转的香蕉、旋转的橙子、果切、正在切的番茄、挂在枝头的新鲜水果，充分利用素材，生成2～3个方案。
>
> **A** 方案一：注重新鲜与品质
> 画面：新鲜的水果蔬菜
> 文案："精选新鲜蔬果，品质不打折。"
> 画面：旋转的香蕉
> 文案："每一根，都是自然的馈赠。"
> 画面：旋转的橙子

文案："阳光橙子，满载甜美与活力。"
画面：果切
文案："精细果切，即享新鲜。"
画面：正在切的番茄
文案："嫩滑番茄，剖开即见红艳。"
画面：挂在枝头的新鲜水果
文案："源自枝头的新鲜，健康美味自然天成。"
视频结尾：
文案："生鲜优选，您的天然美味之选。"

方案二：突出健康与自然
画面：新鲜的水果蔬菜
文案："丰富新鲜蔬果，带来健康活力。"
画面：旋转的香蕉
文案："天然生长，营养均衡。"
画面：旋转的橙子
文案："新鲜橙子，维C满满，橙心橙意。"
画面：果切
文案："果切美味，便捷享用。"
画面：正在切的番茄
文案："新鲜番茄，红润迷人。"
画面：挂在枝头的新鲜水果
文案："天然枝头采摘，健康看得见。"
视频结尾：
文案："生鲜优选，用自然的味道，点亮您的健康生活。"

方案三：强调便捷与新鲜
画面：新鲜的水果蔬菜
文案："在这里，找到最新鲜的蔬果。"
画面：旋转的香蕉
文案："优选香蕉，随时为你补充能量。"
画面：旋转的橙子
文案："鲜甜橙子，清新的每一天。"
画面：果切
文案："方便果切，快速享受美味。"
画面：正在切的番茄
文案："每一刀，都见证番茄的鲜嫩。"
画面：挂在枝头的新鲜水果

文案："从枝头到餐桌，新鲜全程无忧。"
视频结尾：
文案："生鲜优选，新鲜便捷的每一天。"

参考以上方案，进行宣传广告的制作。

Step 01 新建项目和序列，并导入本章素材文件，如图9-3所示。

Step 02 将素材文件按照番茄、香蕉、橙、生鲜、切番茄和樱桃的顺序，依次添加至"时间轴"面板的V1轨道中，如图9-4所示。

图9-3

图9-4

Step 03 选中第1段视频，单击鼠标右键，在弹出的快捷菜单中执行"缩放为帧大小"命令，效果如图9-5所示。

Step 04 选中最后1段视频，单击鼠标右键，在弹出的快捷菜单中执行"取消链接"命令，取消音、视频链接并删除音频，如图9-6所示。

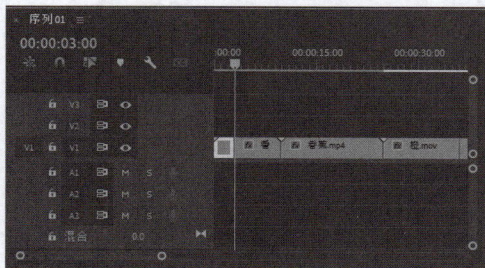

图9-5

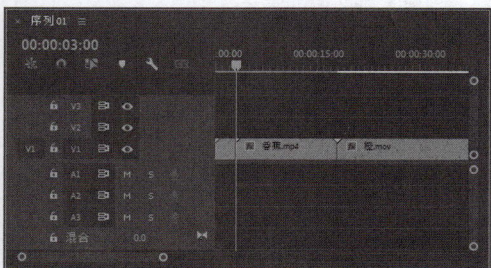

图9-6

Step 05 移动播放指示器至00:00:03:00处，使用剃刀工具裁切素材，如图9-7所示。

Step 06 按Shift+Delete组合键，波纹删除裁切素材的右半部分，如图9-8所示。

图9-7

图9-8

Step 07 使用相同的方法，在00:00:05:04处裁切第2段素材，并删除其右半部分，如图9-9所示。

Step 08 在00:00:11:16处裁切第3段素材，并删除其右半部分，如图9-10所示。

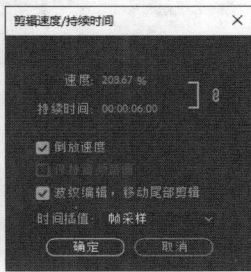

图9-9 图9-10

Step 09 在00:00:24:04处裁切第4段素材，并删除其右半部分，如图9-11所示。

Step 10 选中第4段素材，单击鼠标右键，在弹出的快捷菜单中执行"速度/持续时间"命令，打开"剪辑速度/持续时间"对话框，设置参数，如图9-12所示。

图9-11 图9-12

Step 11 完成后单击"确定"按钮，如图9-13所示。

Step 12 在00:00:20:02处和00:00:25:05处裁切第5段素材，保留其中间段，如图9-14所示。

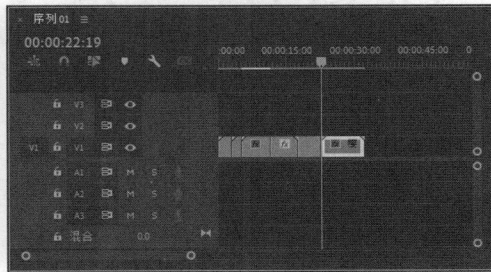

图9-13 图9-14

Step 13 在00:00:28:00处裁切第6段素材，并删除其右半部分，如图9-15所示。

Step 14 在"效果"面板中搜索"黑场过渡"视频过渡效果，拖曳至V1轨道中第1段素材的入点处和最后1段素材的出点处，调整持续时间为1s，如图9-16所示。

Step 15 搜索"交叉溶解"视频过渡效果，拖曳至V1轨道中的其他素材之间，调整持续时间为20帧，如图9-17所示。

Step 16 新建黑场视频素材，拖曳至V1轨道中素材的末端，如图9-18所示。

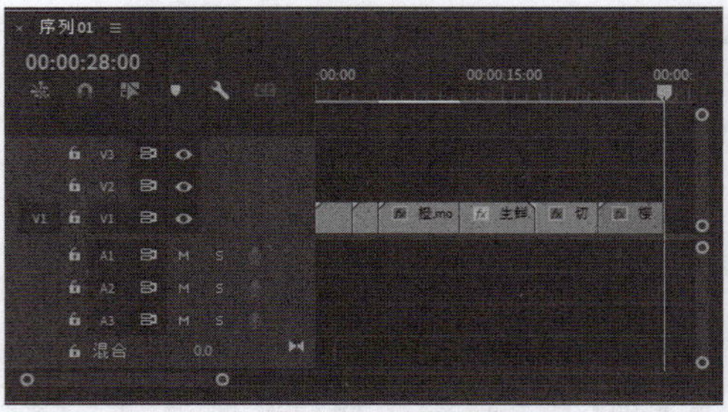

图9-15

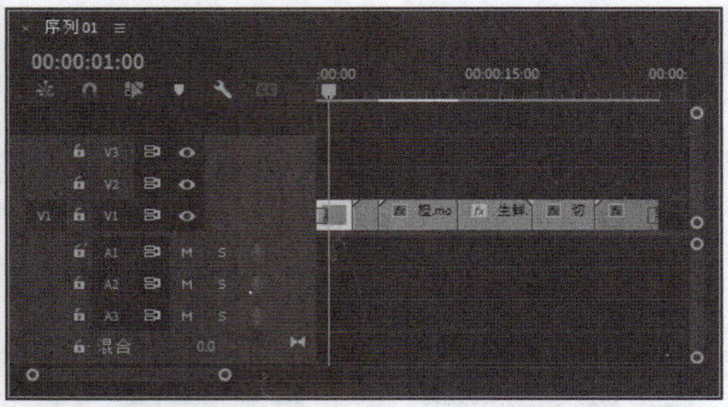

图9-16

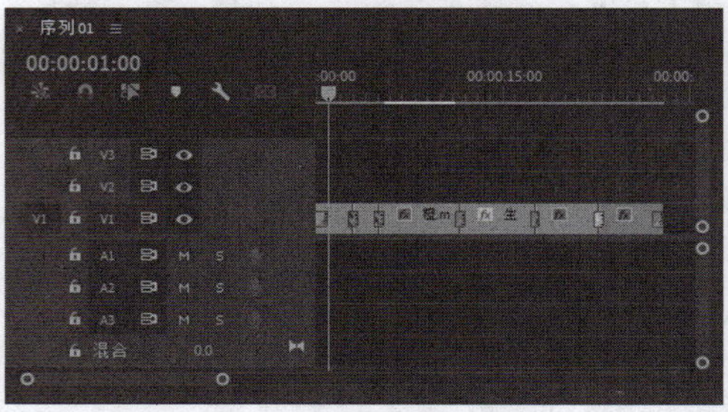

图9-17

图9-18

Step 17 移动播放指示器至00:00:01:00处,使用文字工具在"节目"监视器面板中单击输入文本,如图9-19所示。

Step 18 选中输入的文本,在"效果控件"面板中设置参数,如图9-20所示。

图9-19

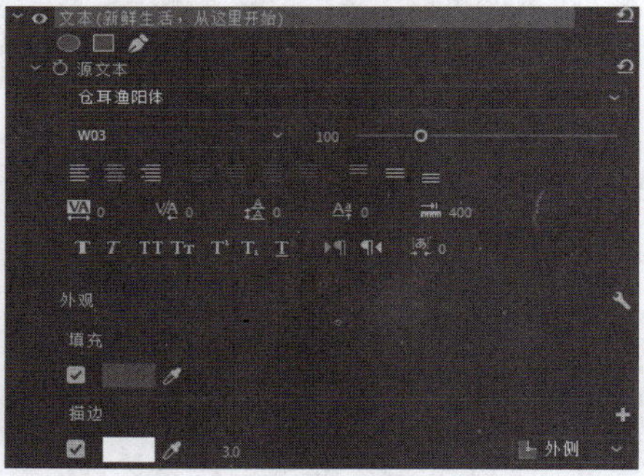

图9-20

Step 19 在"基本图形"面板中调整其为水平居中对齐,如图9-21所示。

Step 20 调整素材持续时间为00:00:02:15,如图9-22所示。

图9-21

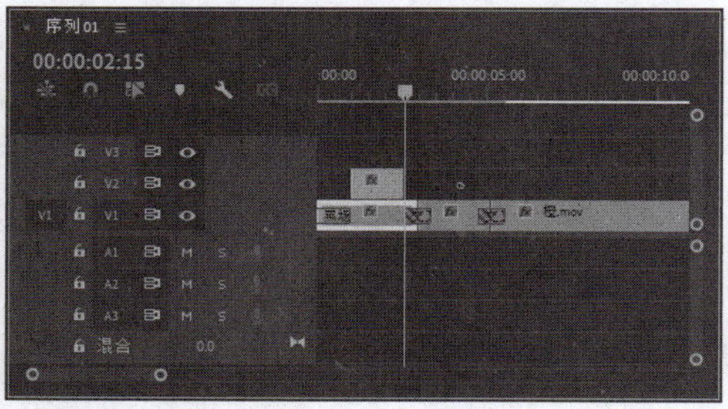

图9-22

Step 21 在"效果"面板中搜索"交叉溶解"视频过渡效果，拖曳至V2轨道中素材的入点处和出点处，如图9-23所示。

Step 22 选中文本，按住Alt键拖曳复制，将其持续时间调整为与第2段素材去除过渡效果后的持续时间一致，如图9-24所示。

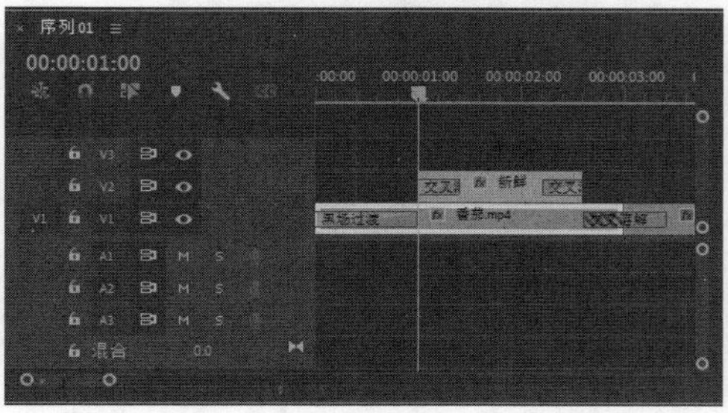

图9-23

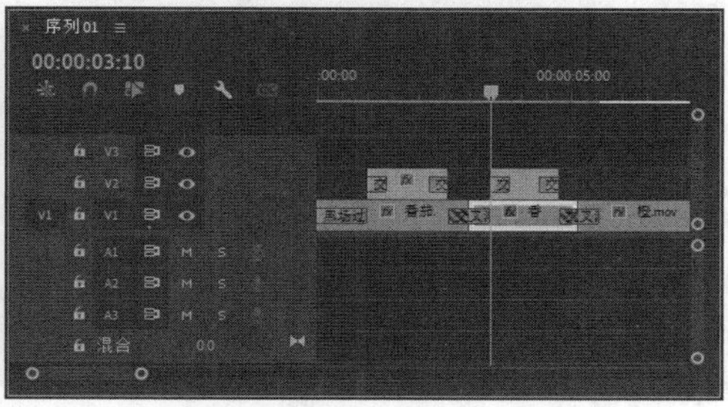

图9-24

Step 23 在"节目"监视器面板中双击文本，进入编辑模式后，修改文本内容，如图9-25所示。

Step 24 在"效果"面板中搜索"交叉缩放"视频过渡效果，拖曳至该段文本素材的入点处，如图9-26所示。

图9-25

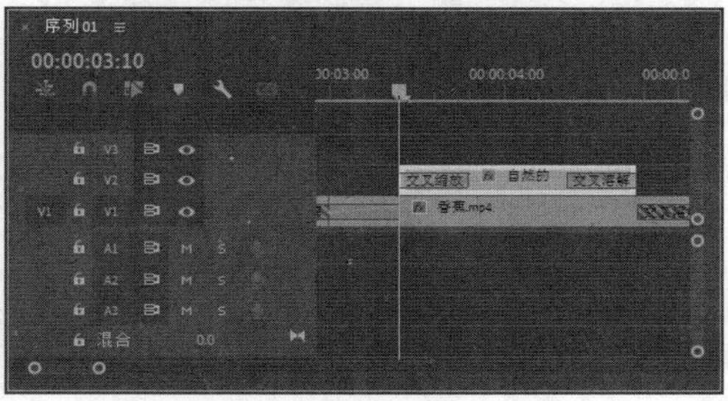

图9-26

Step 25 继续复制文本素材，并进行修改，如图9-27所示。

图9-27

Step 26 将logo素材添加至V3轨道中，将其持续时间调整为与V1前6段的素材一致，如图9-28所示。

Step 27 选中V3轨道中的素材，在"节目"监视器面板中调整其大小和位置，如图9-29所示。

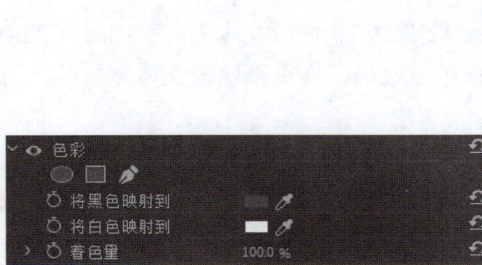

图9-28

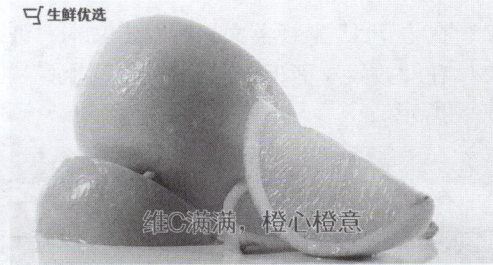

图9-29

Step 28 在"效果"面板中搜索"色彩"效果，拖曳至V3轨道中的素材上，在"效果控件"面板中设置参数，将黑色映射到#2F7A01，如图9-30所示。此时"节目"监视器面板中的效果如图9-31所示。

图9-30

图9-31

Step 29 选中V1轨道素材中的"黑场过渡"视频过渡效果，按Ctrl+C组合键复制，在V3轨道入点处单击，按Ctrl+V组合键粘贴。使用相同的方法，在出点处粘贴，如图9-32所示。

Step 30 移动播放指示器至00:00:28:00处，将logo素材拖曳至V3轨道中，如图9-33所示。

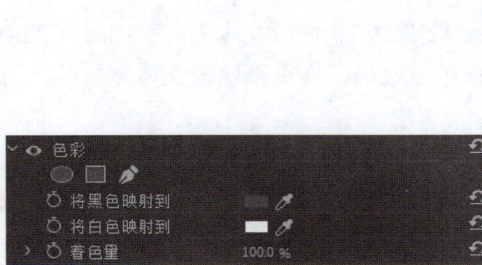

图9-32

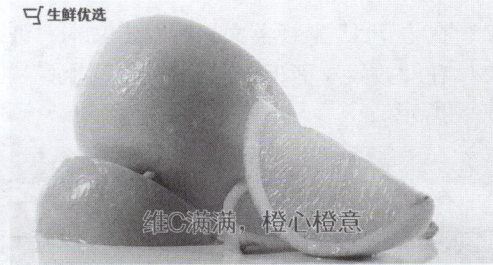

图9-33

Step 31 在"效果"面板中搜索"反转"效果，拖曳至V3轨道中的第2段素材上。在"节目"监视器面板中调整素材的大小和位置，如图9-34所示。

Step 32 在"效果"面板中搜索"交叉缩放"视频过渡效果，拖曳至V3轨道中第2段素材的入点处，搜索"交叉溶解"视频过渡效果，拖曳至V3轨道中第2段素材的出点处，如图9-35所示。

Step 33 移动播放指示器至00:00:28:10处，使用文字工具输入文本，如图9-36所示。

Step 34 将其出点时间调整为与V1轨道中的素材一致，移动至V2轨道中，并在入点处添加"交叉缩放"视频过渡效果、出点处添加"交叉溶解"视频过渡效果，如图9-37所示。

图9-34

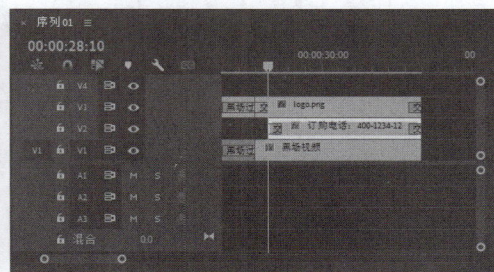

图9-35

图9-36

图9-37

Step 35 将音频素材添加至A1轨道中，在00:00:34:13处裁切音频，并删除其右半部分，如图9-38所示。

Step 36 将音频素材的持续时间调整为与视频一致，在入点处和出点处添加"恒定功率"音频过渡效果，如图9-39所示。

图9-38

图9-39

Step 37 按Enter键预览渲染效果，如图9-40所示。

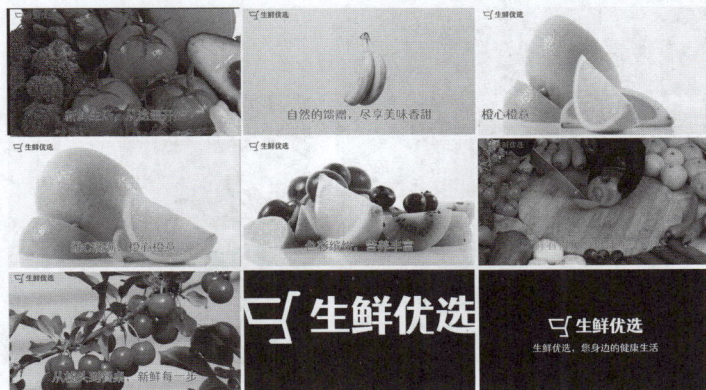

图9-40

至此，完成了"生鲜优选"宣传广告的制作。

9.3 实战演练：欢乐比萨

实操9-2／欢乐比萨

实例资源 ▶ \第9章\欢乐比萨\"素材"文件夹

本实例将练习制作欢乐比萨宣传广告，涉及的知识点包括关键帧的创建与编辑、音频的调整、视频调色等。具体操作方法如下。

Step 01 新建项目和序列，并导入本章素材文件，如图9-41所示。

Step 02 将首图拖曳至V1轨道中，调整持续时间为10s，单击鼠标右键，在弹出的快捷菜单中执行"嵌套"命令将其嵌套，如图9-42所示。

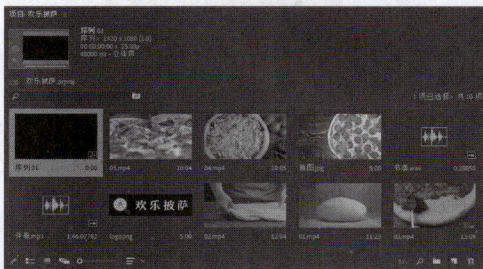

图9-41

图9-42

Step 03 双击嵌套序列将其打开，如图9-43所示。

Step 04 移动播放指示器至00:00:01:00处，使用文字工具在"节目"监视器面板中单击输入文本"欢"，在"效果控件"面板中设置参数，如图9-44所示。此时"节目"监视器面板中的效果如图9-45所示。

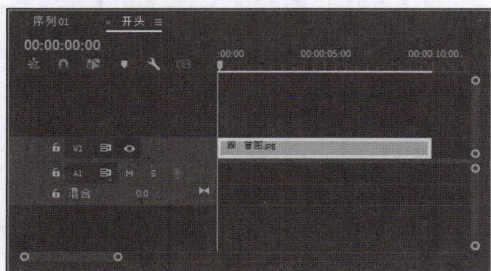

图9-43

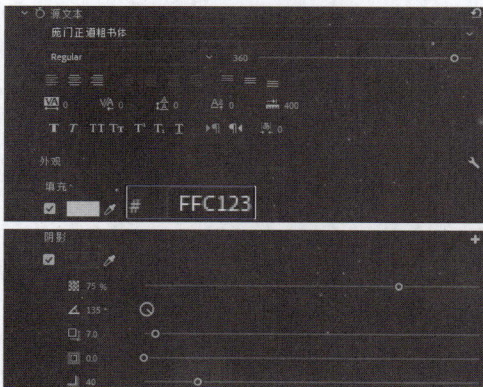

图9-44

图9-45

Step 05 调整文本素材的持续时间为9s，如图9-46所示。

Step 06 选中V2轨道中的素材，然后选中"锚点"参数，在"节目"监视器面板中移动锚点至文本中心，如图9-47所示。

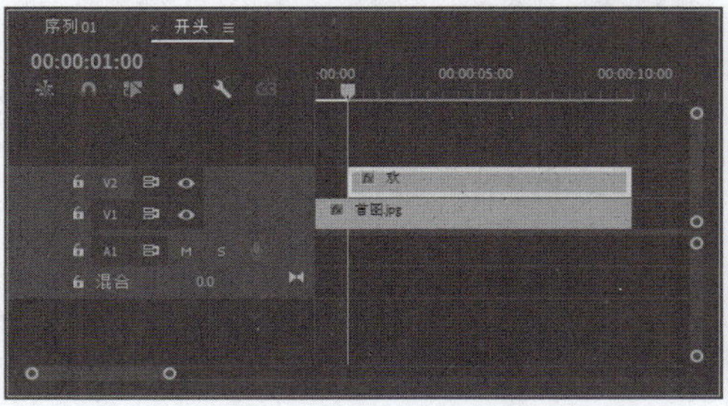

图9-46

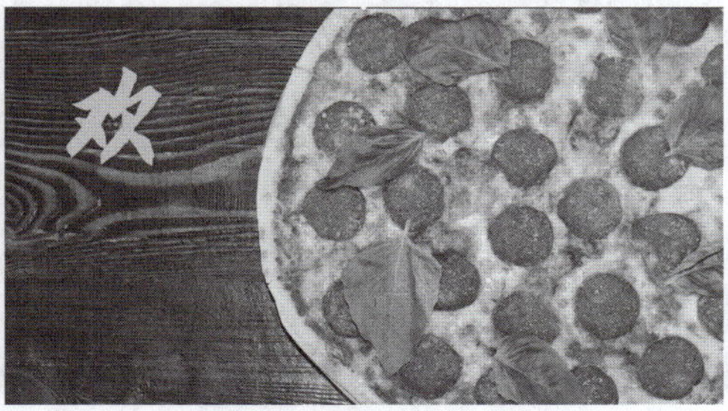

图9-47

Step 07 移动播放指示器至00:00:02:00处，在"效果控件"面板中为"缩放"和"不透明度"参数添加关键帧。移动播放指示器至00:00:02:00处，更改"缩放"参数为"300.0"、"不透明度"参数为"100.0%"，将自动添加关键帧，如图9-48所示。

Step 08 选中文本素材，按住Alt键向上拖曳，并调整素材入点至00:00:02:00处，持续时间为8s，如图9-49所示。

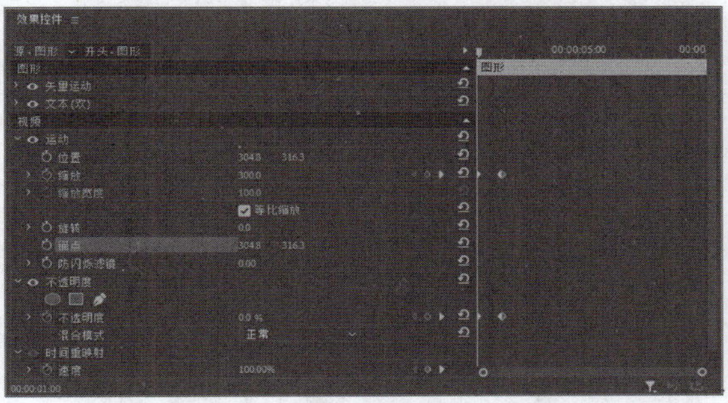

图9-48

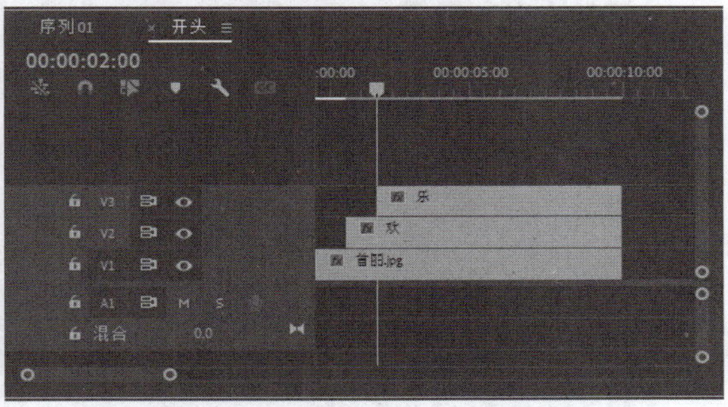

图9-49

Step 09 选中复制文本素材，在"节目"监视器面板中移动文本位置，并更改内容，如图9-50所示。

Step 10 使用相同的方法，复制文本素材，如图9-51所示。

图9-50

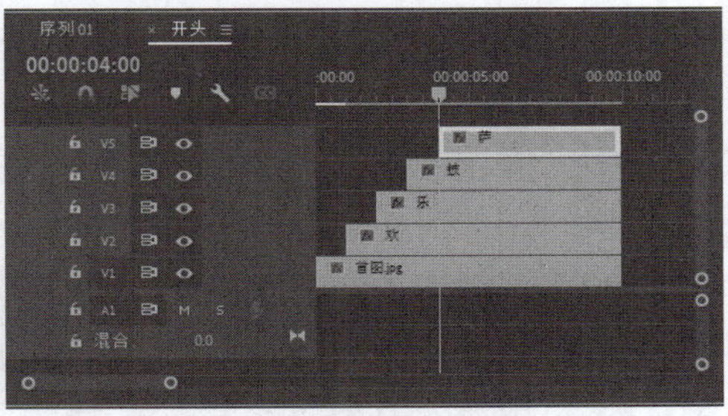

图9-51

Step 11 在"节目"监视器面板中更改位置和文本内容，如图9-52所示。

Step 12 关闭嵌套序列，移动播放指示器至00:00:01:14处，将"节奏.wav"素材拖曳至A1轨道中，如图9-53所示。

图9-52

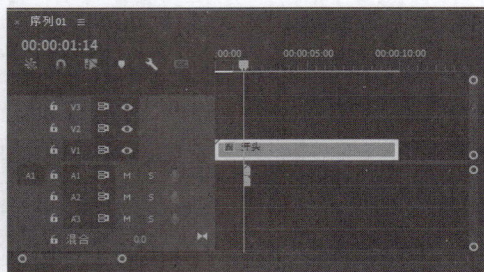

图9-53

Step 13 重复上一步操作，如图9-54所示。

Step 14 在00:00:06:00处裁切嵌套序列，并删除其右半部分，如图9-55所示。

图9-54

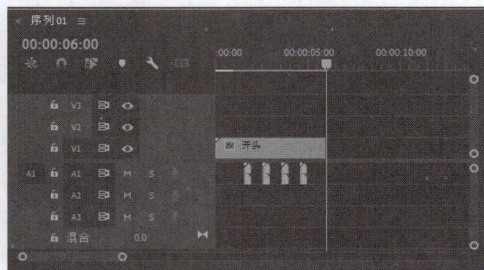

图9-55

Step 15 将视频素材按照序号依次拖曳至V1轨道中，如图9-56所示。

Step 16 在00:00:09:00处裁切第2段素材，并删除其右半部分，如图9-57所示。

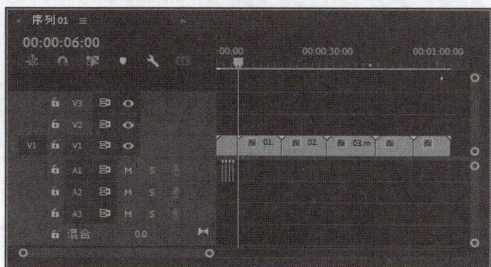

图9-56

图9-57

Step 17 选中第3段素材，单击鼠标右键，在弹出的快捷菜单中执行"速度/持续时间"命令，打开"剪辑速度/持续时间"对话框，设置参数，如图9-58所示。

Step 18 完成后单击"确定"按钮，如图9-59所示。

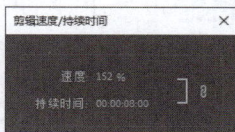

图9-58

Step 19 在00:00:20:15处裁切第4段素材，并删除其右半部分，如图9-60所示。

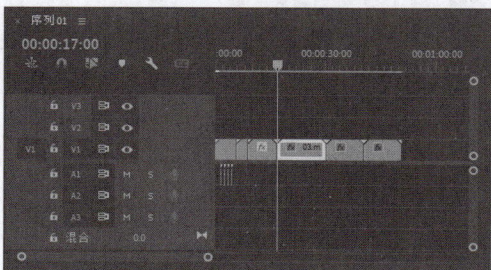

图9-59

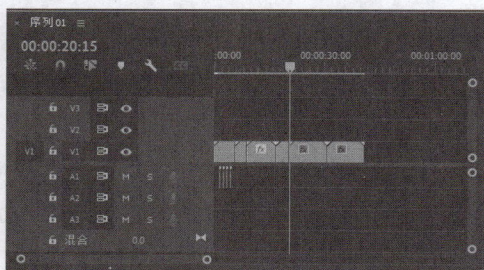

图9-60

Step 20 调整第5段素材的持续时间为6s，如图9-61所示。

Step 21 新建调整图层，将其拖曳至V2轨道中，并将其持续时间调整为与V1轨道后6个素材一致，如图9-62所示。

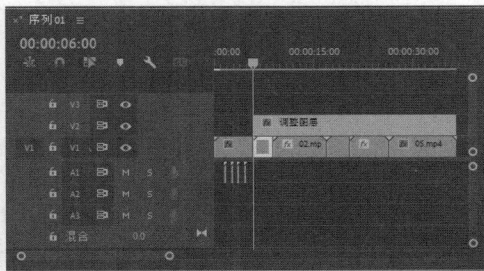

图9-61　　　　　　　　　　　图9-62

Step 22 选中调整图层，移动播放指示器至00:00:18:02处，在"Lumetri颜色"面板中单击"色轮与匹配"选项组中的"比较视图"按钮，在00:00:27:21处设置参考画面，如图9-63所示。

Step 23 单击"应用匹配"按钮，效果如图9-64所示。再次单击"比较视图"按钮，关闭比较视图。

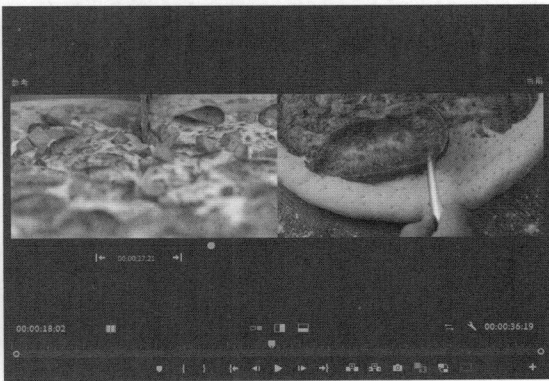

图9-63　　　　　　　　　　　图9-64

Step 24 在"效果"面板中搜索"RGB曲线"视频效果，将其拖曳至V1轨道中的第5段素材上，在"效果控件"面板中调整曲线，如图9-65所示。此时"节目"监视器面板中的效果如图9-66所示。

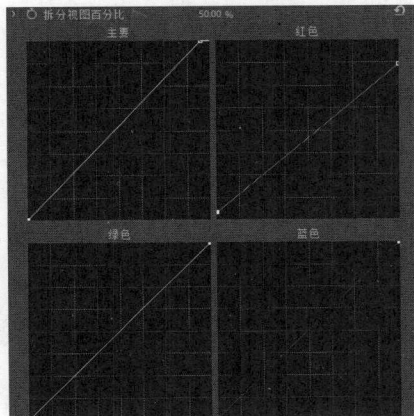

图9-65　　　　　　　　　　图9-66

Step 25 在"效果"面板中搜索"风车"视频过渡效果,将其拖曳至V1轨道中的第1段和第2段素材之间,调整其持续时间为1s,如图9-67所示。

Step 26 使用相同的方法,在第2段和第3段之间添加"内滑"视频过渡效果,在第3段和第4段之间添加"带状擦除"视频过渡效果,在第4段和第5段之间添加"圆划像"视频过渡效果,在第5段和第6段之间添加"胶片溶解"视频过渡效果,在第1段入点处和第6段出点处添加"黑场过渡"视频过渡效果,如图9-68所示。

 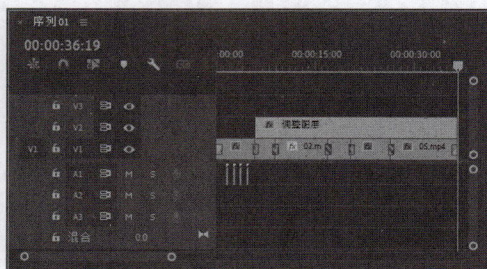

图9-67　　　　　　　　　　　　　　　　图9-68

Step 27 移动播放指示器至00:00:06:13处,使用文字工具在"节目"监视器面板中单击输入文本,在"效果控件"面板中设置参数,如图9-69所示。此时"节目"监视器面板中的效果如图9-70所示。

图9-69　　　　　　　　　　　　　　　　图9-70

Step 28 调整文本素材的持续时间为2s,如图9-71所示。

Step 29 在"效果"面板中搜索"高斯模糊"效果,将其拖曳至V3轨道中的文本素材上,在"效果控件"面板中设置参数,如图9-72所示。

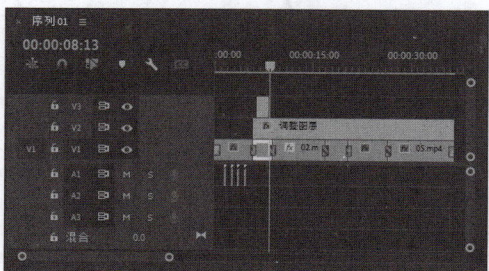

图9-71　　　　　　　　　　　　　　　　图9-72

Step 30 移动播放指示器至00：00：06：13处，在"效果控件"面板中为"位置"参数和"模糊度"参数添加关键帧，并更改"位置"参数为"-1001.0，540.0"。移动播放指示器至00：00：07：13处，更改"位置"参数为"960.0，540.0"、"模糊度"参数为"0.0"，将自动添加关键帧，如图9-73所示。

Step 31 选中V3轨道中的文本素材，按住Alt键向右拖曳复制，调整其出点位置，如图9-74所示。

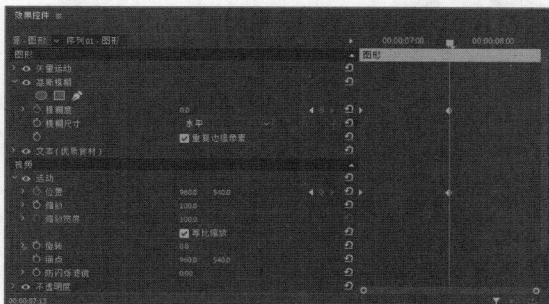
图9-73

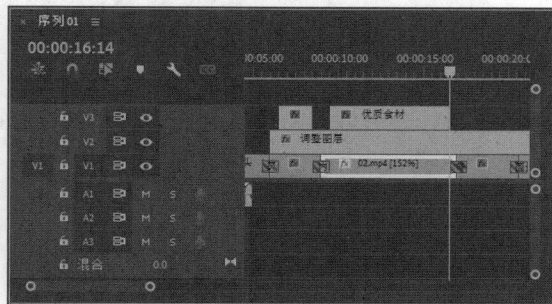
图9-74

Step 32 在"节目"监视器面板中更改文本内容，如图9-75所示。

Step 33 使用相同的方法，复制文本素材，并根据V1轨道中的素材调整持续时间，如图9-76所示。

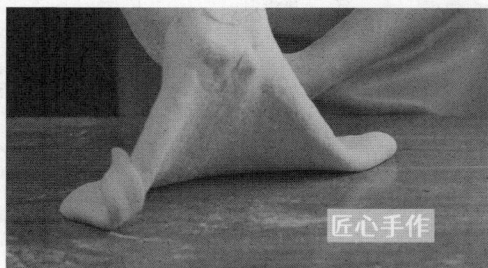
图9-75

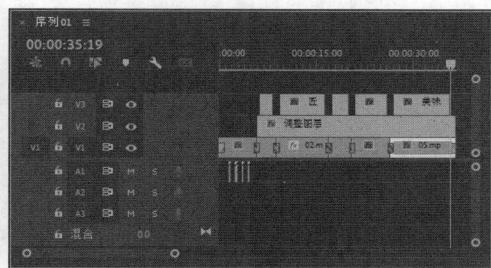
图9-76

Step 34 更改文本内容，如图9-77所示。

图9-77

Step 35 将logo素材拖曳至V4轨道中，将其持续时间调整为与V1轨道中的素材一致，如图9-78所示。

Step 36 在"节目"监视器面板中选中logo，调整至合适的大小与位置，如图9-79所示。

Step 37 选中V1轨道素材中的"黑场过渡"视频过渡效果，按Ctrl+C组合键进行复制，在V3轨道入点处单击，按Ctrl+V组合键进行粘贴。使用相同的方法，在出点处粘贴，如图9-80所示。

Step 38 将"伴奏.mp3"音频素材拖曳至A2轨道中，在00：00：27：20处裁切素材，并删除其右半部分，如图9-81所示。

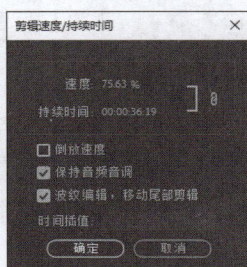

图9-78

图9-79

图9-80

图9-81

Step 39 将音频素材的持续时间调整为与V1轨道中的素材一致，如图9-82、图9-83所示。

图9-82

图9-83

Step 40 选中音频素材，执行"剪辑>音频选项>音频增益"命令打开"音频增益"对话框，设置参数，如图9-84所示。完成后单击"确定"按钮。

Step 41 在A2轨道音频入点处和出点处添加"恒定功率"音频过渡效果，如图9-85所示。

图9-84

图9-85

Step 42 按Enter键预览渲染效果，如图9-86所示。

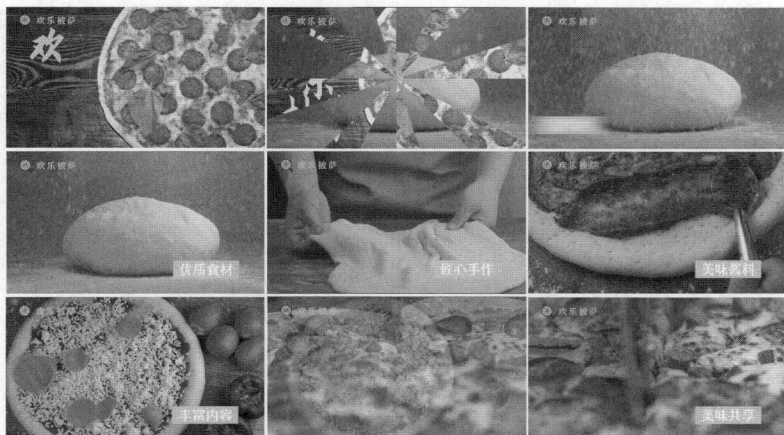

图9-86

至此，完成了"欢乐比萨"宣传广告的制作。

第 10 章
节目片头的剪辑

Pr

内容导读

本章将对节目片头的剪辑进行介绍，包括节目片头的作用、类型及不同类型片头的制作等。了解并掌握这些知识，可以帮助用户熟悉节目片头的基础知识及制作技巧，以提升其视频剪辑的能力。

学习目标

- 掌握节目片头的作用
- 掌握节目片头的类型
- 掌握节目片头的制作

素养目标

- 培养视频创作者对节目片头的制作能力，使其能够针对不同类型的节目片头，做出相应的剪辑操作。
- 通过节目片头的制作，提升视频创作者的剪辑技巧。

案例展示

城市之光

寻访自然

10.1 节目片头概述

节目片头是指电视节目、视频、电影等开始前所播放的一段短片，一般包括节目名称、主创人员等信息，往往通过创意设计、视觉特效等元素吸引观众的注意力，激发观众观看的兴趣。

10.1.1 节目片头的作用

节目片头是节目整体制作的重要组成部分，体现了不同节目的风格特点，其主要作用如下。

- 吸引观众注意：片头是展示创意和风格的重要部分，通过创意视觉效果、音乐、特效等元素，快速吸引观众注意，使观众产生想要观看的欲望。
- 展示节目形象：通过展示节目片头，快速地在观众面前呈现节目的整体风格和形象，使其建立对节目的初始印象。
- 传递主要信息：片头中一般会展示节目的基本信息，如名称、主要制作人员、宣传语等，从而使观众对节目有所了解，为后续的观看打下基础。
- 过渡与引导：节目片头作为正式节目开始前的短片，可以很自然地起到过渡的作用，并引导观众迅速进入节目氛围。
- 版权保护：片头中一般会包括制作公司的标志和版权声明，以保护节目的版权。

10.1.2 节目片头的类型

根据表现形式和设计风格的不同，可以将节目片头分为多种类型。节目片头的常见类型如下。

1. 实景片头

实景片头是使用真实的场景和拍摄手法，包含真实画面的片头，多用于新闻节目、纪录片等真实性较强的节目。

2. 动画片头

动画片头使用动画技术制作，具有较强的视觉表现力和创意性，适用于儿童节目、娱乐节目、科幻节目等需要较强视觉冲击力的节目。

3. 影视剧风格片头

影视剧风格片头具有强烈的故事性，一般采用电影或电视剧的拍摄手法和叙事方式，多用于故事性明显的或需要设定情节背景的节目。

4. 混合型片头

混合型片头较为常见，它结合了实景、动画、影视剧风格等元素，表现手法多样，效果丰富独特，适用于大型综艺等节目。

10.2 实战演练：城市之光

微课视频

实操 10-1 / 城市之光

📁 **实例资源** ▶ \第10章\城市之光\ "素材" 文件夹

本实例将练习制作城市之光片头，涉及的知识点包括视频调色、关键帧动画的创建等。具体操作方法介绍如下。

Step 01 根据视频素材新建项目与序列，并导入音频素材，如图10-1所示。

Step 02 新建调整图层，将其拖曳至V2轨道中，并将其持续时间调整为与V1轨道中的素材一致，如图10-2所示。

图10-1

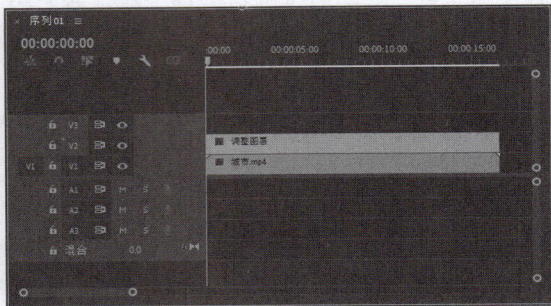
图10-2

Step 03 在"效果"面板中搜索"Brightness & Contrast"（亮度与对比度）效果，拖曳至V2轨道中的调整图层上，在"效果控件"面板中设置参数，如图10-3所示。

Step 04 此时"节目"监视器面板中的效果如图10-4所示。

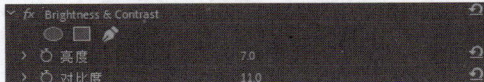
图10-3

图10-4

Step 05 在"效果"面板中搜索"Lumetri颜色"效果，将其拖曳至V2轨道中的调整图层上，在"效果控件"面板的"基本校正"选项组中降低色温，如图10-5所示。此时"节目"监视器面板中的效果如图10-6所示。

图10-5

图10-6

Step 06 在"效果"面板中搜索"镜头光晕"效果，将其拖曳至V2轨道中的素材上。移动播放指示器至00:00:00:00处，单击"光晕中心"参数左侧的"切换动画"按钮添加关键帧，并移动光晕中心位置，效果如图10-7所示。

Step 07 移动播放指示器至00:00:07:00处，更改"光晕中心"参数为"3660.0，610.0"，将自动添加关键帧，并在此时为"光晕亮度"参数添加关键帧，如图10-8所示。

图10-7

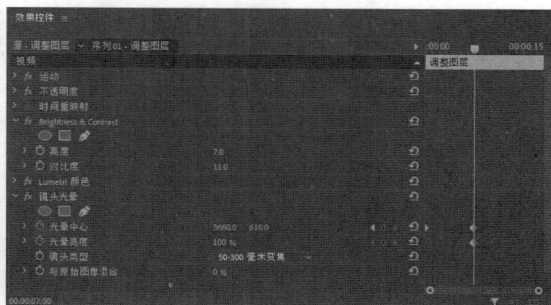

图10-8

Step 08 按Shift+→组合键，将播放指示器右移5帧，将"光晕亮度"参数更改为"120%"，将自动添加关键帧。继续将播放指示器右移5帧，将"光晕亮度"参数更改为"100%"，将自动添加关键帧，如图10-9所示。

Step 09 移动播放指示器至00:00:16:15处，更改"光晕中心"参数为"3660.0，932.0"，将自动添加关键帧。选中所有关键帧，单击鼠标右键，在弹出的快捷菜单中执行"临时插值>缓入"和"临时插值>缓出"命令，如图10-10所示。

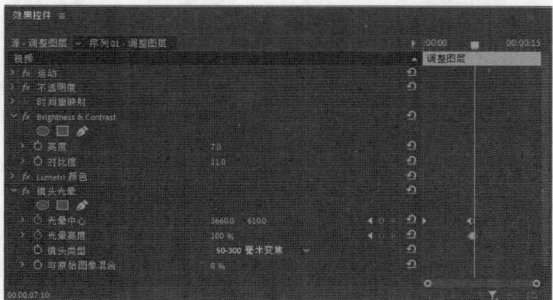

图10-9

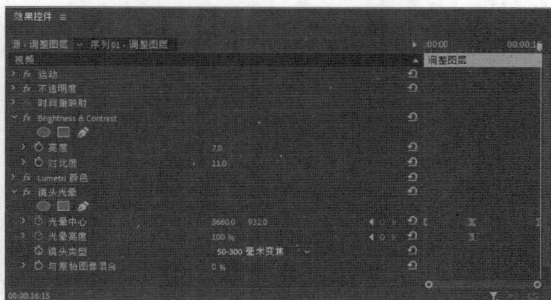

图10-10

Step 10 选中V1、V2轨道中的素材，将其嵌套，如图10-11所示。

Step 11 在"效果"面板中搜索"裁剪"效果，拖曳至V1轨道中的嵌套素材上，移动播放指示器至00:00:05:00处，在"效果控件"面板中，为"顶部"和"底部"参数添加关键帧，如图10-12所示。

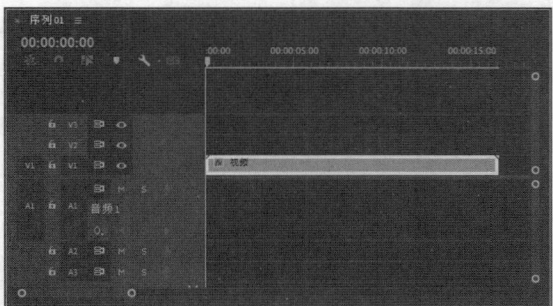

图10-11

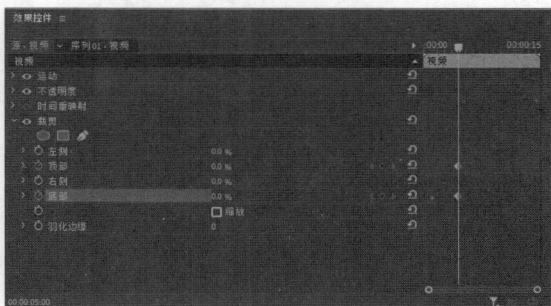

图10-12

Step 12 移动播放指示器至00:00:08:00处，更改"顶部"和"底部"参数，将自动添加关键帧，如图10-13所示。

Step 13 选中嵌套素材，按住Alt键向上拖曳复制，如图10-14所示。

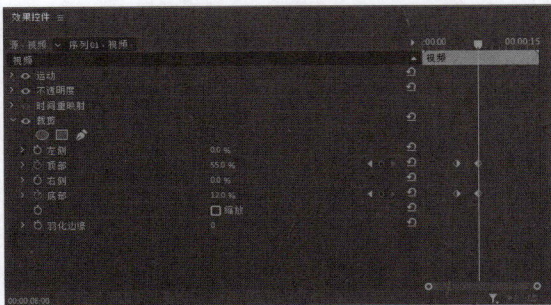

图10-13

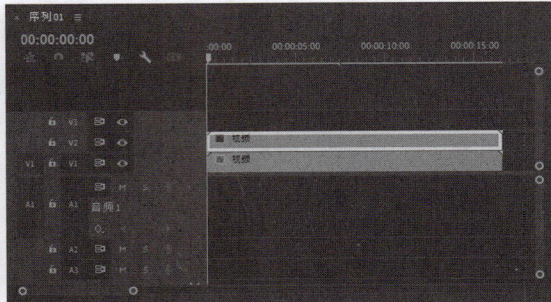

图10-14

Step 14 删除复制素材的"裁剪"效果，如图10-15所示。

Step 15 移动播放指示器至00:00:08:00处，选择文字工具，在"节目"监视器面板中单击输入文本，在"效果控件"面板中设置参数，如图10-16所示。这里选择较为方正的字体即可。

图10-15

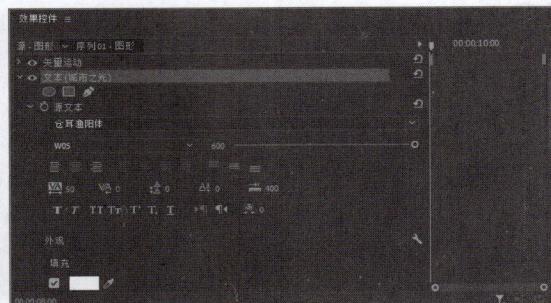

图10-16

Step 16 此时"节目"监视器面板中的效果如图10-17所示。

Step 17 在"效果"面板中搜索"轨道遮罩键"效果，拖曳至V2轨道中的素材上，在"效果控件"面板中设置参数，如图10-18所示。

图10-17

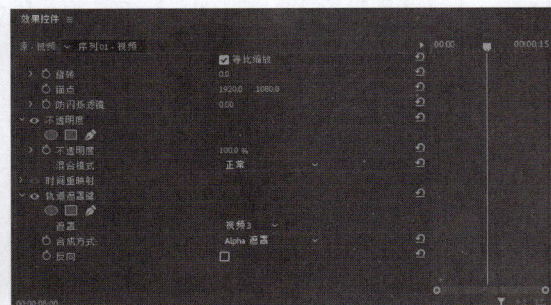

图10-18

Step 18 调整V2和V3轨道中素材的持续时间为00:00:08:00，如图10-19所示。

Step 19 选中V2和V3轨道中的素材，单击鼠标右键，在弹出的快捷菜单中执行"嵌套"命令，将其嵌套，如图10-20所示。

Step 20 在"效果"面板中搜索"交叉溶解"视频过渡效果，拖曳至V2轨道中嵌套素材的入点处和出点处，并调整持续时间为2s，如图10-21所示。

Step 21 使用相同的方法，在V1轨道中素材的出点处添加"黑场过渡"视频过渡效果，并调整持续时间，如图10-22所示。

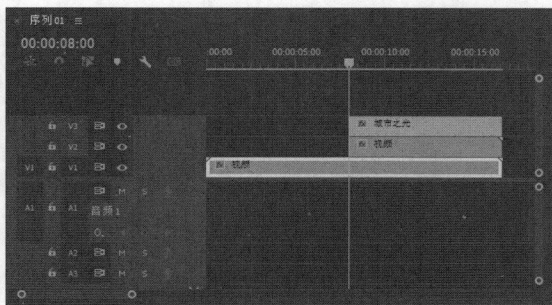
图10-19

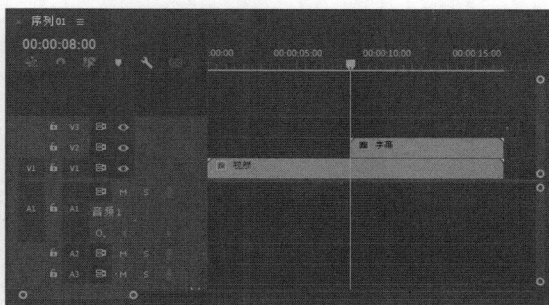
图10-20

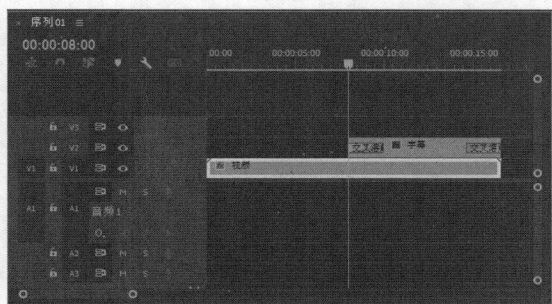
图10-21

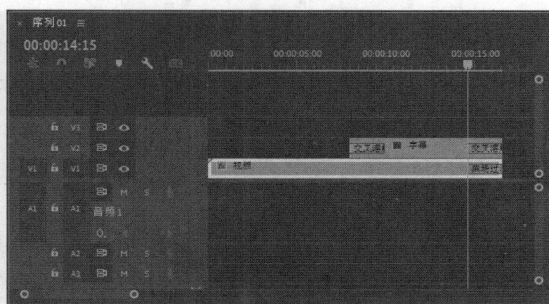
图10-22

Step 22 将音频素材添加至A1轨道中，在00:00:15:20处裁切音频素材，并删除右半部分，如图10-23所示。

Step 23 选中音频素材，单击鼠标右键，在弹出的快捷菜单中执行"速度/持续时间"命令，打开"剪辑速度/持续时间"对话框，调整持续时间，如图10-24所示。完成后单击"确定"按钮。

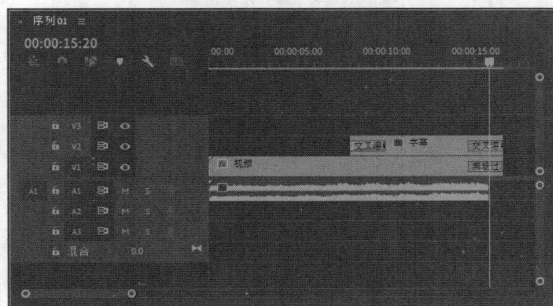
图10-23

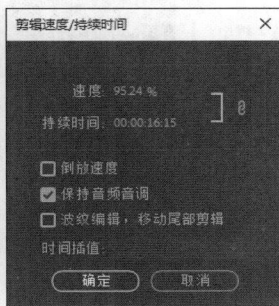
图10-24

Step 24 移动播放指示器至00:00:04:14处，选中A1轨道中的音频素材，在"效果控件"面板中调整"级别"参数为"-40.0dB"，添加关键帧。移动播放指示器至00:00:05:10处，更改"级别"参数为"-20.0dB"，将自动添加关键帧，如图10-25所示。

Step 25 双击A1轨道的空白处将其展开，按住Ctrl键调整第2个关键帧，如图10-26所示，使音频变化更加自然。

Step 26 在"效果"面板中搜索"恒定功率"音频过渡效果，拖曳至A1轨道的出点处，并调整持续时间为2s，如图10-27所示。

Step 27 按Enter键渲染预览，如图10-28所示。

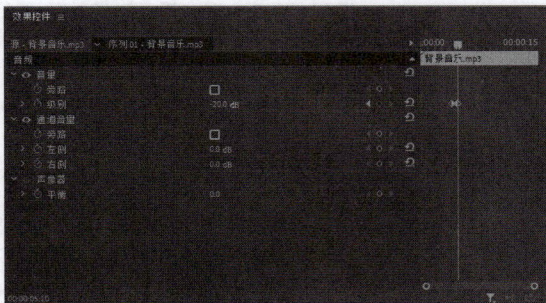
图10-25

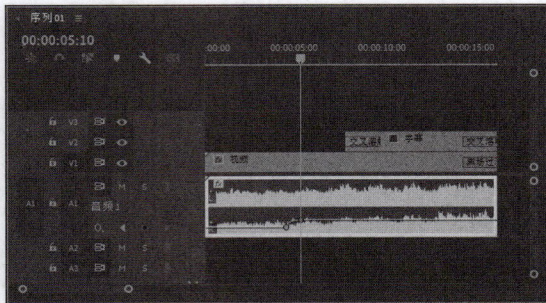
图10-26

图10-27

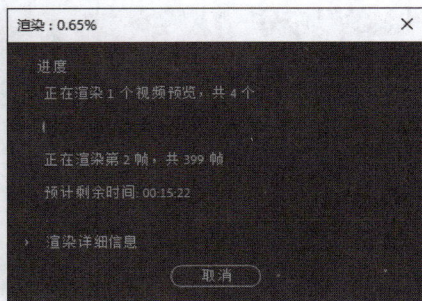
图10-28

Step 28 渲染完成后，在"节目"监视器面板中预览效果，如图10-29所示。

图10-29

至此，完成了"城市之光"片头的制作。

10.3 实战演练：寻访自然 AIGC

微课视频

实操 10-2 寻访自然

实例资源 ▶ \第10章\寻访自然\"素材"文件夹

本实例将练习制作寻访自然片头，涉及的知识点包括关键帧动画的制作、蒙版的应用等。具体操作方法如下。

Step 01 通过AIGC工具生成标志图像，如即梦AI，如图10-30所示。保存满意的标志图像后，通过PhotoShop抠取标志主体并保存。

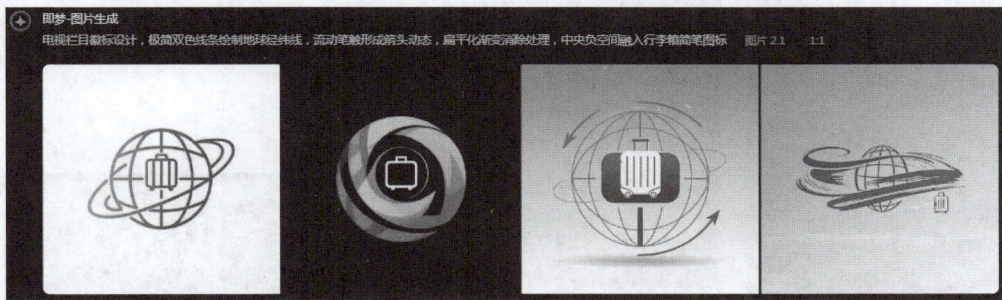

图10-30

Step 02 新建项目与序列，并导入本章素材文件，如图10-31所示。

Step 03 将素材01拖曳至V1轨道中，单击鼠标右键，在弹出的快捷菜单中执行"缩放为帧大小"命令，调整素材大小，如图10-32所示。

图10-31

图10-32

Step 04 取消音、视频链接，并删除音频，如图10-33所示。

Step 05 在"基本图形"面板中单击"新建文件"按钮，在弹出的快捷菜单中执行"矩形"命令新建矩形，调整至与序列等大，将填充设置为"无"，将描边设置为"黑色"，将宽设置为40.0、内侧，效果如图10-34所示。

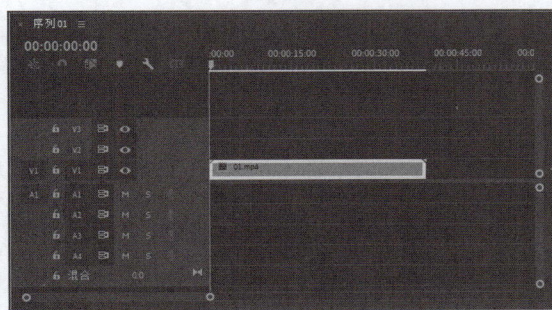

图10-33

图10-34

Step 06 继续新建矩形，设置参数，如图10-35所示。

Step 07 选中"基本图形"面板中的"形状02"图层，单击鼠标右键，在弹出的快捷菜单中执行"复制"命令（第二个），复制矩形，并调整其位置，如图10-36所示。效果如图10-37所示。

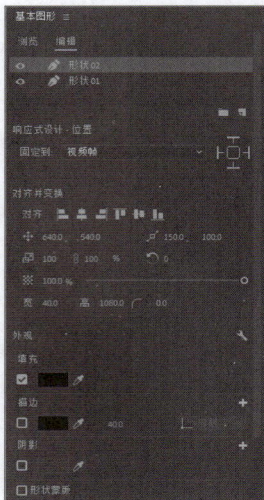
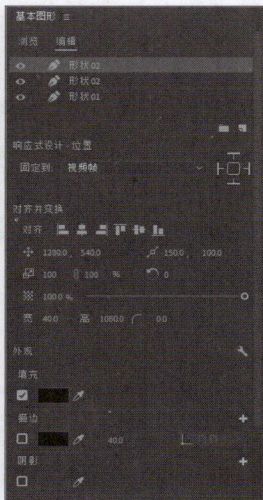

图10-35 图10-36 图10-37

Step 08 选中"时间轴"面板中的图形素材,调整其持续时间为8s,如图10-38所示。

Step 09 移动V2轨道中的素材至V7轨道中,如图10-39所示。

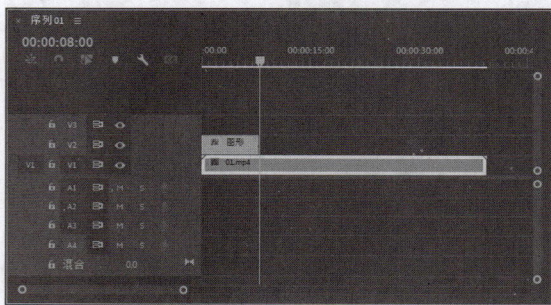

图10-38 图10-39

Step 10 不选中任何对象,在"基本图形"面板中单击"新建文件"按钮,在弹出的快捷菜单中执行"文本"命令新建文本,设置喜欢的文本样式,在"节目"监视器面板中更改文本内容,将其调整至合适大小与位置,如图10-40所示。

Step 11 移动文本素材入点至00:00:00:20处,在"效果控件"面板中单击"源文本"参数左侧的"切换动画"按钮添加关键帧。移动播放指示器至00:00:01:05处,更改数字为2,将自动添加关键帧。移动播放指示器至00:00:01:15处,更改数字为1,将自动添加关键帧,如图10-41所示。

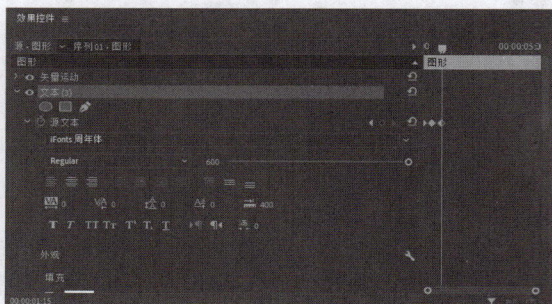

图10-40 图10-41

Step 12 移动播放指示器至00：00：02：00处，裁切文本素材，并删除其右侧部分，如图10-42所示。

Step 13 将02素材拖曳至V2轨道中，在00：00：07：00处裁切素材，并删除其右侧部分，如图10-43所示。

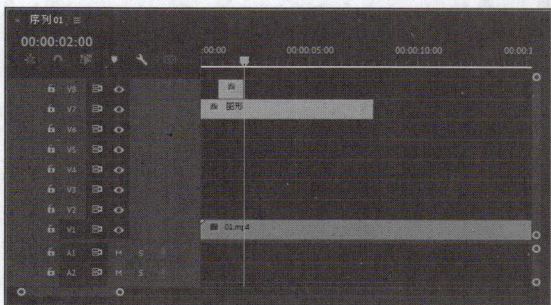
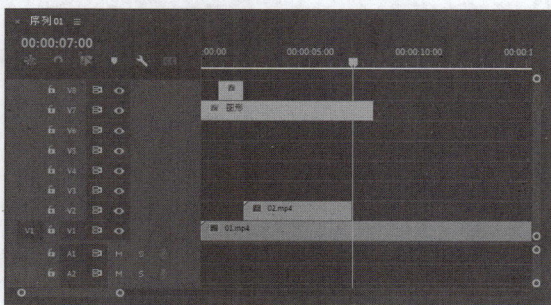

图10-42   图10-43

Step 14 在"节目"监视器面板中调整V2轨道中素材的位置，如图10-44所示。

Step 15 在"效果"面板中搜索"裁剪"效果，将其拖曳至V2轨道中的素材上，在"效果控件"面板中将"右侧"参数设置为"27.0%"，效果如图10-45所示。

图10-44   图10-45

Step 16 移动播放指示器至00：00：02：00处，在"效果"面板中搜索"变换"效果，拖曳至V2轨道中的素材上，在"效果控件"面板中设置"变换"效果组中的"位置"参数为"960.0，-1080.0"，添加关键帧，取消勾选"使用合成的快门角度"复选框，将"快门角度"参数设置为"200.00"，如图10-46所示。

Step 17 按Shift+→组合键，将播放指示器右移5帧，重复一次，单击"变换"效果组中"位置"参数右侧的"重置参数" 🔄 按钮，重置参数，将自动添加关键帧，如图10-47所示。

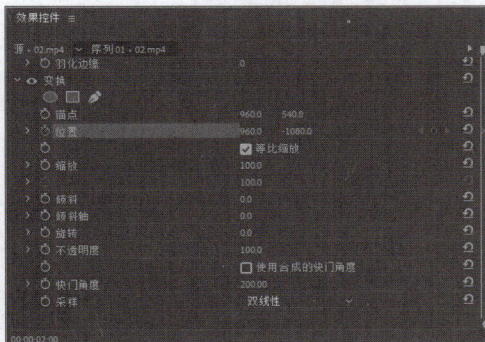
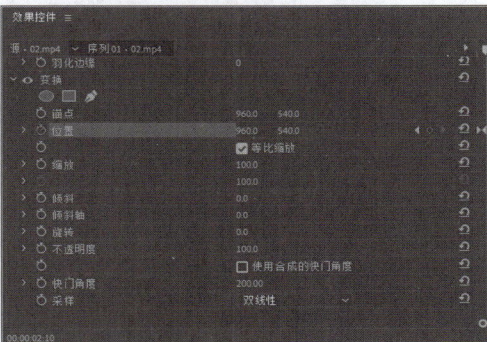

图10-46   图10-47

Step 18 移动播放指示器至00:00:03:00处,将03素材拖曳至V3轨道中,在00:00:06:00处裁切素材,并删除其右侧部分,如图10-48所示。

Step 19 在"节目"监视器面板中调整V3轨道中素材的位置,如图10-49所示。

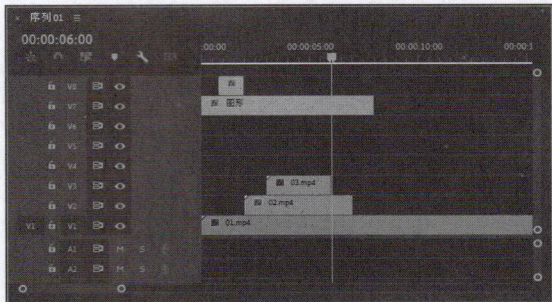

图10-48

图10-49

Step 20 在"效果"面板中搜索"裁剪"效果,将其拖曳至V3轨道中的素材上,在"效果控件"面板中将"左侧"参数设置为"34.0%",效果如图10-50所示。

Step 21 移动播放指示器至00:00:03:00处,在"效果"面板中搜索"变换"效果,拖曳至V3轨道中的素材上,在"效果控件"面板中设置"变换"效果组中的"位置"参数为"960.0,540.0",添加关键帧,取消勾选"使用合成的快门角度"复选框,设置"快门角度"参数为"200.00"。按Shift+→组合键,将播放指示器右移5帧,重复一次,单击"变换"效果组中"位置"参数右侧的"重置参数" 按钮,重置参数,将自动添加关键帧,如图10-51所示。

图10-50

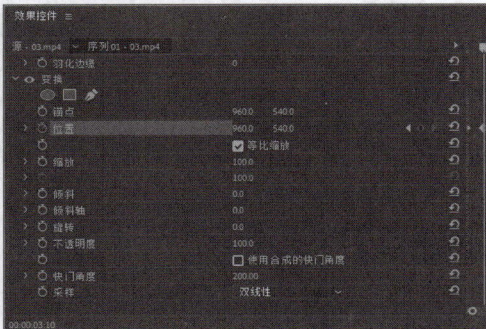

图10-51

Step 22 移动播放指示器至00:00:04:00处,将04素材拖曳至V4轨道中,在00:00:07:00处裁切素材,并删除其右侧部分,如图10-52所示。

Step 23 在"效果"面板中搜索"裁剪"效果,拖曳至V4轨道中的素材上,在"效果控件"面板中设置"左侧"和"右侧"参数均为"33.0%",效果如图10-53所示。

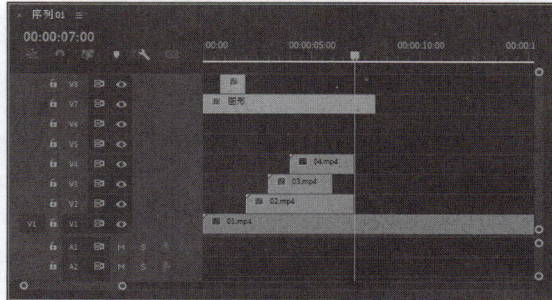

图10-52

图10-53

Step 24 移动播放指示器至00：00：04：00处，在"效果"面板中搜索"变换"效果，拖曳至V4轨道中的素材上，在"效果控件"面板中将"变换"效果组中的"位置"参数设置为"960.0，540.0"，添加关键帧，取消勾选"使用合成的快门角度"复选框，设置"快门角度"参数为"200.00"。按Shift+→组合键，将播放指示器右移5帧，重复一次，单击"变换"效果组中"位置"参数右侧的"重置参数" ⟲ 按钮，重置参数，将自动添加关键帧，如图10-54所示。

Step 25 移动播放指示器至00：00：05：00处，将05素材拖曳至V5轨道中，在00：00：07：00处裁切素材，并删除其右侧部分，如图10-55所示。

图10-54

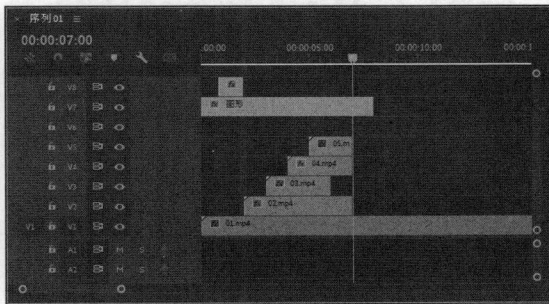

图10-55

Step 26 在"节目"监视器面板中调整V5轨道中素材的位置，如图10-56所示。

Step 27 在"效果"面板中搜索"裁剪"效果，将其拖曳至V5轨道中的素材上，在"效果控件"面板中将"左侧"参数设置为"30.0%"，效果如图10-57所示。

图10-56

图10-57

Step 28 移动播放指示器至00：00：05：00处，在"效果"面板中搜索"变换"效果，拖曳至V5轨道中的素材上，在"效果控件"面板中将"变换"效果组中的"位置"参数设置为"960.0，540.0"，添加关键帧，取消勾选"使用合成的快门角度"复选框，将"快门角度"参数设置为"200.00"。按Shift+→组合键，将播放指示器右移5帧，重复一次，单击"变换"效果组中"位置"参数右侧的"重置参数" ⟲ 按钮，重置参数，将自动添加关键帧，如图10-58所示。

Step 29 将06素材拖曳至V6轨道中，在00：00：10：12处裁切素材，并删除其左侧部分，如图10-59所示。

Step 30 调整V6轨道中素材的持续时间为6s，将入点移动至00：00：06：00处，如图10-60所示。

Step 31 移动播放指示器至00：00：06：00处，在"效果"面板中搜索"变换"效果，将其拖曳至V6轨道中的素材上，在"效果控件"面板中将"变换"效果组中的"位置"参数设置为"92.0，-1080.0"，添加关键帧，取消勾选"使用合成的快门角度"复选框，设置"快门角度"参数为"200.00"。按Shift+→组合键，将播放指示器右移5帧，重复一次，将"变换"效果组中的"位置"参数更改为"92.0，540.0"，将自动添加关键帧，如图10-61所示。

图10-58

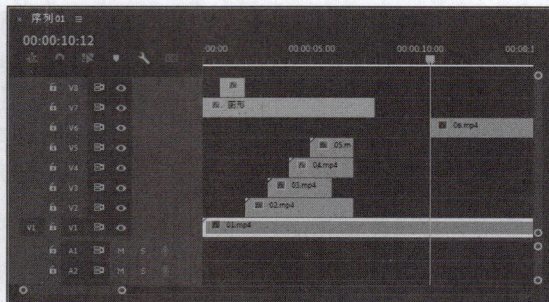

图10-59

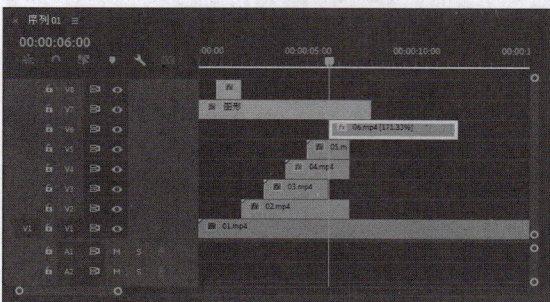

图10-60

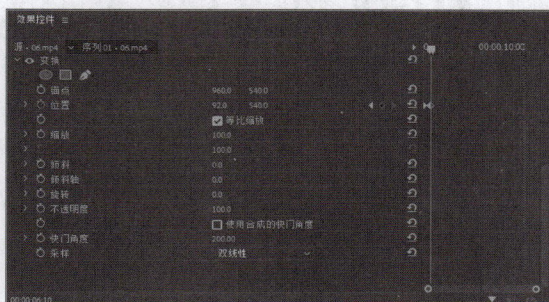

图10-61

Step 32 按→键，将播放指示器右移1帧，单击"位置"参数右侧的"添加/移除关键帧" ▣ 按钮添加关键帧。按Shift+→组合键，将播放指示器右移5帧，重复一次，单击"变换"效果组中"位置"参数右侧的"重置参数" ▣ 按钮，重置参数，将自动添加关键帧，如图10-62所示。

Step 33 移动播放指示器至00:00:06:10处，在"效果"面板中搜索"裁剪"效果，拖曳至V6轨道中的素材上，在"效果控件"面板中将"右侧"参数设置为"66.0%"，并添加关键帧。移动播放指示器至00:00:06:21处，将"右侧"参数更改为"0.0%"，自动添加关键帧，如图10-63所示。

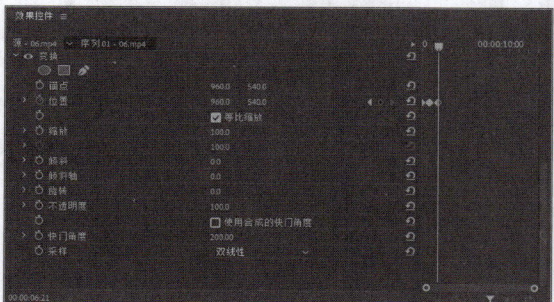

图10-62

图10-63

Step 34 移动播放指示器至00:00:00:00处，选中V7轨道中的图形素材，在"效果控件"面板中为"不透明度"参数添加关键帧，并将数值设置为"0.0%"。移动播放指示器至00:00:00:10处，将"不透明度"参数更改为"100.0%"，将自动添加关键帧。移动播放指示器至00:00:07:00处，单击"不透明度"参数右侧的"添加/移除关键帧" ▣ 按钮添加关键帧。移动播放指示器至00:00:07:10处，将"不透明度"参数更改为"0.0%"，将自动添加关键帧，如图10-64所示。

Step 35 移动播放指示器至00:00:12:00处，将图标素材拖曳至V7轨道中，如图10-65所示。

Step 36 移动播放指示器至00：00：12：00处，选中图标素材，在"效果控件"面板中为"缩放"和"不透明度"参数添加关键帧，并设置参数，如图10-66所示。移动播放指示器至00：00：12：10处，将"缩放"参数更改为"22.0"，将"不透明度"参数设置为"100.0%"，自动添加关键帧。为"位置"参数添加关键帧，如图10-67所示。

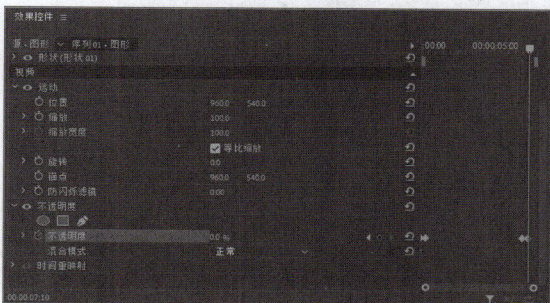

图10-64

图10-65

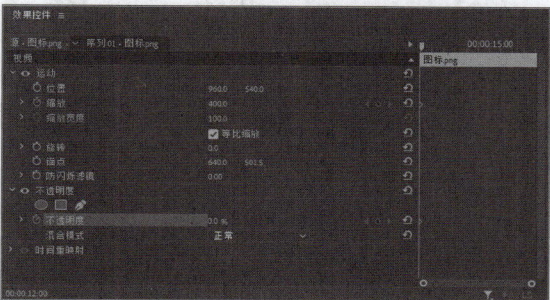

图10-66

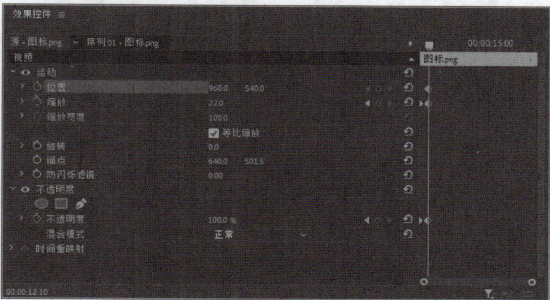

图10-67

Step 37 移动播放指示器至00：00：12：20处，将"位置"参数更改为"624.0，540.0"，将自动添加关键帧，如图10-68所示。

Step 38 移动播放指示器至00：00：12：20处，使用文字工具在"节目"监视器面板中单击输入文本，将其高度调整至与图标相似即可，如图10-69所示。

图10-68

图10-69

Step 39 选中文本，在"效果控件"面板中单击"不透明度"参数下方的"创建4点多边形蒙版"按钮，创建蒙版，在"节目"监视器面板中调整蒙版，如图10-70所示。

Step 40 单击"节目"监视器面板中的"设置" 按钮，在弹出的快捷菜单中执行"显示标尺"命令，从标尺中拖曳参考线定位蒙版，如图10-71所示。

Step 41 移动播放指示器至00：00：13：05处，在"效果控件"面板中为"位置"参数和"蒙版路径"参数添加关键帧，如图10-72所示。

Step 42 移动播放指示器至00:00:12:20处,将"位置"参数更改为"107.0,540.0",在"节目"监视器面板中调整蒙版位置至与参考线对齐,如图10-73所示。

图10-70

图10-71

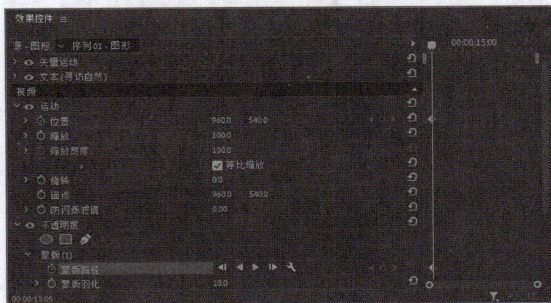
图10-72

图10-73

Step 43 此时将自动添加关键帧,如图10-74所示。

Step 44 在00:00:16:00处裁切V1、V7和V8轨道中的素材,并删除其右侧部分,如图10-75所示。

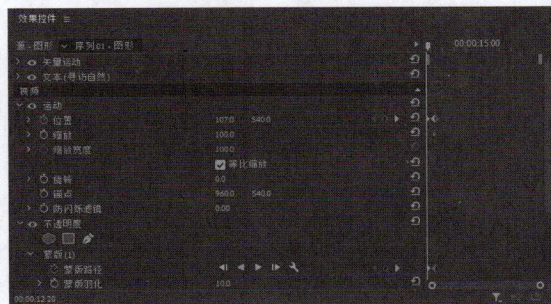
图10-74

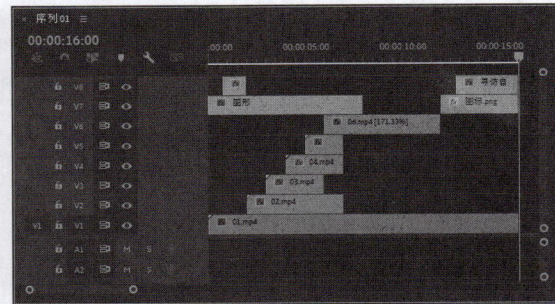
图10-75

Step 45 移动播放指示器至00:00:02:00处,将素材拖曳至A1轨道中,如图10-76所示。

Step 46 选中A1轨道中的素材,按住Alt键向右拖曳复制,重复多次,如图10-77所示。

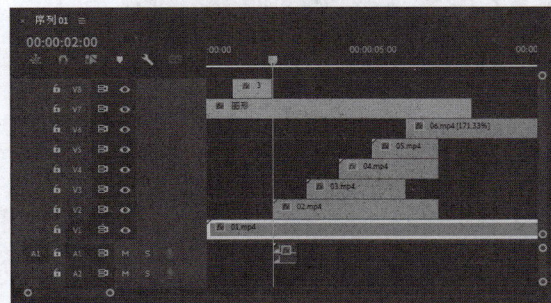
图10-76

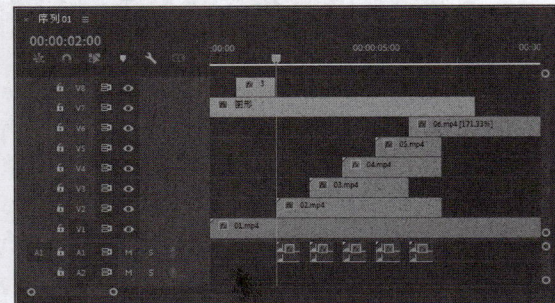
图10-77

Step 47 将伴奏素材拖曳至A2轨道中，在00∶00∶00∶15和00∶00∶16∶16处裁切素材，并删除第1段和第3段，如图10-78所示。

Step 48 调整A2轨道中音频素材的持续时间，如图10-79所示。

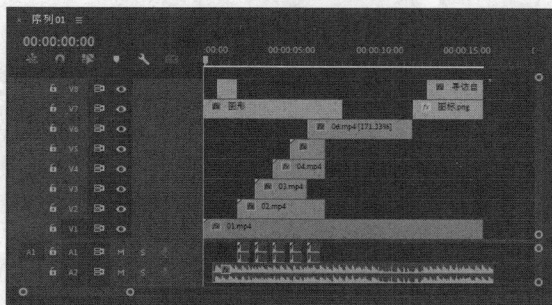

图10-78

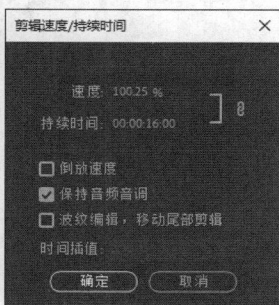

图10-79

Step 49 移动A2轨道中音频的位置，在"效果"面板中搜索"指数淡化"音频过渡效果，拖曳至A2轨道中音频的出点处，调整其持续时间为2s，如图10-80所示。

Step 50 在"效果"面板中搜索"黑场过渡"视频过渡效果，拖曳至V7和V8轨道中素材的出点处，调整持续时间为1s，如图10-81所示。

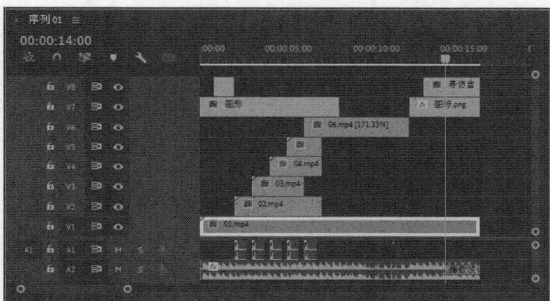

图10-80

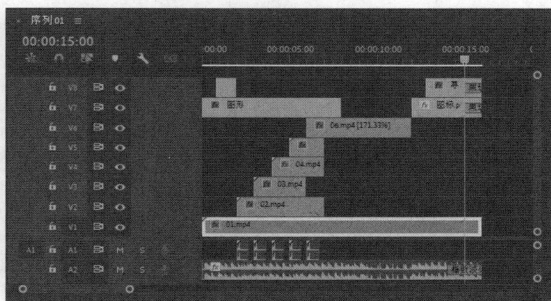

图10-81

Step 51 在"效果"面板中搜索"黑场过渡"视频过渡效果，将其拖曳至V1轨道中素材的出点处，调整持续时间为3s6帧，如图10-82所示。

Step 52 在"效果"面板中搜索"交叉溶解"视频过渡效果，将其拖曳至V1轨道中素材的出点处，调整持续时间为1s，如图10-83所示。

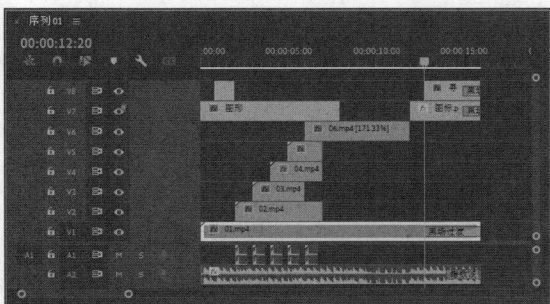

图10-82

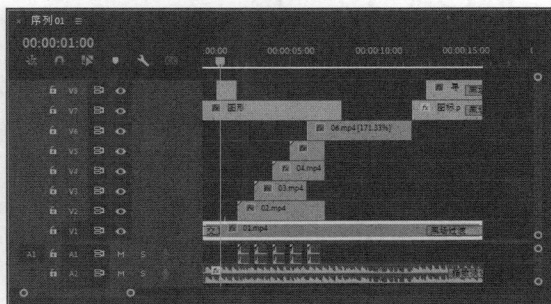

图10-83

Step 53 按Enter键预览渲染效果，如图10-84所示。

图10-84

至此，完成了"寻访自然"片头的制作。

第 11 章
电子相册的剪辑

本章将对电子相册的剪辑进行介绍，包括电子相册的特点、类型、使用场景及制作等。了解并掌握这些知识，可以帮助用户了解并熟悉电子相册的制作，同时还可以帮助创作者练习视频剪辑的操作，提升其技术水平。

- 掌握电子相册的特点
- 掌握电子相册的类型
- 掌握电子相册的使用场景
- 掌握电子相册的制作

- 培养视频创作者制作电子相册的能力，使其了解不同类型电子相册的特点，从而有针对性地进行制作。
- 通过制作电子相册，提升视频创作者对视频剪辑的了解，拓宽其知识面。

点滴生活   萌宠日常

11.1 电子相册概述

电子相册是通过电子设备和软件，以数字化的方式，存储、管理或展示照片及相关多媒体内容的工具。本节将对电子相册进行介绍。

11.1.1 电子相册的特点

电子相册是现代生活中留存记忆、展示照片和多媒体内容的重要工具，其主要特点包括以下5点。

- 便于存储：电子相册以数字形式存储，节省了物理空间，且现代存储设备和云存储服务提供了巨大的存储容量，以便用户存储海量的照片和视频。
- 易于分享：相比于纸质相册，电子相册无须携带即可通过社交媒体、电子邮件等快速分享，促进社交互动。
- 形式多样：除了照片，电子相册支持添加视频、音乐、文本等多种内容，丰富度更高，视觉效果也更突出。
- 方便管理：通过搜索、标签、文件夹等功能，用户可以快速找到需要的照片，还可以通过日期、地点、人物等信息自动分类照片，实现对照片的高效管理。
- 更新便捷：通过云存储技术，用户可以在不同设备间实时更新相册内容，延长其生命周期并提升可扩展性。

11.1.2 电子相册的类型

根据内容和展示方式的不同，可以将电子相册分为以下常见的类型。

- 家庭相册：用于记录家庭成员及生活的点滴日常，如家庭成员的日常、节日庆祝、生日聚会等。
- 旅行相册：用于记录旅行中的美好时光，包括旅行中的风景、文化体验、经历及故事等。
- 主题相册：根据特定主题或事件来组织整理照片，如婚礼相册、宝宝相册等。
- 工作相册：用于记录工作中的日常，如工作场所、项目节点等，以便更好地回顾工作成果，或作为展示公司的素材。
- 艺术相册：强调艺术性和创造性，一般包含艺术作品，如摄影作品、美术作品等，以便更好地展示。
- 纪念相册：用于纪念特殊事件或人物，如纪念日、历史人物、文化遗产等。

11.1.3 电子相册的使用场景

电子相册的灵活性和互动性很强，且电子相册易于分享，在众多场景都有着广泛的应用。

- 婚庆纪念：电子相册在婚庆行业非常常见，一般用于记录婚礼当天的每个细节，既便于个人品位，也能分享给未到场的亲友。
- 旅行宣传：精选旅途中的照片和视频制作成电子相册，可以留存美好记忆，也能更好地分享旅行风景，激发他人的兴趣。
- 企业展示：通过电子相册可以生动、直观地展示企业文化，如企业简介、产品目录、项目案例等，从而提升企业形象和说服力。
- 个人回忆：记录个人生活中的日常片段，满足家庭成员回顾美好往事的需要。

- 社交分享：可以便捷地分享在社交平台，增加互动性。
- 艺术宣传：艺术家可以通过电子相册展示创作过程、作品等，以便在线上平台进行分享或推广。

11.2 实战演练：点滴生活

微课视频

实操 11-1 | 点滴生活

🎬 **实例资源** ▶ \第11章\点滴生活\"素材"文件夹

本实例将练习制作点滴生活电子相册，涉及的知识点包括视频效果的应用、视频过渡效果的应用等。具体操作方法介绍如下。

Step 01 根据素材新建项目和序列，并导入音频，如图11-1所示。

Step 02 选中"时间轴"面板V1轨道中右侧的8个素材文件，单击鼠标右键，在弹出的快捷菜单中执行"速度/持续时间"命令，打开"剪辑速度/持续时间"对话框，调整素材的持续时间，如图11-2所示。完成后单击"确定"按钮。

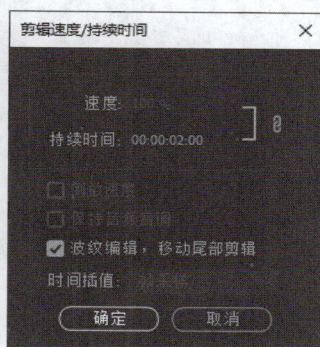

图11-1　　　　　　　　　　　　　　　　图11-2

Step 03 使用相同的方法，调整V1轨道中第1个素材的持续时间为3s，如图11-3所示。

Step 04 选中V1轨道中的所有素材，在"效果"面板中搜索"色彩"效果，并将其拖曳至V1轨道中的素材上，效果如图11-4所示。

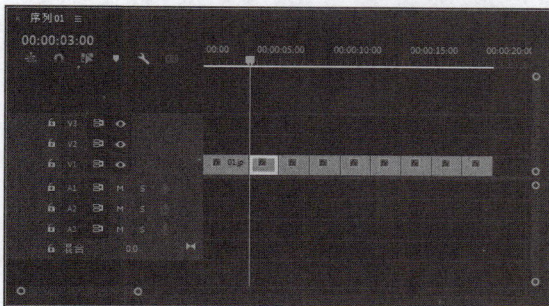

图11-3　　　　　　　　　　　　　　　　图11-4

Step 05 选中V1轨道中的素材文件，按住Alt键拖曳复制至V2轨道中，如图11-5所示。

Step 06 移动播放指示器至00：00：01：00处，选中V2轨道中的第1个素材，在"效果控件"面板中为"着色量"参数添加关键帧，如图11-6所示。

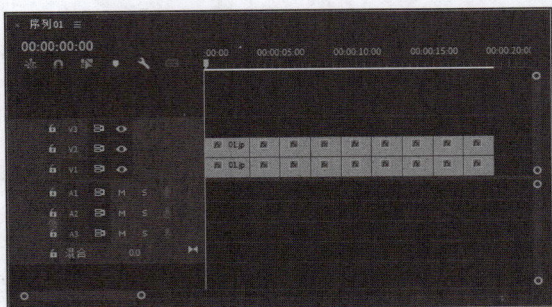

图11-5

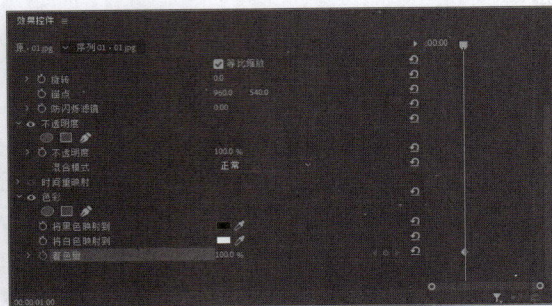

图11-6

Step 07 移动播放指示器至00：00：02：00处，将"着色量"参数更改为"0.0%"，将自动添加关键帧，如图11-7所示。

Step 08 选中关键帧，单击鼠标右键，在弹出的快捷菜单中执行"自动贝塞尔曲线"命令，设置关键帧插值，如图11-8所示。

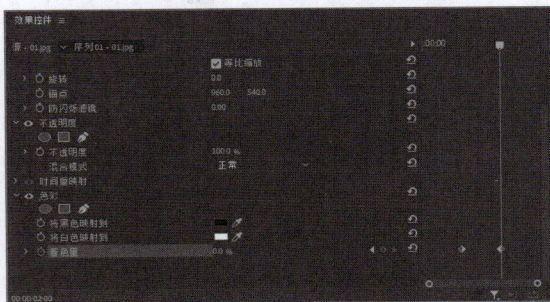

图11-7

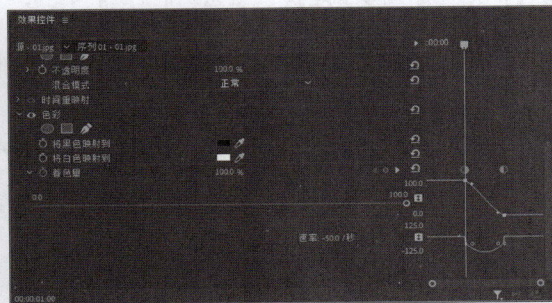

图11-8

Step 09 选中关键帧，按Ctrl+C组合键复制。移动播放指示器至00：00：03：00处，选中V2轨道中的第2个素材，在"效果控件"面板中选中"色彩"效果，按Ctrl+V组合键粘贴，如图11-9所示。

Step 10 使用相同的方法，移动播放指示器至V2轨道中其他素材的入点处，粘贴关键帧，如图11-10所示。

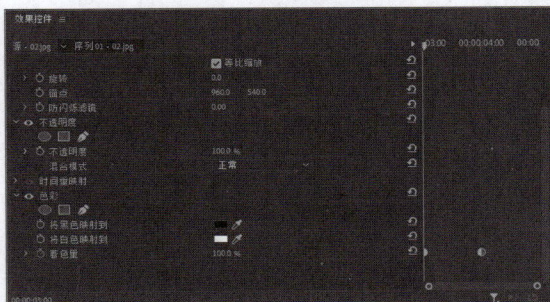

图11-9

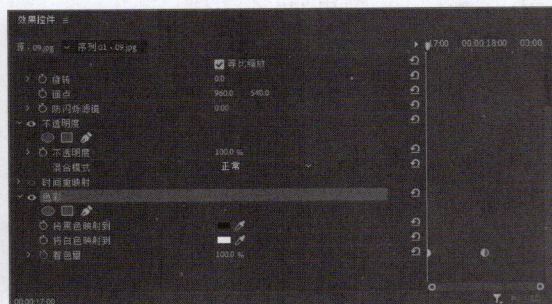

图11-10

Step 11 移动播放指示器至00：00：01：00处，在"基本图形"面板中，单击"新建文件"按钮，在弹出的快捷菜单中执行"矩形"命令，调整矩形参数，如图11-11所示。此时"节目"监视器画板中的效果如图11-12所示。

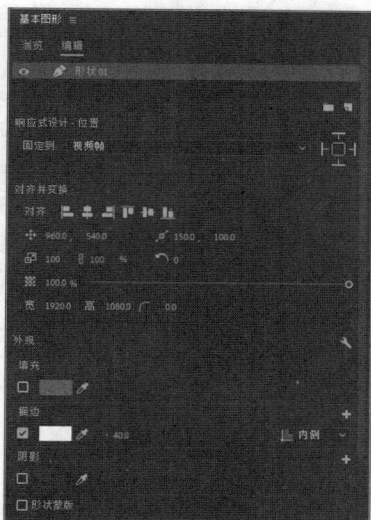
图11-11

图11-12

Step 12 调整矩形素材的持续时间为2s，如图11-13所示。

Step 13 在00:00:01:00处裁切V2轨道中的第1段素材，并删除其左侧部分，如图11-14所示。

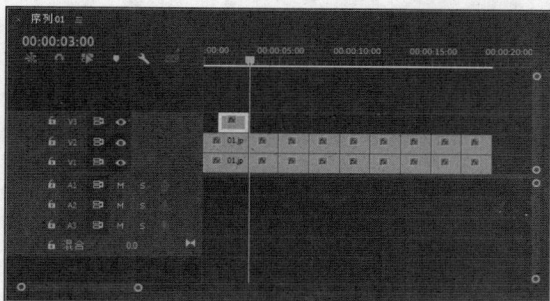
图11-13

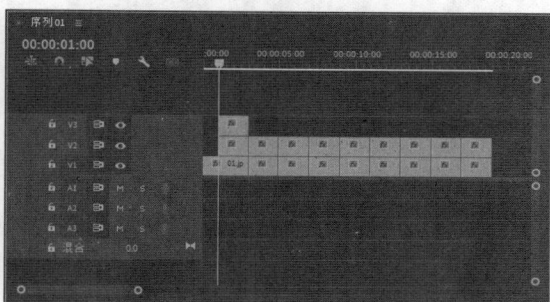
图11-14

Step 14 选中V3轨道中的矩形素材，按住Alt键向右拖曳复制，重复多次，如图11-15所示。

Step 15 选中V2轨道和V3轨道中的第1段素材，单击鼠标右键，在弹出的快捷菜单中执行"嵌套"命令，嵌套素材，如图11-16所示。

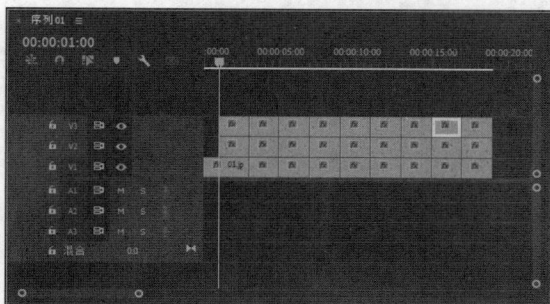
图11-15

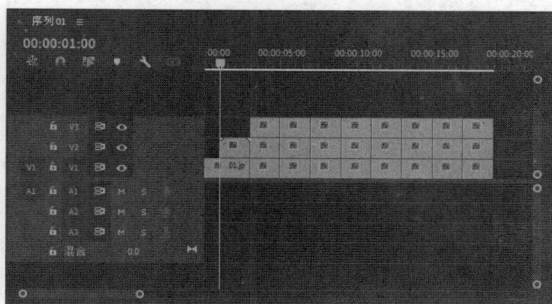
图11-16

Step 16 使用相同的方法，嵌套V2轨道和V3轨道中对应位置的素材，如图11-17所示。

Step 17 移动播放指示器至00:00:01:00处，选中第1段嵌套序列，在"效果控件"面板中，为"缩放"参数添加关键帧。移动播放指示器至00:00:02:00处，将"缩放"参数更改为"80.0"，将自动添加关键帧，如图11-18所示。

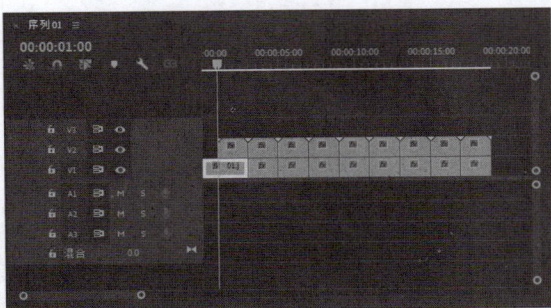
图11-17

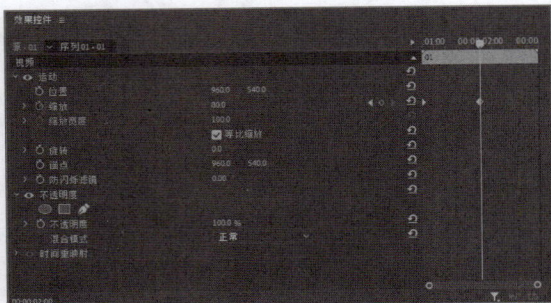
图11-18

Step 18 此时"节目"监视器面板中的效果如图11-19所示。

Step 19 选中关键帧，单击鼠标右键，在弹出的快捷菜单中执行"缓入"和"缓出"命令，效果如图11-20所示。

图11-19

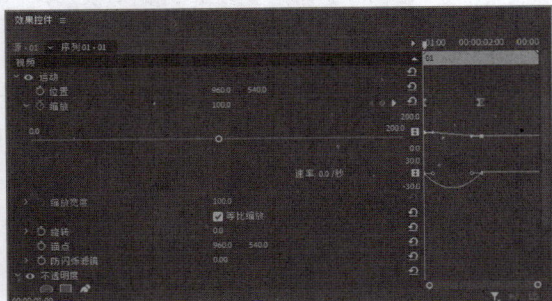
图11-20

Step 20 选中关键帧，按Ctrl+C组合键复制。移动播放指示器至00:00:03:00处，选中第2段嵌套序列，在"效果控件"面板中选择"缩放"参数，按Ctrl+V组合键粘贴，如图11-21所示。

Step 21 使用相同的方法，在其他嵌套序列中粘贴关键帧，如图11-22所示。

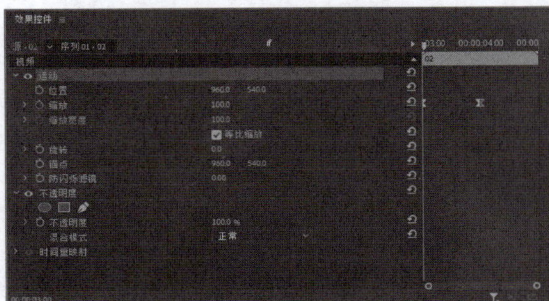
图11-21

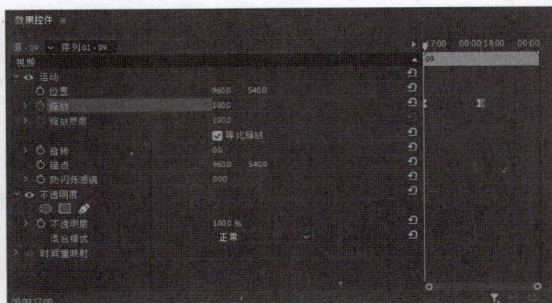
图11-22

Step 22 在"效果"面板中搜索"白场过渡"视频过渡效果，拖曳至V2轨道中第1段嵌套序列的入点处，调整其持续时间为10帧，如图11-23所示。

Step 23 复制添加的"白场过渡"视频过渡效果，在其他嵌套序列的入点处单击，按Ctrl+V组合键粘贴，如图11-24所示。

Step 24 在"效果"面板中搜索"叠加溶解"视频过渡效果，拖曳至V1轨道中素材之间，调整持续时间为20帧，如图11-25所示。

Step 25 双击"项目"面板中的快门声素材，在"源"监视器面板中打开，如图11-26所示。

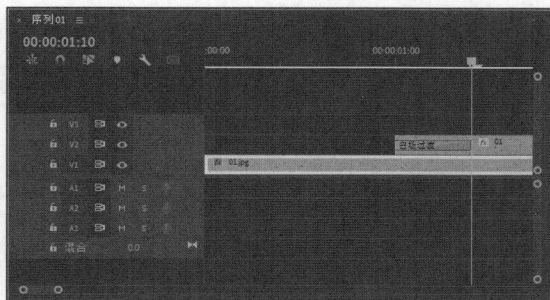

图11-23

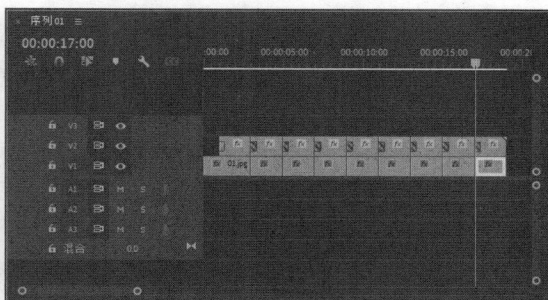

图11-24

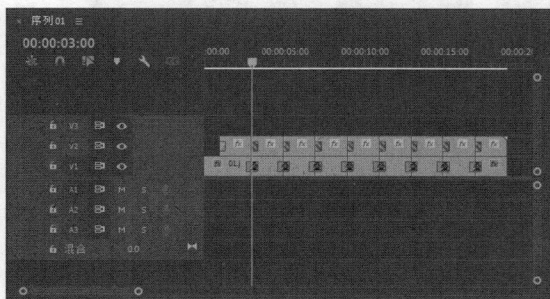

图11-25

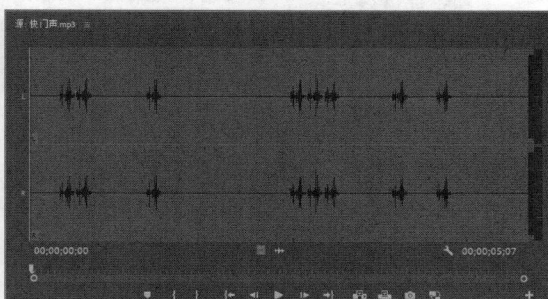

图11-26

Step 26 在00:00:01:06处标记入点，在00:00:01:13处标记出点，如图11-27所示。

Step 27 移动鼠标指针至"仅拖动音频" ⬚ 按钮上，按住鼠标左键拖曳至A1轨道中，如图11-28所示。

图11-27

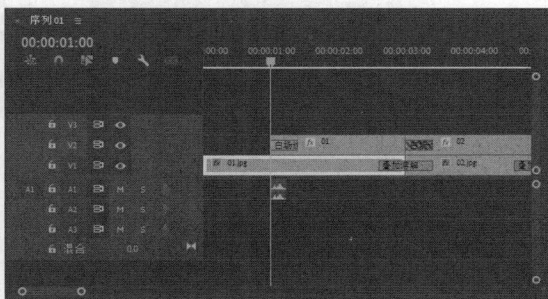

图11-28

Step 28 选中A1轨道中的素材，按住Alt键向右拖曳复制，重复多次，如图11-29所示。

Step 29 将伴奏音频素材添加至A2轨道中，在00:00:19:13处裁切素材，并删除其右侧部分，如图11-30所示。

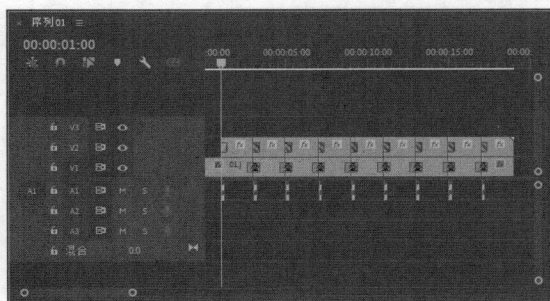

图11-29

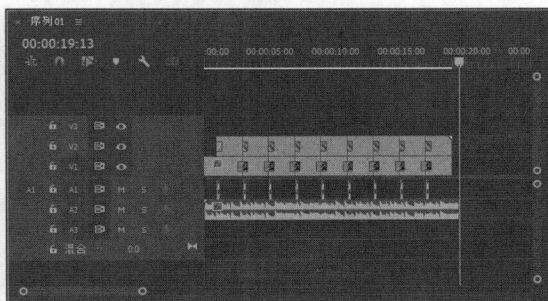

图11-30

Step 30 将音频素材的持续时间调整为与V1轨道中的素材一致，如图11-31所示。

Step 31 选中A2轨道中的音频素材，执行"剪辑>音频选项>音频增益"命令，打开"音频增益"对话框，在其中设置参数，如图11-32所示。

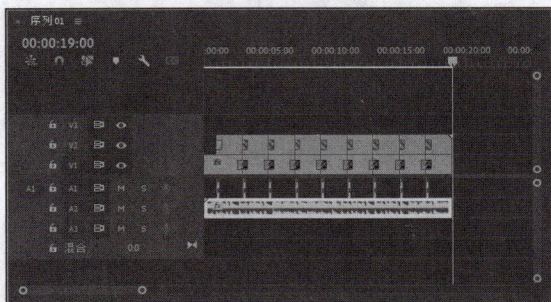 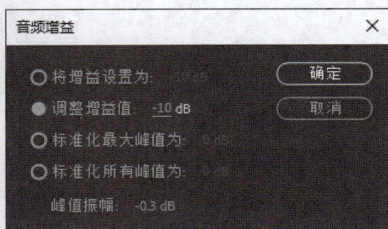

图11-31   图11-32

Step 32 在"效果"面板中搜索"恒定功率"音频过渡效果，将其添加至A2轨道中素材的出点处，如图11-33所示。

Step 33 执行"序列>渲染入点到出点"命令，进行渲染，如图11-34所示。

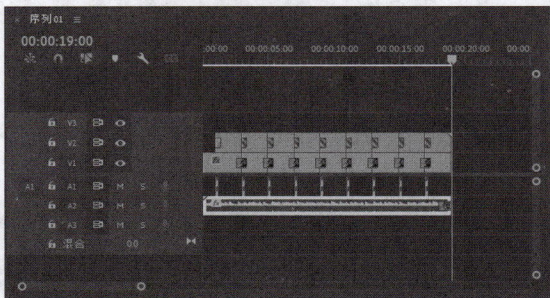 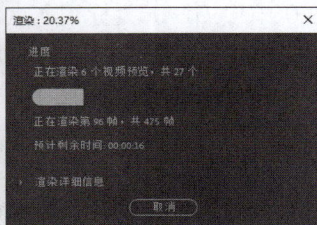

图11-33   图11-34

Step 34 完成后预览效果，如图11-35所示。

图11-35

至此，完成了"点滴生活"电子相册的制作。

11.3 实战演练：萌宠日常 AIGC

实操 *11-2* / 萌宠日常

实例资源 ▶ \第11章\萌宠日常\"素材"文件夹

本实例将练习制作萌宠日常电子相册，涉及的知识点包括关键帧动画的制作、视频效果的应用等。具体操作方法如下。

Step 01 新建项目和序列，并导入本章素材文件，如图11-36所示。

Step 02 将图像素材依次拖曳至V1~V9轨道中，如图11-37所示。

图11-36

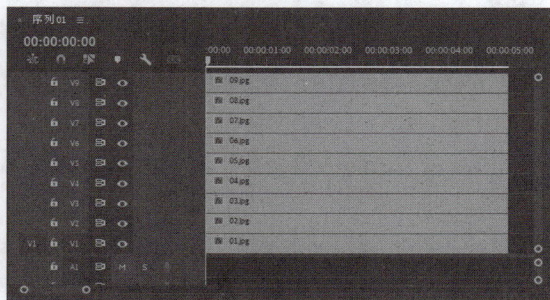

图11-37

Step 03 在"节目"监视器面板中调整素材的位置，如图11-38所示。

Step 04 新建序列，如图11-39所示。

图11-38

图11-39

Step 05 将"序列01"拖曳至新建的序列中，如图11-40所示。

Step 06 此时"节目"监视器面板中的效果如图11-41所示。

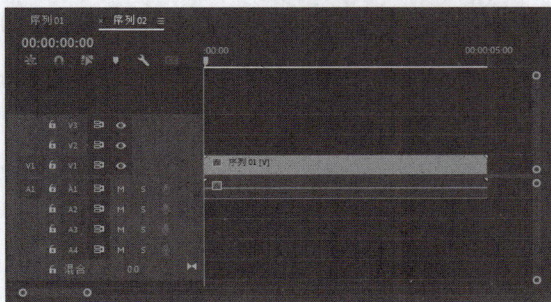

图11-40

图11-41

第11章 电子相册的剪辑　　**205**

Step 07 在"效果"面板中搜索"变换"效果，将其拖曳至V1轨道中的素材上。移动播放指示器至00：00：00：00处，为"变换"效果选项组中的"位置"参数添加关键帧，并取消勾选"使用合成的快门角度"复选框，将"快门角度"参数设置为"300.000"，如图11-42所示。

Step 08 按Shift+→组合键，将播放指示器右移5帧，重复2次，单击"位置"参数右侧的"添加/移除关键帧" ◉ 按钮添加关键帧，如图11-43所示。

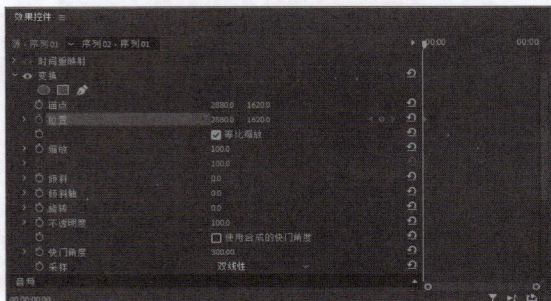

图11-42

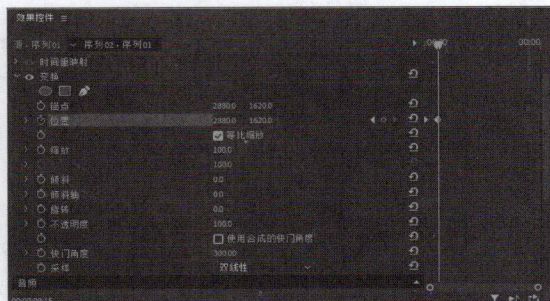

图11-43

Step 09 按Shift+→组合键，将播放指示器右移5帧，将"位置"参数更改为"4800.0，2700.0"，将自动添加关键帧，如图11-44所示。

Step 10 按Shift+→组合键，将播放指示器右移5帧，重复2次，单击"位置"参数右侧的"添加/移除关键帧" ◉ 按钮添加关键帧，如图11-45所示。

图11-44

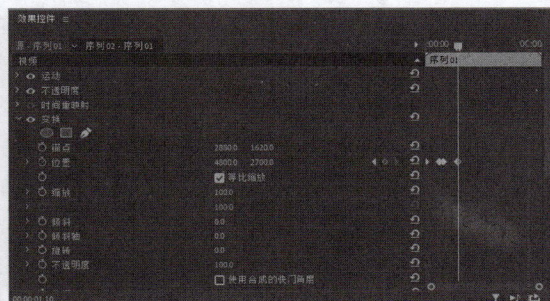

图11-45

Step 11 此时"节目"监视器面板中的效果如图11-46所示。

Step 12 按Shift+→组合键，将播放指示器右移5帧，将"位置"参数更改为"960.0，540.0"，将自动添加关键帧，如图11-47所示。

图11-46

图11-47

Step 13 按Shift+→组合键，将播放指示器右移5帧，重复2次，单击"位置"参数右侧的"添加/移除关键帧" ◉ 按钮添加关键帧，如图11-48所示。

Step 14 此时"节目"监视器面板中的效果如图11-49所示。

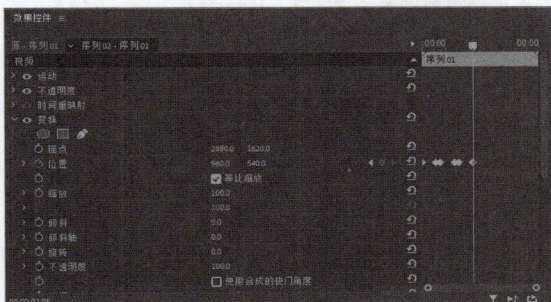

图11-48

图11-49

Step 15 按Shift+→组合键,将播放指示器右移5帧,更改"位置"参数为"2880.0,540.0",将自动添加关键帧,如图11-50所示。

Step 16 按Shift+→组合键,将播放指示器右移5帧,重复2次,单击"位置"参数右侧的"添加/移除关键帧" ◎按钮添加关键帧,如图11-51所示。

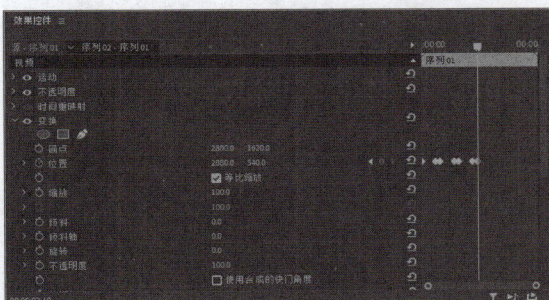

图11-50

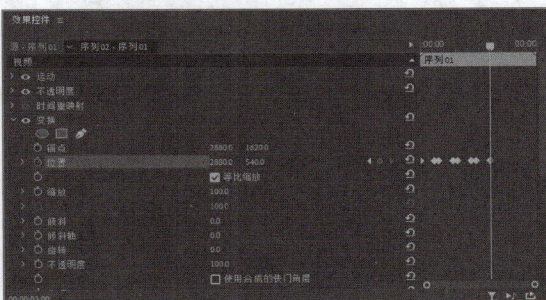

图11-51

Step 17 此时"节目"监视器面板中的效果如图11-52所示。

Step 18 按Shift+→组合键,将播放指示器右移5帧,将"位置"参数更改为"4800.0,1620.0",将自动添加关键帧,如图11-53所示。

图11-52

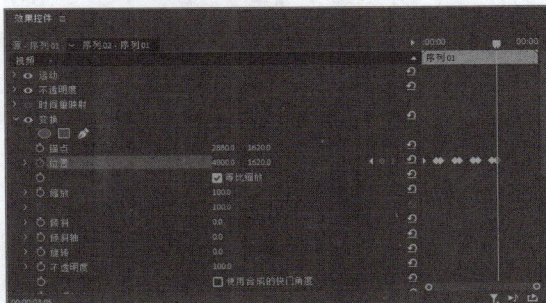

图11-53

Step 19 按Shift+→组合键,将播放指示器右移5帧,重复2次,单击"位置"参数右侧的"添加/移除关键帧" ◎按钮添加关键帧,如图11-54所示。

Step 20 此时"节目"监视器面板中的效果如图11-55所示。

Step 21 切换至序列01,调整素材的持续时间为8s,如图11-56所示。

Step 22 切换至序列02,调整嵌套序列的持续时间为8s,如图11-57所示。

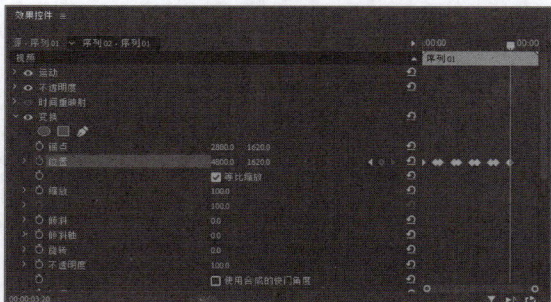

图11-54

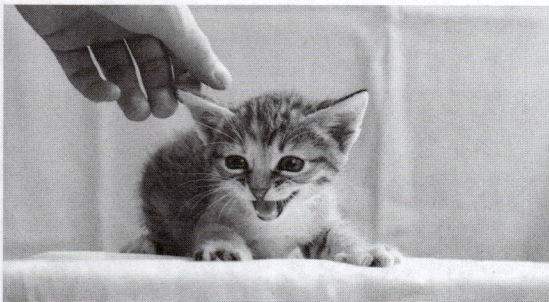

图11-55

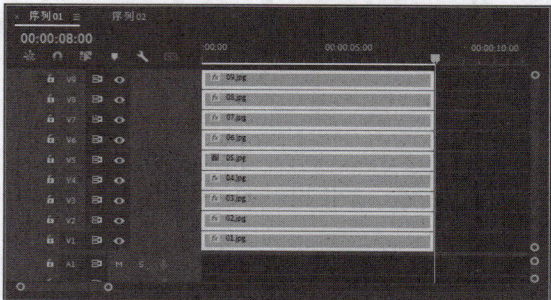

图11-56

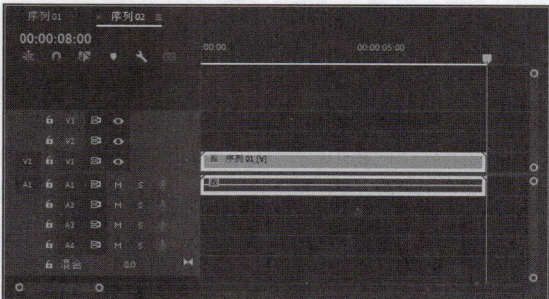

图11-57

Step 23 移动播放指示器至00:00:04:00处，将"位置"参数更改为"2880.0，2700.0"，将自动添加关键帧，如图11-58所示。

Step 24 按Shift+→组合键，将播放指示器右移5帧，重复2次，单击"位置"参数右侧的"添加/移除关键帧" 按钮添加关键帧，如图11-59所示。

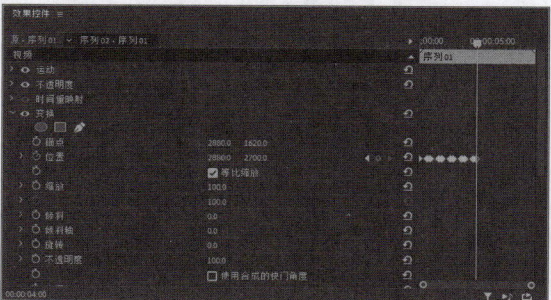

图11-58

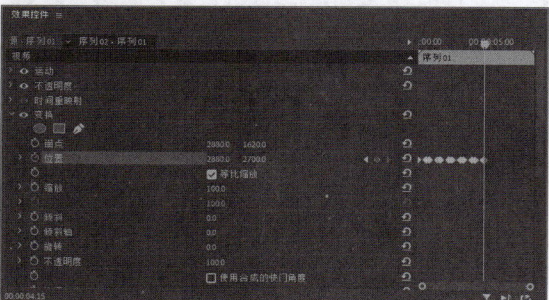

图11-59

Step 25 此时"节目"监视器面板中的效果如图11-60所示。

Step 26 按Shift+→组合键，将播放指示器右移5帧，将"位置"参数更改为"960.0，1620.0"，将自动添加关键帧，如图11-61所示。

图11-60

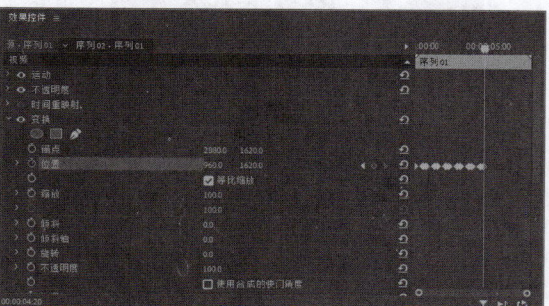

图11-61

Step 27 按Shift+→组合键，将播放指示器右移5帧，重复2次，单击"位置"参数右侧的"添加/移除关键帧"■按钮添加关键帧，如图11-62所示。

Step 28 此时"节目"监视器面板中的效果如图11-63所示。

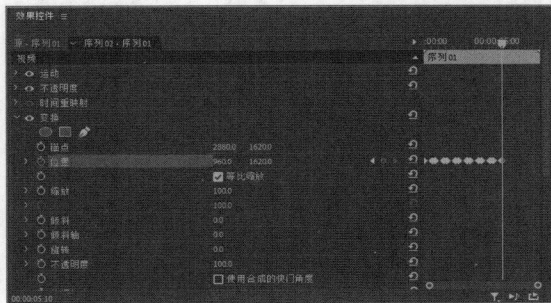

图11-62

图11-63

Step 29 按Shift+→组合键，将播放指示器右移5帧，将"位置"参数更改为"960.0，2700.0"，将自动添加关键帧，如图11-64所示。

Step 30 按Shift+→组合键，将播放指示器右移5帧，重复2次，单击"位置"参数右侧的"添加/移除关键帧"■按钮添加关键帧，如图11-65所示。

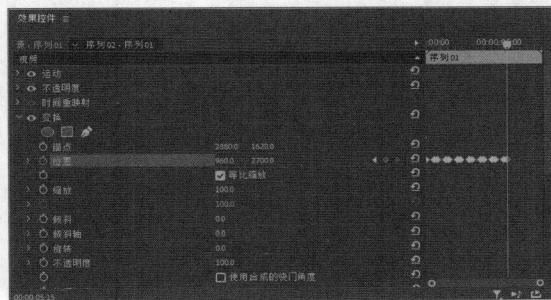

图11-64

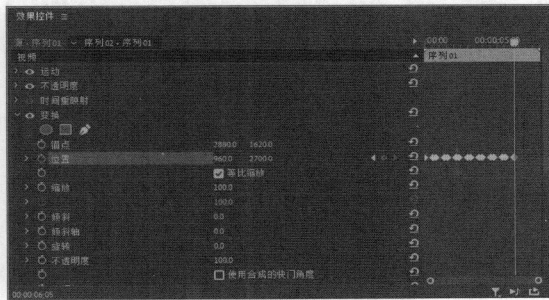

图11-65

Step 31 此时"节目"监视器面板中的效果如图11-66所示。

Step 32 按Shift+→组合键，将播放指示器右移5帧，将"位置"参数更改为"4800.0，540.0"，将自动添加关键帧，如图11-67所示。

图11-66

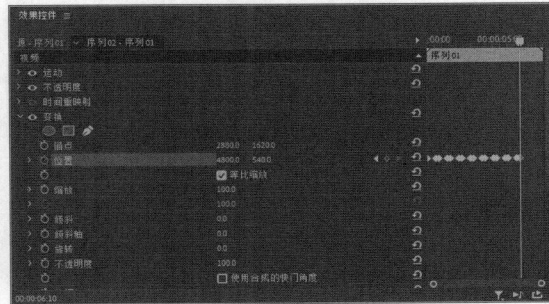

图11-67

Step 33 按Shift+→组合键，将播放指示器右移5帧，重复2次，单击"位置"参数右侧的"添加/移除关键帧"■按钮添加关键帧，如图11-68所示。

Step 34 此时"节目"监视器面板中的效果如图11-69所示。

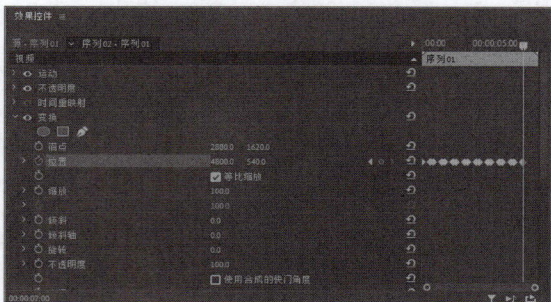

图11-68

图11-69

Step 35 按Shift+→组合键，将播放指示器右移5帧，将"位置"参数更改为"2880.0,1620.0"，将自动添加关键帧，如图11-70所示。

Step 36 此时"节目"监视器面板中的效果如图11-71所示。

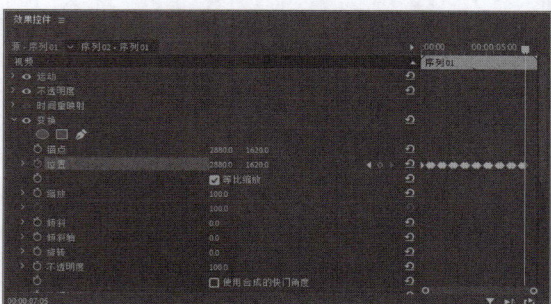

图11-70

图11-71

Step 37 导入音频素材，并将其添加至A1轨道中，在00:00:08:18处裁切素材，删除其右侧部分，如图11-72所示。

Step 38 调整音频素材的持续时间为8s，如图11-73所示。

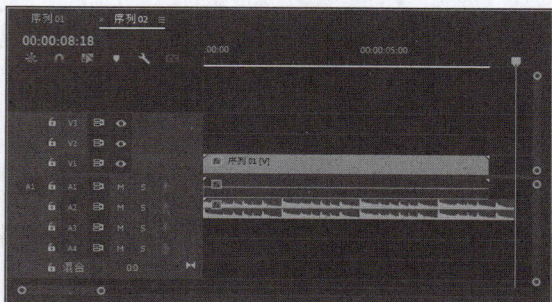

图11-72

图11-73

Step 39 在"效果"面板中搜索"恒定功率"音频过渡效果，添加至A1轨道中素材的出点处，调整其持续时间为20帧，如图11-74所示。

Step 40 执行"序列>渲染入点到出点"命令进行渲染，如图11-75所示。

Step 41 完成后预览效果，如图11-76所示。

Step 42 制作完成电子相册后，可以通过AIGC工具如文心一言，生成标题和宣传语，具体如下。

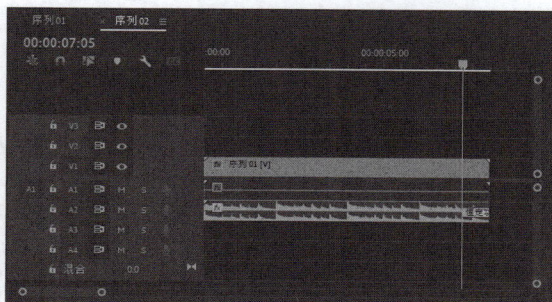

图11-74

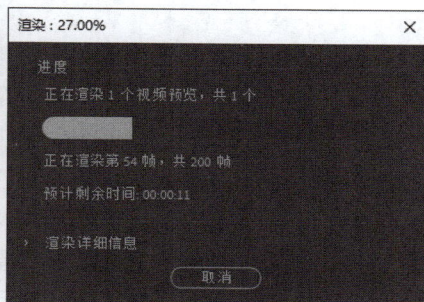

图11-75

图11-76

Q 请为制作好的多种宠物的电子相册视频提供5~6套标题和宣传语，以吸引观众观看。

A 标题与宣传语备选方案（5~6套）

方案一：

标题:《萌宠大集结：多彩生活回忆录》

宣传语：从毛茸茸的小家伙到冷峻的爬行动物，每一刻都是爱的见证！加入我们，探索宠物世界的无限魅力！

方案二：

标题:《宠物星球：多样萌宠生活秀》

宣传语：跨越物种的界限，共享萌宠的欢乐与温馨！每一帧都是精心挑选，不容错过的宠物盛宴！

方案三：

标题:《萌宠嘉年华：多宠共舞的幸福篇章》

宣传语：宠物的世界，充满了惊喜与感动！跟随我们的镜头，一起感受这份纯粹与美好，让心灵得到治愈！

方案四：

标题:《宠物万花筒：多彩瞬间大回放》

宣传语：从日常嬉戏到特殊才艺，每一只宠物都有它的故事！让我们一起走进这个充满爱与欢乐的世界吧！

方案五：

标题：《萌宠奇缘：探索多样生命的奇妙旅程》

宣传语：在这个充满惊喜的旅程中，我们将带你走进宠物们的内心世界，感受它们的喜怒哀乐与成长点滴！

方案六：

标题：《爱宠集结号：记录每一个温馨瞬间》

宣传语：无论是忠诚的狗狗、傲娇的猫咪，还是其他可爱的宠物们，它们都是我们生活中不可或缺的一部分。让我们一起回顾这些温馨的瞬间，感受宠物带来的无尽欢乐吧！

这些标题和宣传语都旨在突出视频中宠物的多样性、生活的趣味性和观看的愉悦性，以吸引观众的注意力和兴趣。你可以根据视频的具体内容和风格，选择最适合的标题和宣传语进行使用。希望这些建议能对你有所帮助！

至此，完成了"萌宠日常"电子相册的制作。

第 12 章
视频短片的剪辑

内容导读

学习目标

素养目标

案例展示

本章将对视频短片的剪辑进行介绍，包括视频短片的特点、类型、关键要素及制作等。了解并掌握这些知识，可以帮助用户掌握视频短片的基础知识和制作要求，使其适应不同类型视频的剪辑制作。

- 掌握视频短片的特点和类型
- 掌握视频短片的关键要素
- 掌握视频短片的制作

- 培养视频创作者的视频剪辑能力，并帮助其了解不同风格类型的视频短片，使其掌握剪辑技巧。
- 通过制作视频短片，提升视频创作者的剪辑技术，使其制作出不同类型的视频。

破碎频率

勇往直前

视频短片是一种时长较短的视频作品，通常持续几秒到几分钟，内容简短、精练，广泛应用于在线分享、广告宣传、社交娱乐等多种内容形式。

12.1.1 视频短片的特点

视频短片一般具有以下特点。

• 时长较短：时长较短是视频短片较显著的特点，观众可以利用碎片时间观看，从而快速地获取信息或享受快乐。

• 内容精练：受时长所限，视频短片需要在有限的时间内完整地传递核心信息。这就需要不断地优化提炼内容，确保视频的每一帧都是有意义的，从而吸引观众的眼球，使其对视频短片留下较深的印象。

• 制作灵活：视频短片的制作要求较低，创作者可以选择使用手机、相机等便携的设备进行拍摄制作，灵活性高。

• 互动性强：视频短片多用于社交媒体平台，观众可以通过点赞、评论等方式表达自己的看法与感受，具有很强的互动性。

• 形式多样：视频短片涵盖多种类型和题材，如生活记录、教育培训、广告宣传等，可以满足不同观众的需求和兴趣。

• 便于传播：视频短片的时长较短，占内存小。社交媒体平台和在线视频平台也提供了分享、下载等方式，观众可以轻松地将喜欢的视频分享给朋友，从而扩大其传播范围。

12.1.2 视频短片的类型

视频短片的类型多种多样，涵盖了从个人分享到商业宣传、从娱乐交流到教育培训等多个领域。下面将对常见的视频短片的类型进行介绍。

1. 新闻播报类

新闻播报类视频短片是一种常见的视频类型，它既有传统新闻播报的特点，又融合了互联网和移动平台的传播特性，通过简短、准确、客观的方式呈现新闻事件、时事热点和重要资讯等信息，满足观众对信息和新闻的需求。这类视频短片的内容简洁、明了，一般一事一报。图12-1所示为央视新闻发布的一则视频短片。

2. 生活记录类

生活记录类视频短片一般以生活中的日常为主题，记录分享个人或家庭的

图12-1

生活经历和感受，如日常生活、旅行经历、美食探索等。这类视频短片内容真实、自然，能够引起观众的情感共鸣，在社交媒体上很受欢迎。

3. 技能分享类

技能分享类视频短片可以在短时间内传授特定技能或知识，常见的包括职场技能的提升、医疗健康的科普、生活技巧的分享、时尚美妆的建议等。这类视频短片内容简洁、明了，便于理解和操作。图12-2所示为一系列办公技能学习视频短片。

4. 商业营销类

商业营销类视频短片主要是通过视觉和听觉的吸引力，快速传递产品或服务的信息，从而进行商业推广。这类视频短片具有明确的营销目标，常采用故

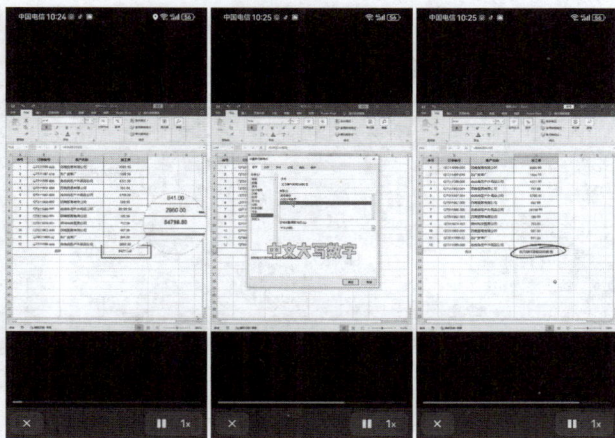

图12-2

事化、情感化或实用化的手法，让观众产生共鸣或认同感，是现代营销策略中必不可少的一部分。

5. 娱乐休闲类

娱乐休闲类视频短片多以情景微剧、搞笑片段、萌宠趣事等内容为创作主题，通过幽默诙谐的表演制作笑料吸引观众，并提供愉悦的观看体验。

12.1.3 视频短片制作的关键要素

视频短片制作的要素有很多，其中较关键的是创新性的内容创意和过硬的制作技术，这两点直接影响着视频短片的质量。

1. 内容创意

内容是视频短片的核心要素，它决定了视频的受众、吸引力和传播量。视频内容需要具有创新性和独特性，以吸引观众的注意力。视频创作者可以通过独特的视角或切入点，使视频在众多内容中脱颖而出。除了创新性和独特性，视频还可以通过情感元素与观众建立连接，激发观众的情感共鸣。

2. 制作技术

制作技术影响着视频短片最终的呈现效果，无论是画面，还是音质，或特效的应用，制作技术在很大程度上都决定了视频短片的观赏性和专业度。选择高品质的摄像设备和录音设备，可以获得更加清晰和生动的素材，而熟练的剪辑技术则可以使视频的节奏和逻辑更加紧凑和清晰，将视频完整地呈现在观众面前。

12.2 实战演练：破碎频率

微课视频

实操 12-1 破碎频率

🖴 **实例资源** ▶ \第12章\破碎频率\"素材"文件夹

本实例将练习制作破碎频率故障视频效果，涉及的知识点包括视频效果的应用、关键帧动画的制作等。具体操作方法介绍如下。

Step 01 根据素材文件新建项目和序列，导入其他素材，如图12-3所示。

Step 02 选中"时间轴"面板中的素材文件，单击鼠标右键，在弹出的快捷菜单中执行"取消链接"命令，取消音、视频链接，并删除音频部分，如图12-4所示。

图12-3

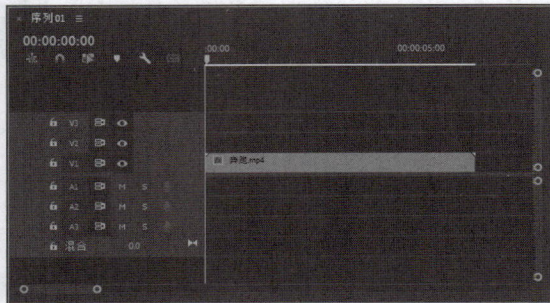

图12-4

Step 03 在"效果"面板中搜索"Lumetri颜色"效果，拖曳至V1轨道中的素材上，在"效果控件"面板的"基本校正"选项组中设置参数，如图12-5所示。此时"节目"监视器面板中的效果如图12-6所示。

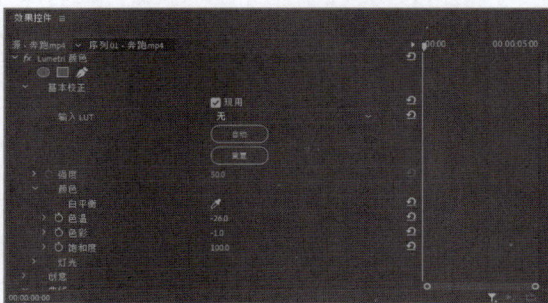

图12-5

图12-6

Step 04 在"曲线"效果组的"RGB曲线"中设置曲线，如图12-7所示。此时"节目"监视器面板中的效果如图12-8所示。

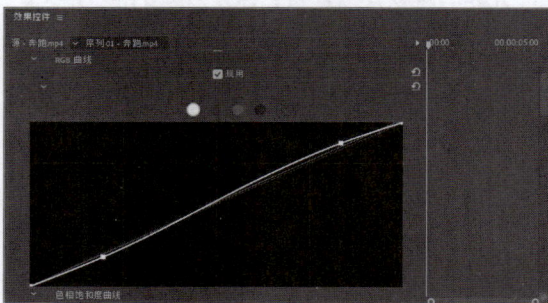

图12-7

图12-8

Step 05 选中V1轨道中的素材文件，按住Alt键向上拖曳复制至V2轨道中，在00:00:03:00和00:00:04:10处裁切素材，并删除裁切后的第1和第3段素材，如图12-9所示。

Step 06 在"效果"面板中搜索"波形变形"效果，将其拖曳至V2轨道中的素材上，在"效果控件"面板中进行参数设置，如图12-10所示。

Step 07 移动播放指示器至00:00:03:00处，为"波形高度"和"波形宽度"参数添加关键帧。按shift+→键，将播放指示器右移1帧，重复一次，更改"波形高度"和"波形宽度"的参数，将自动添加关键帧，如图12-11所示。

Step 08 按Shift+→键，将播放指示器右移3帧，更改"波形高度"和"波形宽度"的参数，将自动添加关键帧，如图12-12所示。

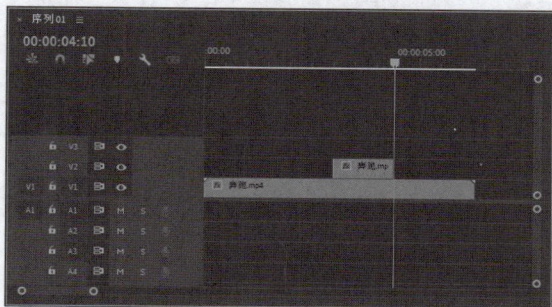

图12-9

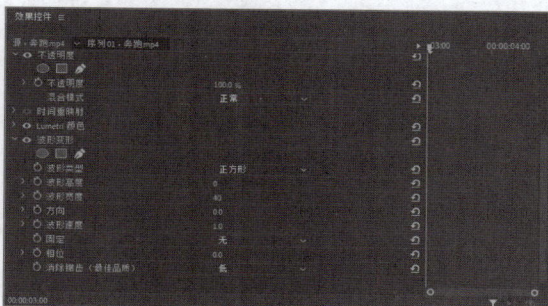

图12-10

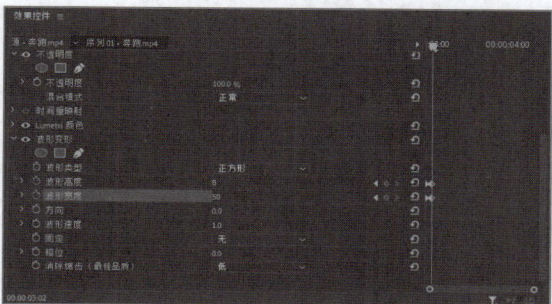

图12-11

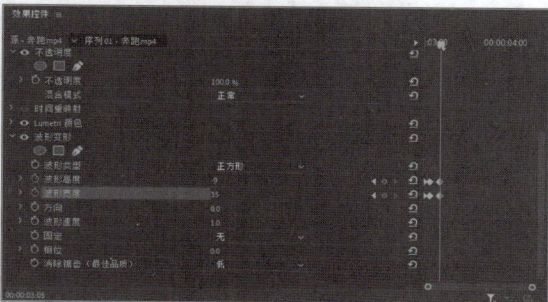

图12-12

Step 09 按Shift+→键，将播放指示器右移2帧，更改"波形高度"和"波形宽度"的参数，添加关键帧。按shift+→键，将播放指示器右移2帧，更改"波形高度"和"波形宽度"的参数，添加关键帧，如图12-13所示。

Step 10 选中右侧8个关键帧，按Ctrl+C组合键复制。按→键2次，将播放指示器右移2帧，按Ctrl+V组合键粘贴，如图12-14所示。

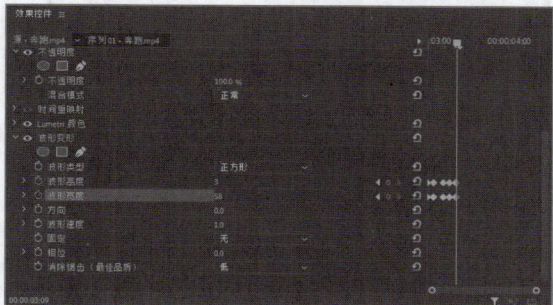

图12-13

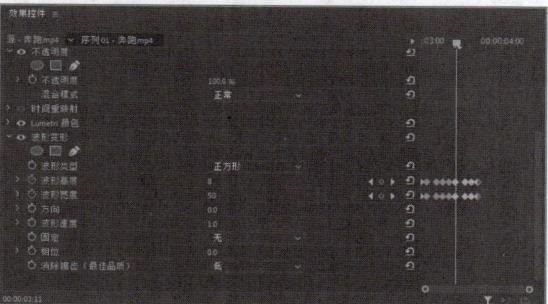

图12-14

Step 11 重复复制操作，直至00:00:04:10处时，将各参数更改为与00:00:03:00处一致，添加关键帧，如图12-15所示。

Step 12 在"效果"面板中搜索"颜色平衡（RGB）"效果，将其拖曳至V2轨道中的素材上，在"效果控件"面板中设置参数，如图12-16所示。

Step 13 此时"节目"监视器面板中的效果如图12-17所示。

Step 14 将V2轨道中素材的"混合模式"调整为"滤色"，在"节目"监视器面板中双击显示其控制框，并向左上角微移，效果如图12-18所示。

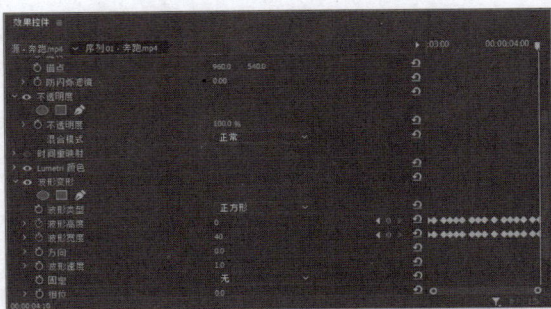

图12-15

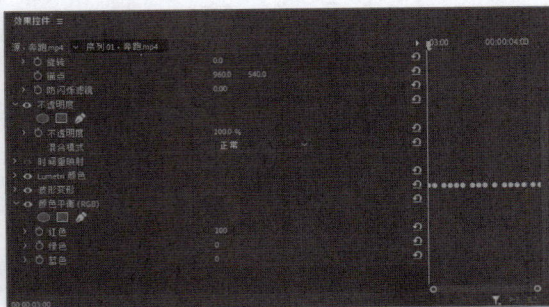

图12-16

图12-17

图12-18

Step 15 选中V2轨道中的素材，按住Alt键向上拖曳将其复制至V3轨道中，设置"颜色平衡（RGB）"效果参数，如图12-19所示。

Step 16 在"节目"监视器面板中双击显示其控制框，并向右下角微移，效果如图12-20所示。

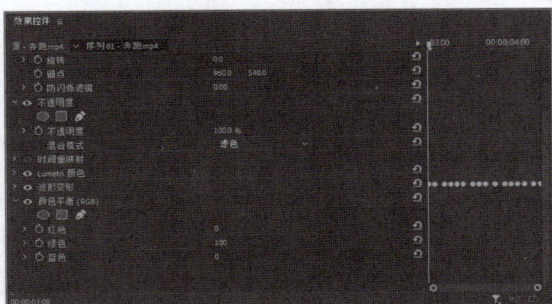

图12-19

图12-20

Step 17 选中V2轨道中的素材，按住Alt键向上拖曳将其复制至V4轨道中，设置"颜色平衡（RGB）"效果参数，如图12-21所示。

Step 18 在"节目"监视器面板中双击显示其控制框，并向右上角微移，效果如图12-22所示。

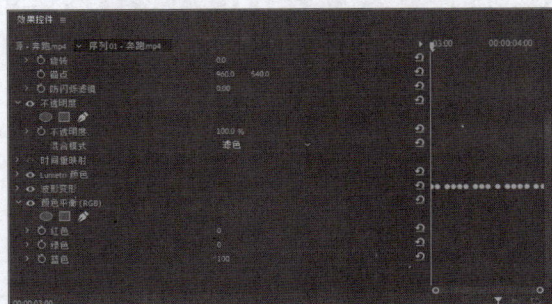

图12-21

图12-22

Step 19 将"故障.mp4"拖曳至V5轨道中，取消音、视频链接并删除音频部分，如图12-23所示。

Step 20 在00:00:04:10处裁切V5轨道中的素材，并删除其右侧部分，如图12-24所示。

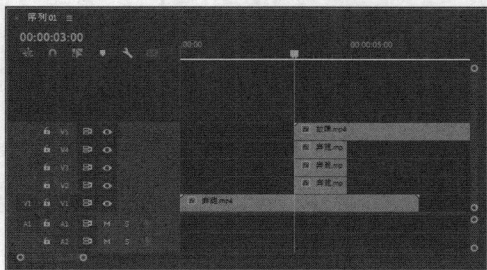
图12-23

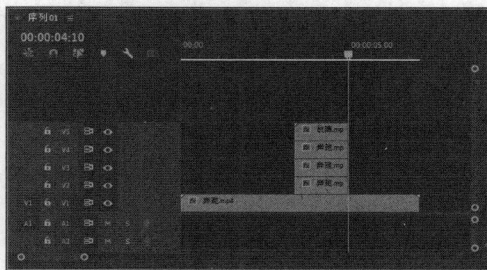
图12-24

Step 21 选中V2～V5轨道中的素材文件，将其嵌套，如图12-25所示。

Step 22 双击打开嵌套序列，在"效果控件"面板中将V5轨道中素材的"混合模式"设置为"颜色减淡"，效果如图12-26所示。

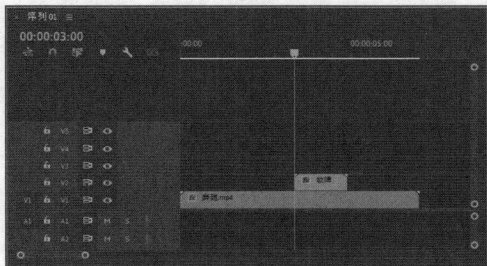
图12-25

图12-26

Step 23 返回至序列01，将"故障.wav"拖曳至V2轨道中，如图12-27所示。

Step 24 将其持续时间调整为与V2轨道中的嵌套序列一致，如图12-28所示。

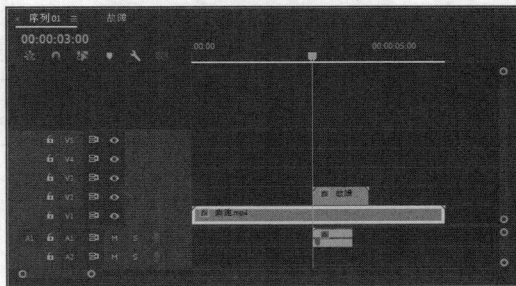
图12-27

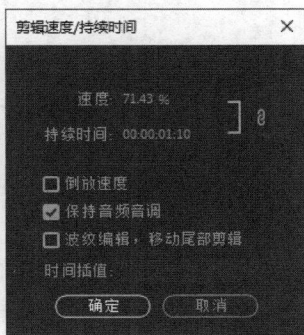
图12-28

Step 25 选中调整后的音频素材，在"效果控件"面板中将"级别"参数设置为"-30.0dB"，如图12-29所示。

Step 26 将"录制.mp4"拖曳至V3轨道中，在00:00:06:07处裁切素材，并删除其右侧部分，如图12-30所示。

Step 27 在"效果"面板中搜索"超级键"效果，将其拖曳至V3轨道中的素材上，在"效果控件"面板中设置主要颜色为画面中的绿色，如图12-31所示。

Step 28 此时"节目"监视器面板中的效果如图12-32所示。

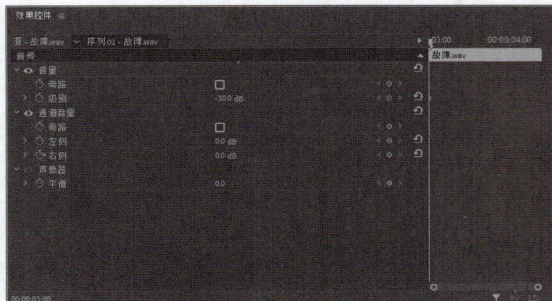

图12-29

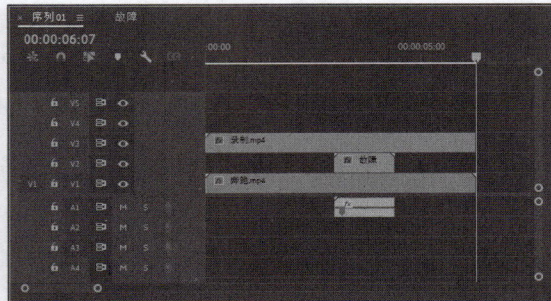

图12-30

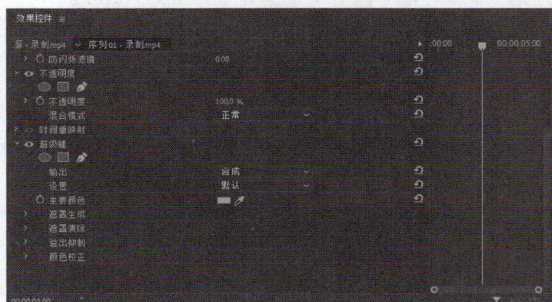

图12-31

图12-32

Step 29 移动播放指示器至00：00：00：00处，使用文字工具在"节目"监视器面板中单击输入文本，在"效果控件"面板中设置参数，如图12-33所示。

Step 30 此时"节目"监视器面板中的效果如图12-34所示。

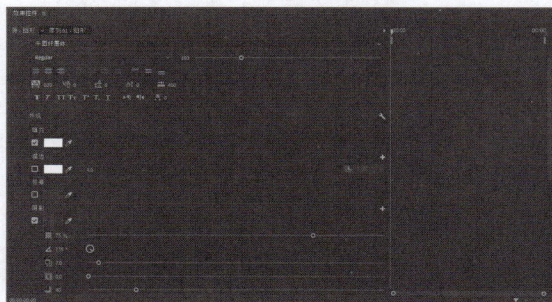

图12-33

图12-34

Step 31 选中文本，将其旋转一定的角度，如图12-35所示。

Step 32 在"时间轴"面板中调整文本素材的持续时间为3s，如图12-36所示。

图12-35

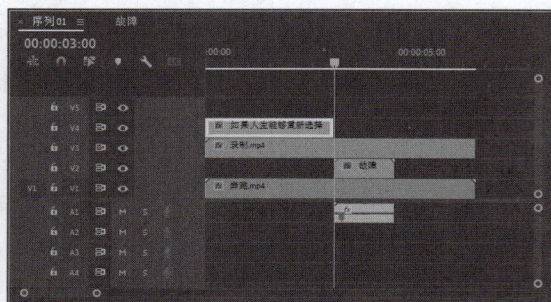

图12-36

Step 33 在"效果"面板中搜索"交叉溶解"视频过渡效果，将其拖曳至V4轨道中素材的入点处和出点处，并调整持续时间为15帧，如图12-37所示。

Step 34 使用相同的方法，在V2轨道中素材的入点处和出点处添加"交叉溶解"视频过渡效果，并调整持续时间为10帧，如图12-38所示。

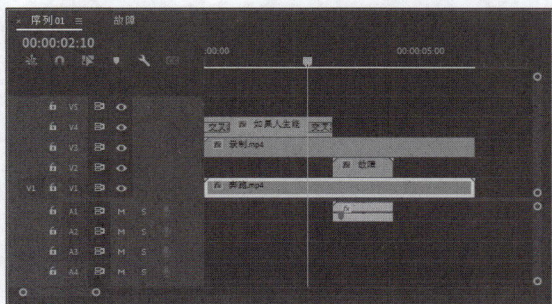
图12-37

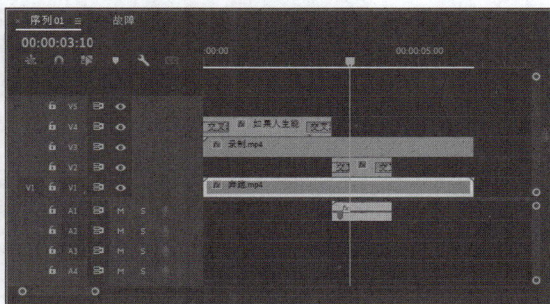
图12-38

Step 35 将"配乐.mp3"素材添加至A2轨道中，在00:00:05:19处裁切素材，并删除其右侧部分，如图12-39所示。

Step 36 将A2轨道中音频素材的持续时间调整为与V1轨道中的素材一致，如图12-40所示。

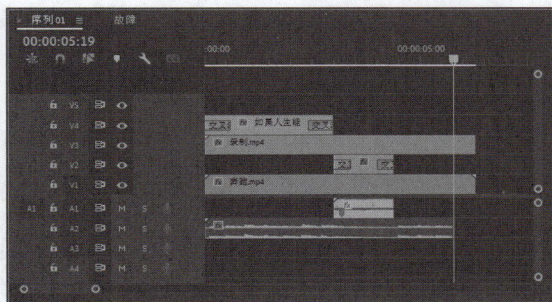
图12-39

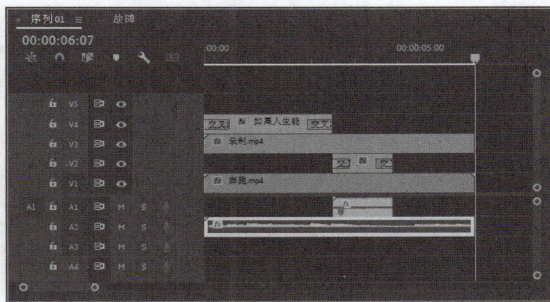
图12-40

Step 37 在"效果"面板中搜索"恒定功率"音频过渡效果，将其拖曳至A2轨道中素材的出点处，并调整持续时间为20帧，如图12-41所示。

Step 38 执行"序列>渲染入点到出点"命令，渲染视频，如图12-42所示。

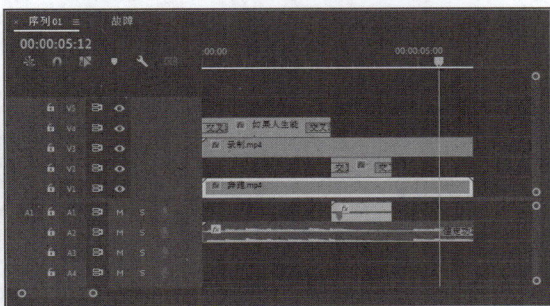
图12-41

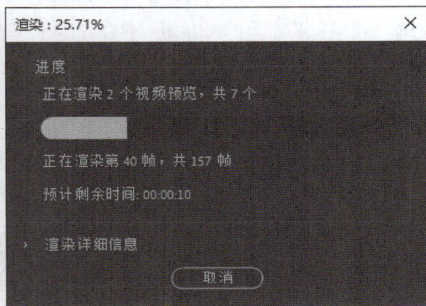
图12-42

Step 39 完成后预览效果，如图12-43所示。
至此，完成了"破碎频率"效果的制作。

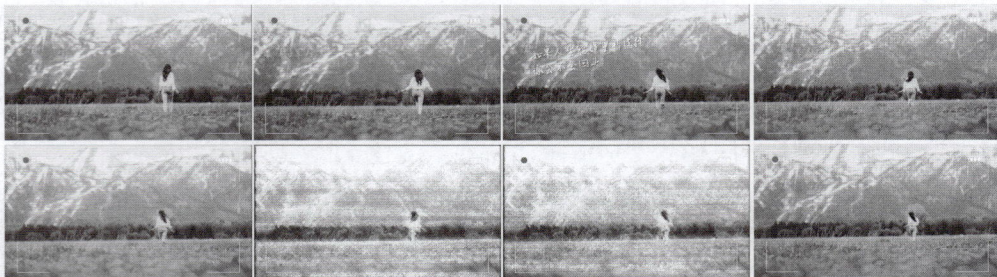

图12-43

12.3 实战演练：勇往直前 AIGC

微课视频

实操12-2 / 勇往直前

实例资源 ▶ \第12章\勇往直前\"素材"文件夹

本实例将练习制作勇往直前的励志短片，涉及的知识点包括素材的编辑调整、视频过渡效果的应用等。具体操作方法如下。

Step 01 新建项目和序列，并导入本章素材文件，如图12-44所示。

Step 02 将"开花.mp4"素材拖曳至"时间轴"面板的V1轨道中，调整其持续时间为6s，如图12-45所示。

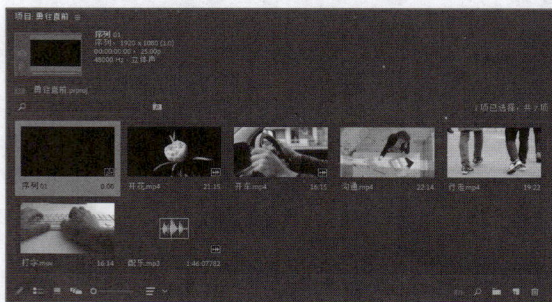

图12-44

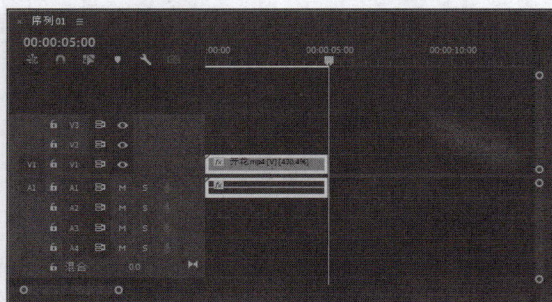

图12-45

Step 03 取消音、视频链接，并删除音频部分，在00：00：04：00处裁切素材，如图12-46所示。

Step 04 双击"项目"面板中的"行走.mp4"素材，在"源"监视器面板中将其打开，在00：00：06：06处标记入点，在00：00：17：05处标记出点，如图12-47所示。

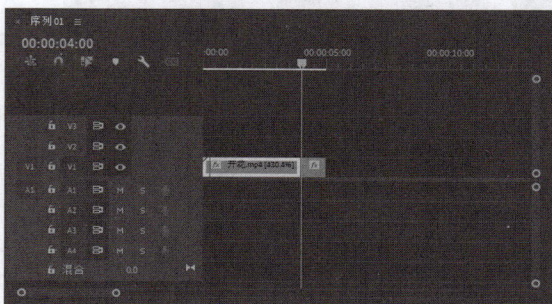

图12-46

图12-47

Step 05 执行"剪辑>插入"命令，将"源"监视器面板中的素材插入目标轨道中，如图12-48所示。

Step 06 调整素材的持续时间为4s，如图12-49所示。

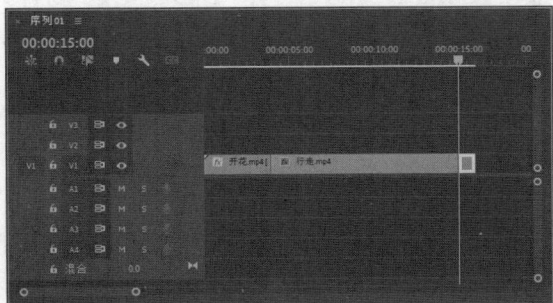

图12-48

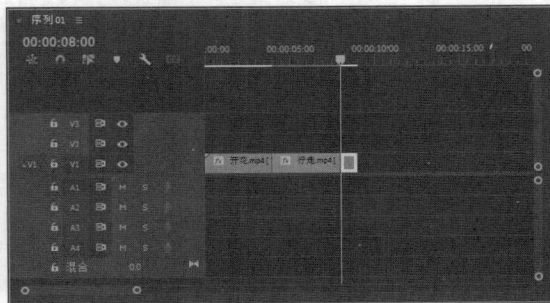

图12-49

Step 07 选中"项目"面板中的"打字.mov"素材，执行"剪辑>插入"命令，将其插入目标轨道中，并将持续时间调整为4s，如图12-50所示。

Step 08 使用相同的方法，将"开车.mp4"素材插入目标轨道中，取消音、视频链接，删除音频，并在00:00:16:00处裁切素材，删除其右侧部分，如图12-51所示。

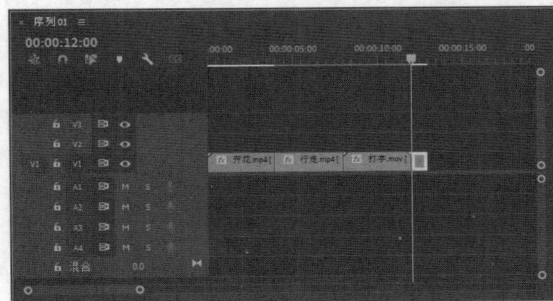

图12-50

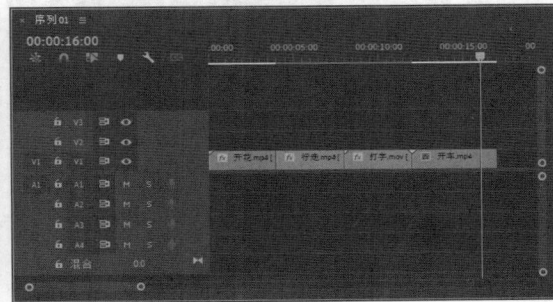

图12-51

Step 09 使用相同的方法，将"沟通.mp4"素材插入目标轨道中，将其持续时间调整为3s，单击鼠标右键，在弹出的快捷菜单中执行"缩放为帧大小"命令，调整大小，如图12-52所示。

Step 10 在"效果"面板中搜索"交叉溶解"视频过渡效果，将其拖曳至V1轨道中第1段素材和第2段素材之间，并将其持续时间调整为1s，如图12-53所示。

图12-52

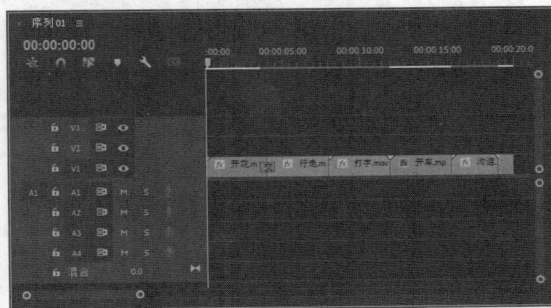

图12-53

Step 11 使用相同的方法，在第3段素材入点处、第4段素材入点处、第5段素材入点处、第5段素材和第6段素材之间添加"交叉溶解"视频过渡效果，如图12-54所示。

Step 12 在"效果"面板中搜索"黑场过渡"视频过渡效果，将其拖曳至V1轨道中第1段素材入点处和第6段素材出点处，调整第6段素材出点处的视频过渡效果持续时间为5帧，如图12-55所示。

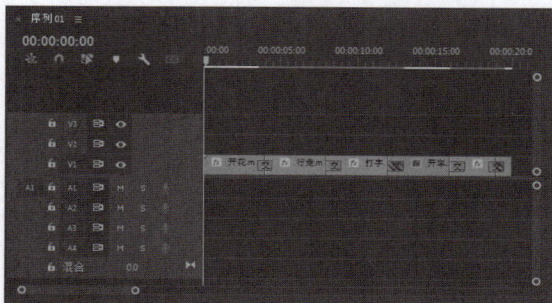

图12-54

图12-55

Step 13 移动播放指示器至00：00：00：12处，使用文字工具在"节目"监视器面板中单击输入文本，将其设置为喜欢的字体样式，效果如图12-56所示。

Step 14 在"时间轴"面板中将文本素材的持续时间调整为3s，如图12-57所示。

图12-56

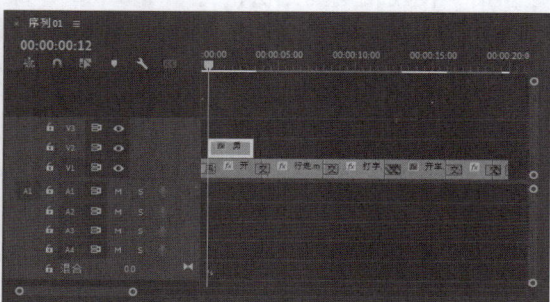

图12-57

Step 15 在"效果"面板中搜索"高斯模糊"效果，将其拖曳至V2轨道中的文本素材上，在"效果控件"面板中进行参数设置，如图12-58所示。

Step 16 移动播放指示器至00：00：00：12处，为"位置"参数和"模糊度"参数添加关键帧，并将"位置"参数更改为"960.0，-320.0"，如图12-59所示。

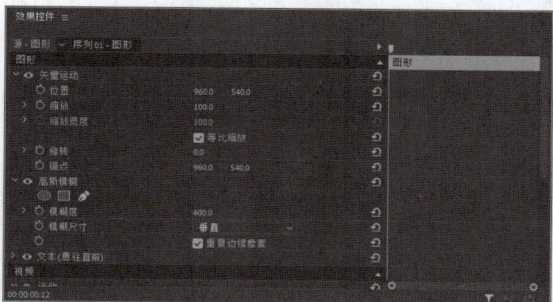

图12-58

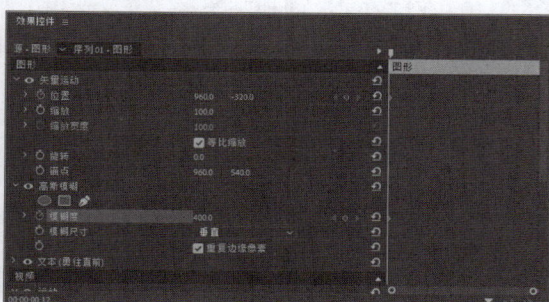

图12-59

Step 17 移动播放指示器至00：00：01：05处，单击"位置"参数和"模糊度"参数右侧的"重置参数"按钮，重置参数，将自动添加关键帧，如图12-60所示。

Step 18 选中"位置"参数的第2个关键帧，单击鼠标右键，在弹出的快捷菜单中执行"临时插值>缓入"命令，并调整速率曲线，如图12-61所示。

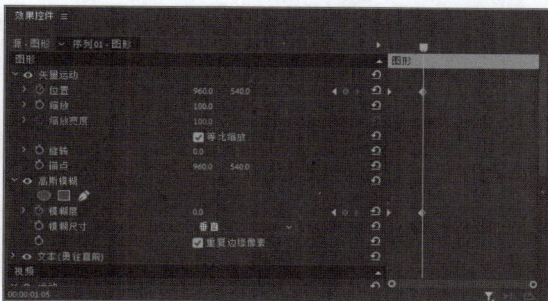

图12-60

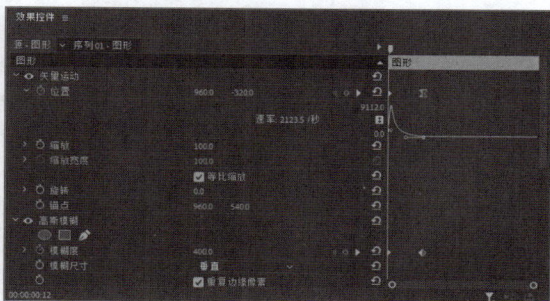

图12-61

Step 19 在"效果"面板中搜索"交叉溶解"视频过渡效果,将其拖曳至V2轨道中素材的出点处,将其持续时间调整为10帧,如图12-62所示。

Step 20 通过AIGC工具如文心一言,提供文案参考,具体如下。

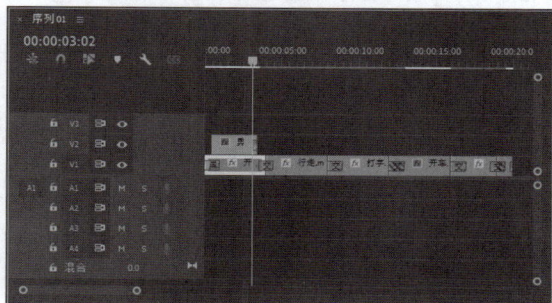

图12-62

Q 现在需要为主题为"勇往直前"的励志视频提供8~10字的文案,这些文案需要与背景适配,分别是马路上行色匆匆的人、办公桌电脑前不停地敲打键盘的手、掌控方向盘的人、办公桌前边与客户打电话交流,边记录内容的工作人员。请提供3~4套备选方案。

A "勇往直前"励志视频文案备选方案
方案一:
马路上行色匆匆的人:步履不停,追梦前行
办公桌电脑前不停地敲打键盘的手:指尖跃动,勇往直前
掌控方向盘的人:方向在手,一路向前
办公桌前边与客户打电话交流,边记录内容的工作人员:沟通无界,勇攀高峰
方案二:
马路上行色匆匆的人:步履匆匆,不断前行
办公桌电脑前不停地敲打键盘的手:键盘如鼓,奋进不止
掌控方向盘的人:驾驭未来,勇往直前
办公桌前边与客户打电话交流,边记录内容的工作人员:话筒传情,记录辉煌
方案三:
马路上行色匆匆的人:匆匆脚步,追梦步伐
办公桌电脑前不停地敲打键盘的手:键键有力,勇闯天涯
掌控方向盘的人:掌舵人生,无畏前行
办公桌前边与客户打电话交流,边记录内容的工作人员:沟通桥梁,铸就成功
方案四:
马路上行色匆匆的人:前行脚步,永不停歇

办公桌电脑前不停地敲打键盘的手：敲击梦想，勇往直前

掌控方向盘的人：驾驶希望，一路顺风

办公桌前边与客户打电话交流，边记录内容的工作人员：记录点滴，汇聚力量

这些文案都紧扣"勇往直前"的主题，同时与各自的背景相适配，旨在传达出积极向上、不断前行的励志精神。你可以根据视频的具体内容和风格，选择最适合的文案来用。希望这些建议能对你有所帮助！

参考AIGC的回答，选择并修改文案内容，进行后续的操作。

Step 21 移动播放指示器至00:00:04:13处，使用文字工具在"节目"监视器面板中单击输入文本，调整为喜欢的字体样式，如图12-63所示。

Step 22 将素材的持续时间调整为3s12帧，如图12-64所示。

图12-63

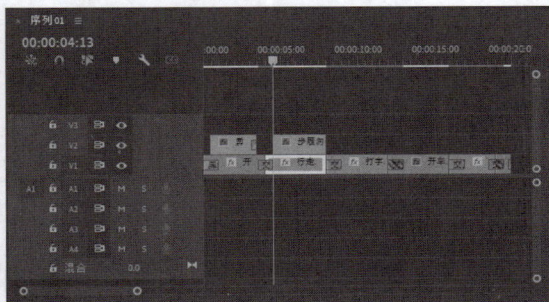

图12-64

Step 23 复制V2轨道中的第2段文本素材，并调整其持续时间，如图12-65所示。

Step 24 更改复制的文本素材的内容，如图12-66~图12-68所示。

Step 25 在"效果"面板中搜索"划出"效果，将其拖曳至V2轨道中第2段素材的入点处和出点处，并将其持续时间调整为15帧，如图12-69所示。

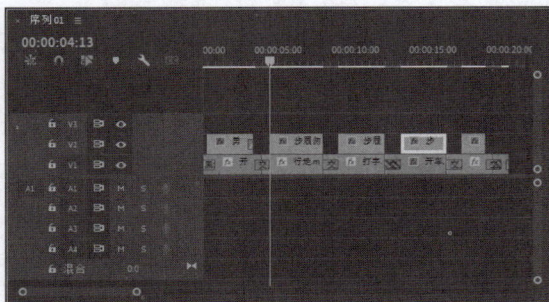

图12-65

Step 26 复制添加的"划出"视频过渡效果，将其粘贴在V2轨道中第3、4、5段素材的入点处和出点处，如图12-70所示。

图12-66

图12-67

Step 27 移动播放指示器至00:00:19:13处，使用文字工具在"节目"监视器面板中单击输入文本，如图12-71所示。

图12-68

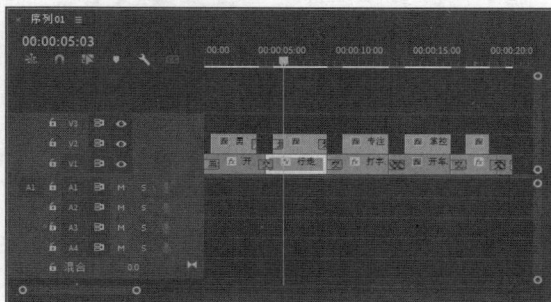
图12-69

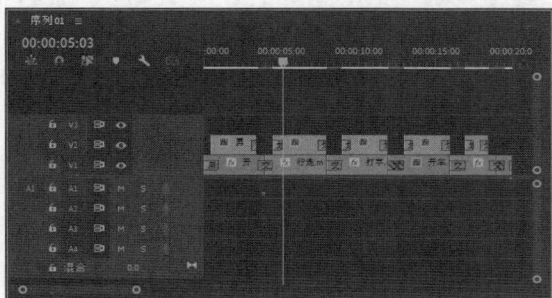
图12-70

图12-71

Step 28 将其持续时间调整为2s12帧，如图12-72所示。

Step 29 在该素材的入点处和出点处添加"交叉溶解"视频过渡效果，将其持续时间设置为10帧，如图12-73所示。

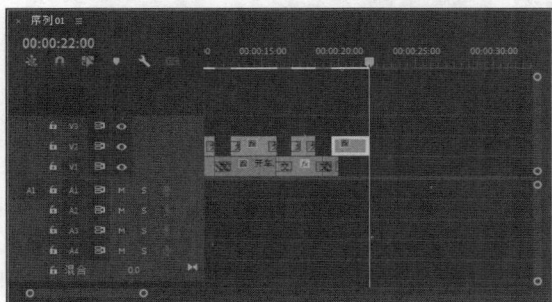
图12-72

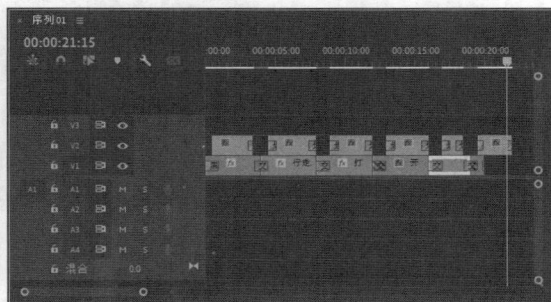
图12-73

Step 30 将音频素材添加至A1轨道中，在00:00:21:10处裁切素材，并删除其右侧部分，如图12-74所示。

Step 31 将音频素材的持续时间调整为22s，如图12-75所示。

Step 32 移动播放指示器至00:00:00:00处，在"效果控件"面板中将"级别"参数设置为"-30.0dB"，添加关键帧，如图12-76所示。

Step 33 移动播放指示器至00:00:01:05处，将"级别"参数更改为"-10.0dB"，将自动添加关键帧。移动播放指示器至00:00:19:00处，单击"级别"参数右侧的"添加/移除关键帧" ⬤ 按钮添加关键帧。移动播放指示器至00:00:22:00处，将"级别"参数更改为"0.0dB"，将自动添加关键帧，如图12-77所示。

图12-74

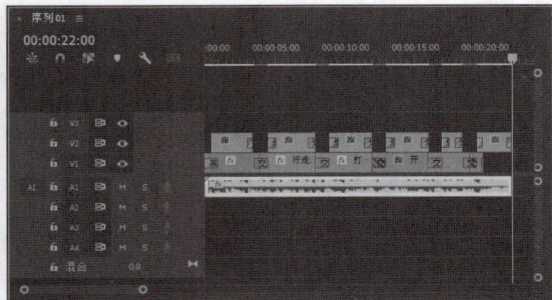
图12-75

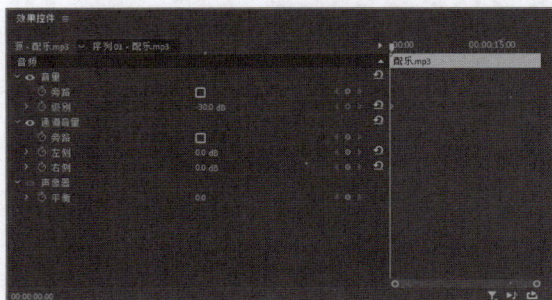
图12-76

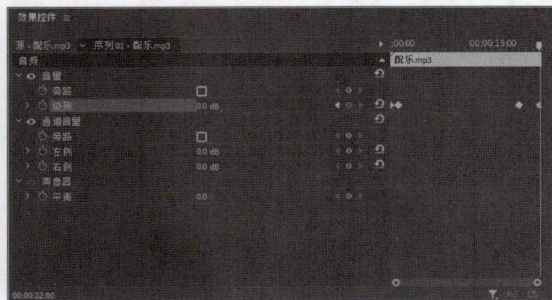
图12-77

Step 34 在"效果"面板中搜索"指数淡化"音频过渡效果,将其拖曳至A1轨道的素材出点处,并将其持续时间调整为1s,如图12-78所示。

Step 35 执行"序列>渲染入点到出点"命令,渲染视频,如图12-79所示。

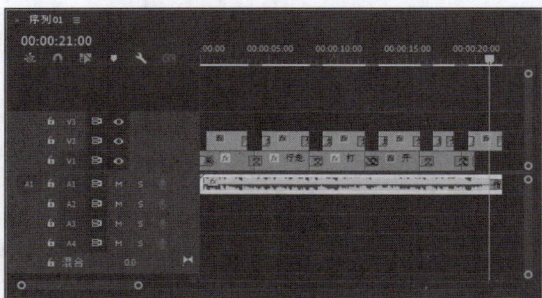
图12-78

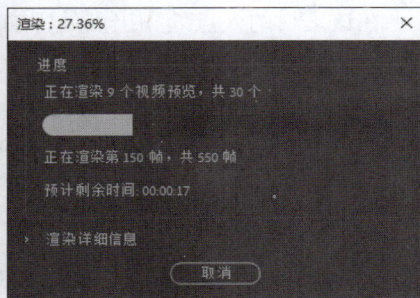
图12-79

Step 36 完成后预览效果,如图12-80所示。

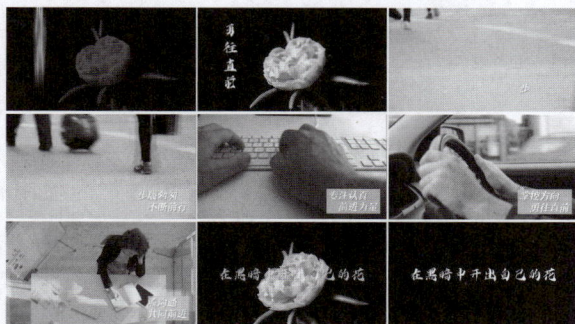
图12-80

至此,完成了"勇往直前"励志短片的制作。